ŒUVRES
DE LAGRANGE,

PUBLIÉES PAR LES SOINS

DE M. J.-A. SERRET,

SOUS LES AUSPICES DE

M. LE MINISTRE DE L'INSTRUCTION PUBLIQUE.

TOME HUITIÈME.

PARIS,
GAUTHIER-VILLARS, IMPRIMEUR-LIBRAIRE
DE L'ÉCOLE POLYTECHNIQUE, DU BUREAU DES LONGITUDES,
SUCCESSEUR DE MALLET-BACHELIER,
Quai des Grands-Augustins, 55.

M DCCC LXXIX

ŒUVRES DE LAGRANGE.

PARIS. — IMPRIMERIE DE GAUTHIER-VILLARS, SUCCESSEUR DE MALLET-BACHELIER,
Quai des Augustins, 55.

ŒUVRES

DE LAGRANGE,

PUBLIÉES PAR LES SOINS

DE M. J.-A. SERRET,

SOUS LES AUSPICES DE

M. LE MINISTRE DE L'INSTRUCTION PUBLIQUE.

TOME HUITIÈME.

PARIS,

GAUTHIER-VILLARS, IMPRIMEUR-LIBRAIRE
DE L'ÉCOLE POLYTECHNIQUE, DU BUREAU DES LONGITUDES,
SUCCESSEUR DE MALLET-BACHELIER,
Quai des Augustins, 55.

M DCCC LXXIX

CINQUIÈME SECTION.

OUVRAGES DIDACTIQUES.

TRAITÉ

DE LA

RÉSOLUTION DES ÉQUATIONS NUMÉRIQUES

DE TOUS LES DEGRÉS,

AVEC DES NOTES SUR PLUSIEURS POINTS DE LA THÉORIE
DES ÉQUATIONS ALGÉBRIQUES.

QUATRIÈME ÉDITION

RÉIMPRIMÉE

D'APRÈS LA DEUXIÈME ÉDITION DE 1808.

TRAITÉ

DE LA RÉSOLUTION

DES

ÉQUATIONS NUMÉRIQUES

DE TOUS LES DEGRÉS,

Avec des Notes sur plusieurs points de la Théorie des équations algébriques;

Par J. L. LAGRANGE, de l'Institut des Sciences, Lettres et Arts et du Bureau des Longitudes, Membre du Sénat Conservateur, et Grand-Officier de la Légion d'Honneur.

NOUVELLE ÉDITION,

REVUE ET AUGMENTÉE PAR L'AUTEUR.

PARIS,

Chez COURCIER, Imprimeur-Libraire pour les Mathématiques, quai des Augustins, n° 37.

1808.

INTRODUCTION.

La solution de tout problème déterminé se réduit, en dernière analyse, à la résolution d'une ou de plusieurs équations, dont les coefficients sont donnés en nombres, et qu'on peut appeler *équations numériques*. Il est donc important d'avoir des méthodes pour résoudre complétement ces équations, de quelque degré qu'elles soient. Celle que l'on trouve dans le *Recueil des Mémoires de l'Académie de Berlin* pour l'année 1767, est la seule qui offre des moyens directs et sûrs de découvrir toutes les racines tant réelles qu'imaginaires d'une équation numérique donnée, et d'approcher le plus rapidement et aussi près que l'on veut de chacune de ces racines. On a réuni dans le présent Traité le Mémoire qui contient cette méthode et les *Additions* qui ont paru dans le volume des Mémoires de la même Académie, pour l'année 1768. Et pour rendre ce Traité plus intéressant, on y a joint plusieurs Notes, dont les deux dernières paraissent pour la première fois dans cette nouvelle édition. Ces Notes contiennent des recherches sur les principaux points de la théorie des équations algébriques.

Il faut bien distinguer la résolution des équations numériques de ce qu'on appelle en Algèbre la résolution générale des équations. La première est, à proprement parler, une opération arithmétique, fondée à la vérité sur les principes généraux de la théorie des équations, mais dont les résultats ne sont que des nombres, où l'on ne reconnaît plus les premiers nombres qui ont servi d'éléments, et qui ne conservent aucune trace des différentes opérations particulières qui les ont produits. L'extraction des racines carrées et cubiques est l'opération la plus simple de ce genre; c'est la résolution des équations numériques du second et du troisième degré, dans lesquelles tous les termes intermédiaires manquent. Aussi conviendrait-il de donner dans l'Arithmétique les règles de la résolution des équations numériques, sauf à renvoyer à l'Algèbre la démonstration de celles qui dépendent de la théorie générale des équations.

Newton a appelé l'Algèbre *Arithmétique universelle*. Cette dénomination est exacte à quelques égards; mais elle ne fait pas assez connaître la véritable différence qui se trouve entre l'Arithmétique et l'Algèbre. Le caractère essentiel de celle-ci consiste en ce que les résultats de ses opérations ne donnent pas les valeurs individuelles des quantités qu'on cherche, comme ceux des opérations arithmétiques ou des constructions géométriques, mais représentent seulement les opérations, soit arithmétiques ou géométriques, qu'il faudra faire sur les premières quantités données pour obtenir les valeurs cherchées; je dis arithmétiques ou géométriques, car on connaît depuis Viète les constructions géométriques par lesquelles on peut faire sur les lignes les mêmes opérations que l'on fait en Arithmétique sur les nombres.

L'Algèbre plane pour ainsi dire également sur l'Arithmétique et la Géométrie; son objet n'est pas de trouver les valeurs mêmes des quantités cherchées, mais le système d'opérations à faire sur les quantités données pour en déduire les valeurs des quantités qu'on cherche, d'après les conditions du problème. Le tableau de ces opérations représentées par les caractères algébriques est ce qu'on nomme en Algèbre une *formule;* et lorsqu'une quantité dépend d'autres quantités, de manière qu'elle peut être exprimée par une formule qui contient ces quantités, on dit alors qu'elle est une *fonction* de ces mêmes quantités.

L'Algèbre, prise dans le sens le plus étendu, est l'art de déterminer les inconnues par des fonctions des quantités connues, ou qu'on regarde comme connues; et la résolution générale des équations consiste à trouver, pour toutes les équations d'un même degré, les fonctions des coefficients de ces équations qui peuvent en représenter toutes les racines.

On n'a pu jusqu'à présent trouver ces fonctions que pour les équations du second, du troisième et du quatrième degré; mais, quoique ces fonctions expriment généralement toutes les racines des équations de ces mêmes degrés, elles se présentent néanmoins, dès le troisième degré, sous une forme telle qu'il est impossible d'en tirer les valeurs numériques des racines par la simple substitution de celles des coefficients, dans les cas mêmes où toutes les racines sont essentiellement réelles; c'est cette difficulté que les analystes désignent sous le nom de *cas irréductible*; elle aurait lieu à plus forte raison dans les équations des degrés supérieurs, s'il était possible de les résoudre par des formules générales.

Heureusement, on a trouvé le moyen de la vaincre dans le troisième et le quatrième degré, par la considération de la trisection des angles et par le secours des Tables trigonométriques; mais ce moyen, qui dépend de la division des angles, n'est applicable dans les degrés plus élevés qu'à une classe d'équations très-limitée; et l'on peut assurer d'avance que, quand même on parviendrait à résoudre généralement le cinquième degré et les suivants, on n'aurait par là que des formules algébriques, précieuses en elles-mêmes, mais très-peu utiles pour la résolution effective et numérique des équations des mêmes degrés, et qui, par conséquent, ne dispenseraient pas d'avoir recours aux méthodes arithmétiques qui sont l'objet de ce Traité.

Viète est le premier qui se soit occupé de la résolution des équations numériques d'un degré quelconque. Il a fait voir, dans le Traité *De numerosa potestatum adfectarum resolutione*, comment on peut résoudre plusieurs équations de ce genre par des opérations analogues à celles qui servent à extraire les racines des nombres.

Harriot, Oughtred, Pell, etc., ont cherché à faciliter la pratique de cette méthode, en donnant des règles particulières pour diminuer les tâtonnements, suivant les différents cas qui ont lieu dans les équations relativement aux signes de leurs termes. Mais la multitude des opérations qu'elle demande et l'incertitude du succès dans un grand nombre de cas l'ont fait abandonner entièrement.

En effet, il est aisé de se convaincre qu'elle ne peut réussir d'une manière certaine que pour les équations dont tous les termes ont le même signe, à l'exception du dernier tout connu; car alors, ce terme devant être égal à la somme de tous les autres, on peut, par des tâtonnements limités et réglés, trouver successivement tous les chiffres de la valeur de l'inconnue, jusqu'au degré de précision qu'on aura fixé. Dans tous les autres cas, les tâtonnements deviendront plus ou moins incertains, à cause des termes soustractifs.

Il faudrait donc, pour l'emploi de cette méthode, qu'on pût, par une préparation préliminaire, réduire toutes les équations à cette forme. Nous prouverons, dans une des Notes (*), que cette réduction est toujours possible, pourvu qu'on ait deux limites d'une racine, l'une en plus, l'autre en moins, et qui soient telles que toutes les autres racines, ainsi que les parties réelles des racines imaginaires, s'il y en a, tombent hors de ces limites. Mais la difficulté de trouver ces limites est

(*) *Voir* la Note XII.

elle-même aussi grande, et peut-être quelquefois plus grande que celle de résoudre l'équation.

A la méthode de Viète a succédé celle de Newton, qui n'est proprement qu'une méthode d'approximation, puisqu'elle suppose que l'on ait déjà la valeur de la racine qu'on cherche, à une quantité près moindre que sa dixième partie; alors on substitue cette valeur plus une nouvelle inconnue à l'inconnue de l'équation proposée, et l'on a une seconde équation dont la racine est ce qui reste à ajouter à la première valeur pour avoir la valeur exacte de la racine cherchée; mais, à cause de la petitesse supposée de ce reste, on néglige dans la nouvelle équation le carré et les puissances plus hautes de l'inconnue; et l'équation étant ainsi rabaissée au premier degré, on a sur-le-champ la valeur de l'inconnue. Cette valeur ne sera encore qu'approchée; mais on pourra s'en servir pour en trouver une autre plus exacte, en faisant sur la seconde équation la même opération que sur la première, et ainsi de suite. De cette manière, on trouve à chaque opération une nouvelle quantité à ajouter ou à retrancher de la valeur déjà trouvée, et l'on a la racine d'autant plus exacte qu'on pousse le calcul plus loin.

Telle est la méthode que l'on emploie communément pour résoudre les équations numériques; mais elle ne sert, comme l'on voit, que pour celles qui sont déjà à peu près résolues. De plus, elle n'est pas toujours sûre; car, en négligeant à chaque opération des termes dont on ne connaît pas la valeur, il est impossible de juger du degré d'exactitude de chaque nouvelle correction, et il peut arriver, dans les équations qui ont des racines presque égales, que la série soit très-peu convergente, ou qu'elle devienne même divergente après avoir été convergente (*). Enfin, elle a encore l'inconvénient de ne donner que

(*) *Voir* la Note V.

des valeurs approchées des racines mêmes qui peuvent être exprimées exactement en nombres, et de laisser, par conséquent, en doute si elles sont commensurables ou non.

Le problème qu'on doit se proposer dans cette partie de l'Analyse est celui-ci : *Étant donnée une équation numérique sans aucune notion préalable de la grandeur ni de l'espèce de ses racines, trouver la valeur numérique exacte, s'il est possible, ou aussi approchée qu'on voudra de chacune de ses racines.* Ce problème n'avait pas encore été résolu; il fait l'objet des recherches suivantes.

Depuis la première édition de cet Ouvrage (*), il a paru différentes méthodes pour la résolution des équations numériques; mais la solution rigoureuse du problème dont il s'agit est restée au même point où je l'avais portée, et jusqu'ici on n'a rien trouvé qui puisse dispenser, dans tous les cas, de la recherche d'une limite moindre que la plus petite différence entre les racines, ou qui soit préférable aux moyens donnés dans la Note IV pour faciliter cette recherche.

(*) En 1798.

TRAITÉ

DE LA

RÉSOLUTION DES ÉQUATIONS NUMÉRIQUES

DE TOUS LES DEGRÉS(*).

CHAPITRE PREMIER.

MÉTHODE POUR TROUVER, DANS UNE ÉQUATION NUMÉRIQUE QUELCONQUE, LA VALEUR ENTIÈRE LA PLUS APPROCHÉE DE CHACUNE DE SES RACINES RÉELLES.

---

1. Théorème I. — *Si l'on a une équation quelconque, et que l'on connaisse deux nombres tels qu'étant substitués successivement à la place de l'inconnue de cette équation, ils donnent des résultats de signes contraires, l'équation aura nécessairement au moins une racine réelle dont la valeur sera entre ces deux nombres.*

Ce théorème est connu depuis longtemps, et l'on a coutume de le démontrer par la théorie des lignes courbes; mais on peut aussi le

(*) Le Mémoire de Lagrange *Sur la résolution des équations numériques* et les *Additions au Mémoire sur la résolution des équations numériques* ont paru d'abord dans les *Mémoires de l'Académie royale des Sciences et Belles-Lettres de Berlin*, t. XXIII, 1769, et t. XXIV, 1770. Nous les avons reproduits dans le tome II des *Œuvres de Lagrange*, p. 539 et p. 581.

Lagrange, après avoir ajouté des Notes importantes, dont la longueur dépasse le double de celle des Mémoires et des Additions, a réuni l'ensemble de son travail en un seul volume qu'il a intitulé *Traité de la résolution des équations numériques*, et dont il a publié deux éditions en 1798 et 1808.

Nous avons cru devoir respecter la disposition de Lagrange, et nous réimprimons intégralement ce volume, qui forme le tome VIII des *Œuvres de Lagrange*. Il eût été d'ailleurs peu commode pour le lecteur de lire le Mémoire et les Additions dans le tome II de ces *Œuvres* et les Notes dans le tome VIII. (*Note de l'Éditeur.*)

démontrer directement par la théorie des équations, en cette sorte. Soient x l'inconnue de l'équation, et α, β, γ, ... ses racines; l'équation se réduira, comme l'on sait, à cette forme

$$(x-\alpha)(x-\beta)(x-\gamma)\ldots=0.$$

Or soient p et q les nombres qui, substitués par x, donneront des résultats de signes contraires; il faudra donc que ces deux quantités

$$(p-\alpha)(p-\beta)(p-\gamma)\ldots,$$
$$(q-\alpha)(q-\beta)(q-\gamma)\ldots$$

soient de signes différents; par conséquent, il faudra qu'il y ait au moins deux facteurs correspondants, comme $p-\alpha$ et $q-\alpha$, qui soient de signes contraires; donc il y aura au moins une des racines de l'équation, comme α, qui sera entre les nombres p et q, c'est-à-dire plus petite que le plus grand de ces deux nombres, et plus grande que le plus petit d'entre eux; donc cette racine sera nécessairement réelle.

2. Corollaire I. — Donc, si les nombres p et q ne diffèrent l'un de l'autre que de l'unité ou d'une quantité moindre que l'unité, le plus petit de ces nombres, s'il est entier, ou le nombre entier qui sera immédiatement moindre que le plus petit de ces deux nombres, s'il n'est pas entier, sera la valeur entière la plus approchée d'une des racines de l'équation. Si la différence entre p et q est plus grande que l'unité, alors, nommant n, $n+1$, $n+2$, ... les nombres entiers qui tombent entre p et q, il est clair que, si l'on substitue successivement, à la place de l'inconnue, les nombres p, n, $n+1$, $n+2$, ..., q, on trouvera nécessairement deux substitutions consécutives qui donneront des résultats de signes différents; donc, puisque les nombres qui donneront ces deux résultats ne diffèrent entre eux que de l'unité, on trouvera, comme ci-dessus, la valeur entière la plus approchée d'une des racines de l'équation.

3. Corollaire II. — Toute équation dont le dernier terme est négatif, en supposant le premier positif, a nécessairement une racine réelle

positive, dont on pourra trouver la valeur entière la plus approchée en substituant, à la place de l'inconnue, les nombres 0, 1, 2, 3, ..., jusqu'à ce que l'on rencontre deux substitutions qui donnent des résultats de signes contraires.

Car, en supposant le premier terme x^m et le dernier $-$H (H étant un nombre positif), on aura, en faisant $x = 0$, le résultat négatif $-$H, et en faisant $x = \infty$, le résultat positif ∞^m; donc on aura ici $p = 0$ et $q = \infty$; donc les nombres entiers intermédiaires seront tous les nombres naturels 1, 2, 3, ...; donc, etc. (corollaire précédent).

De là on voit :

1° Que toute équation d'un degré impair, dont le dernier terme est négatif, a nécessairement une racine réelle positive;

2° Que toute équation d'un degré impair, dont le dernier terme est positif, a nécessairement une racine réelle négative; car, en changeant x en $-x$, le premier terme de l'équation deviendra négatif : donc, changeant tous les signes pour rendre de nouveau le premier terme positif, le dernier deviendra négatif; donc l'équation aura alors une racine réelle positive; par conséquent, l'équation primitive aura une racine réelle négative;

3° Que toute équation d'un degré pair, dont le dernier terme est négatif, a nécessairement deux racines réelles, l'une positive et l'autre négative; car, premièrement, elle aura une racine réelle positive; ensuite, comme, en changeant x en $-x$, le premier terme demeure positif, la transformée aura aussi une racine réelle positive : donc l'équation primitive en aura une réelle et négative.

4. Remarque. — Comme on peut toujours changer les racines négatives d'une équation quelconque en positives, en changeant seulement le signe de l'inconnue, nous ne considérerons dans la suite, pour plus de simplicité, que les racines positives; ainsi, quand il s'agira d'examiner les racines d'une équation donnée, on considérera d'abord les racines positives de cette équation; ensuite on y changera les signes de tous les termes où l'inconnue se trouvera élevée à une puissance impaire, et l'on considérera de même les racines positives de cette

nouvelle équation; ces racines, prises en moins, seront les racines négatives de la proposée.

5. Théorème II. — *Si, dans une équation quelconque qui a une ou plusieurs racines réelles et inégales, on substitue successivement à la place de l'inconnue deux nombres, dont l'un soit plus grand et dont l'autre soit plus petit que l'une de ces racines, et qui diffèrent en même temps l'un de l'autre d'une quantité moindre que la différence entre cette racine et chacune des autres racines réelles de l'équation, ces deux substitutions donneront nécessairement deux résultats de signes contraires.*

En effet, soient α une des racines réelles et inégales de l'équation, et $\beta, \gamma, \delta, \ldots$ les autres racines quelconques; soit de plus ρ la plus petite des différences entre la racine α et chacune des autres racines réelles de l'équation; il est clair qu'en prenant $p > \alpha$, $q < \alpha$ et $p - q < \rho$, les quantités $p - \alpha$ et $q - \alpha$ seront de signes contraires, et que les quantités $p - \beta$, $p - \gamma$, ... seront chacune de même signe que sa correspondante $q - \beta$, $q - \gamma$, ...; car, si $p - \beta$ et $q - \beta$ étaient de signes contraires, il faudrait que β fût aussi compris entre p et q, ce qui ne se peut; donc les deux produits

$$(p - \alpha)(p - \beta)(p - \gamma)\ldots,$$
$$(q - \alpha)(q - \beta)(q - \gamma)\ldots,$$

c'est-à-dire les résultats des substitutions de p et q à la place de l'inconnue x (n° 1), seront nécessairement de signes contraires.

6. Corollaire I. — Donc, si dans une équation quelconque on substitue successivement à la place de l'inconnue les nombres en progression arithmétique

$$\text{(A)} \qquad 0, \quad \Delta, \quad 2\Delta, \quad 3\Delta, \quad 4\Delta, \quad \ldots,$$

les résultats correspondants formeront une suite dans laquelle il y aura autant de variations de signes que l'équation proposée aura de racines réelles positives et inégales, mais dont les différences ne seront pas moindres que la différence Δ de la progression; de sorte que, si l'on prend Δ égale ou moindre que la plus petite des différences entre les différentes racines positives et inégales de l'équation, la suite dont il s'agit aura nécessairement autant de variations de signes que l'équation contiendra de racines réelles positives et inégales.

Donc, si la différence Δ est en même temps égale ou moindre que l'unité, on trouvera aussi, par ce moyen, la valeur entière approchée de chacune des racines réelles positives et inégales de l'équation (n° 2).

Si l'équation ne peut avoir qu'une seule racine réelle et positive ou si elle en a plusieurs, mais dont les différences ne soient pas moindres que l'unité, il est clair qu'on pourra faire $\Delta = 1$, c'est-à-dire qu'on pourra prendre les nombres naturels $0, 1, 2, 3, \ldots$ pour les substituer à la place de l'inconnue; mais, s'il y a dans l'équation des racines inégales dont les différences soient moindres que l'unité, alors il faudra prendre Δ moindre que l'unité, et telle qu'elle soit égale ou moindre que la plus petite des différences entre les racines dont il s'agit : ainsi la difficulté se réduit à trouver la valeur qu'on doit donner à Δ, en sorte qu'on soit assuré qu'elle ne surpasse pas la plus petite des différences entre les racines positives et inégales de l'équation proposée : c'est l'objet du problème suivant.

7. Corollaire II. — Toute équation qui a un seul changement de signe a nécessairement une seule racine réelle positive.

Il est d'abord clair que l'équation aura nécessairement une racine réelle positive, à cause que son dernier terme sera de signe différent du premier (n° 3). Or je vais démontrer qu'elle ne peut en avoir qu'une.

Soient (en supposant le premier terme positif, comme à l'ordinaire) X la somme de tous les termes positifs de l'équation, et Y la somme de tous les négatifs, en sorte que l'équation soit $X - Y = 0$; et puisqu'il n'y a, par l'hypothèse, qu'un seul changement de signe, il est clair que les puissances de l'inconnue x du polynôme X seront toujours plus hautes que celles du polynôme Y; de sorte que si x^r est la plus petite puissance de x dans le polynôme X, et qu'on divise les deux polynômes X et Y par x^r, la quantité $\frac{X}{x^r}$ ne contiendra que des puissances positives de x, et la quantité $\frac{Y}{x^r}$ ne contiendra que des puissances négatives de x; d'où il suit que, x croissant, la valeur de $\frac{X}{x^r}$ devra croître aussi, et, x diminuant, $\frac{X}{x^r}$ diminuera aussi, à moins que le polynôme X ne contienne que le seul terme x^r, auquel cas $\frac{X}{x^r}$ sera toujours une quantité constante; au contraire, x croissant, la valeur de $\frac{Y}{x^r}$ diminuera nécessairement, et, x diminuant, $\frac{Y}{x^r}$ ira en augmentant. Soit a la racine réelle et positive de l'équation, on aura donc, lorsque $x = a$, $X = Y$; donc aussi $\frac{X}{x^r} = \frac{Y}{x^r}$: donc, en substituant au lieu de x des nombres quelconques plus grands que a, on aura toujours $\frac{X}{x^r} > \frac{Y}{x^r}$, et par conséquent $X - Y$ égal à un nombre positif, et, en substituant au lieu de x des nombres moindres que a, on aura toujours $\frac{X}{x^r} < \frac{Y}{x^r}$ et par conséquent $X - Y$ égal à un nombre négatif : donc il sera impossible que l'équation ait des racines réelles positives plus grandes ou plus petites que a.

Si l'équation a plusieurs changements de signe, elle peut avoir aussi plusieurs racines réelles positives; mais leur nombre ne peut jamais surpasser celui des changements ou variations de signe : c'est ce théorème qu'on appelle la *règle de Descartes*. (*Voir* la Note VIII.)

8. Problème. — *Une équation quelconque étant donnée, trouver une autre équation dont les racines soient les différences entre les racines de l'équation donnée.*

Soit donnée l'équation

$$(B)\qquad x^m - Ax^{m-1} + Bx^{m-2} - Cx^{m-3} + \ldots = 0;$$

on sait que x peut être indifféremment égal à une quelconque de ses racines. Soit x' une autre racine quelconque de la même équation, en sorte que l'on ait aussi

$$x'^m - Ax'^{m-1} + Bx'^{m-2} - Cx'^{m-3} + \ldots = 0,$$

et soit u la différence entre les deux racines x et x', de manière que l'on ait $x' = x + u$; substituant cette valeur de x dans la dernière équation et ordonnant les termes par rapport à u, on aura une équation en u du même degré m, laquelle, en commençant par les derniers termes, sera de cette forme

$$X + Yu + Zu^2 + Vu^3 + \ldots + u^m = 0,$$

les coefficients X, Y, Z, ... étant des fonctions de x telles que

$$X = x^m - Ax^{m-1} + Bx^{m-2} - Cx^{m-3} + \ldots,$$
$$Y = mx^{m-1} - (m-1)Ax^{m-2} + (m-2)Bx^{m-3} - \ldots,$$
$$Z = \frac{m(m-1)}{2}x^{m-2} - \frac{(m-1)(m-2)}{2}Ax^{m-3} + \ldots,$$
$$\ldots\ldots\ldots\ldots\ldots\ldots\ldots\ldots\ldots\ldots,$$

c'est-à-dire, suivant la notation du Calcul différentiel,

$$Y = \frac{dX}{dx}, \quad Z = \frac{1}{2}\frac{d^2X}{dx^2}, \quad V = \frac{1}{2.3}\frac{d^3X}{dx^3}, \quad \ldots;$$

donc, puisque par l'équation donnée (B) on a $X = 0$, l'équation précédente étant divisée par u deviendra celle-ci :

$$\text{(C)} \qquad Y + Zu + Vu^2 + \ldots + u^{m-1} = 0.$$

Cette équation, si l'on y substitue pour x une quelconque des racines de l'équation (B), aura pour racines les différences entre cette racine et toutes les autres de la même équation (B); donc, si l'on combine les équations (B) et (C) en éliminant x, on aura une équation en u, dont les racines seront les différences entre chacune des racines de l'équation (B) et toutes les autres racines de la même équation : ce sera l'équation cherchée.

Mais, sans exécuter cette élimination, qui serait souvent fort laborieuse, il suffira de considérer :

1° Que α, β, γ, ... étant les racines de l'équation en x, celles de l'équation en u seront

$$\alpha - \beta, \ \alpha - \gamma, \ \ldots, \quad \beta - \alpha, \ \beta - \gamma, \ \ldots, \quad \gamma - \alpha, \ \gamma - \beta, \ \ldots;$$

d'où l'on voit que ces racines seront au nombre de $m(m-1)$, et que de plus elles seront égales deux à deux et de signes contraires; de sorte que l'équation en u manquera nécessairement de toutes les puissances impaires de u; donc, en faisant $\frac{m(m-1)}{2}=n$ et $u^2=v$, l'équation dont il s'agit sera de cette forme

(D) $$v^n - av^{n-1} + bv^{n-2} - cv^{n-3} + \ldots = 0;$$

2° Que $(\alpha-\beta)^2$, $(\alpha-\gamma)^2$, $(\beta-\gamma)^2$, ... étant les différentes valeurs de v dans l'équation (D), le coefficient a sera égal à la somme de toutes ces valeurs, le coefficient b sera la somme de tous leurs produits deux à deux, etc.

Or il est facile de voir que

$$(\alpha-\beta)^2 + (\alpha-\gamma)^2 + (\beta-\gamma)^2 + \ldots$$
$$= (m-1)(\alpha^2+\beta^2+\gamma^2+\ldots) - 2(\alpha\beta+\alpha\gamma+\beta\gamma+\ldots);$$

mais on sait que

$$\alpha\beta+\alpha\gamma+\beta\gamma+\ldots = \text{B} \quad \text{et} \quad \alpha^2+\beta^2+\gamma^2+\ldots = \text{A}^2 - 2\text{B};$$

donc on aura

$$a = (m-1)(\text{A}^2 - 2\text{B}) - 2\text{B},$$

savoir

$$a = (m-1)\text{A}^2 - 2m\text{B};$$

et l'on pourra, de la même manière, trouver la valeur des autres coefficients b, c, ...

Pour y parvenir plus facilement, supposons

$$\text{A}_1 = \alpha + \beta + \gamma + \ldots,$$
$$\text{A}_2 = \alpha^2 + \beta^2 + \gamma^2 + \ldots,$$
$$\text{A}_3 = \alpha^3 + \beta^3 + \gamma^3 + \ldots,$$
$$\ldots\ldots\ldots\ldots\ldots\ldots,$$

et l'on aura, comme l'on sait,

$$A_1 = A,$$

$$A_2 = AA_1 - 2B,$$

$$A_3 = AA_2 - BA_1 + 3C,$$

$$A_4 = AA_3 - BA_2 + CA_1 - 4D,$$

. . . .

Supposons de plus

$$a_1 = (\alpha - \beta)^2 + (\alpha - \gamma)^2 + (\beta - \gamma)^2 + \ldots,$$
$$a_2 = (\alpha - \beta)^4 + (\alpha - \gamma)^4 + (\beta - \gamma)^4 + \ldots,$$
$$a_3 = (\alpha - \beta)^6 + (\alpha - \gamma)^6 + (\beta - \gamma)^6 + \ldots,$$

. . . . ;

il est facile de voir que l'on aura

$$a_1 = (m-1)A_2 - 2\left(\frac{A_1^2 - A_2}{2}\right),$$

$$a_2 = (m-1)A_4 - 4(A_1A_3 - A_4) + 6\left(\frac{A_2^2 - A_4}{2}\right),$$

$$a_3 = (m-1)A_6 - 6(A_1A_5 - A_6) + 15(A_2A_4 - A_6) - 20\left(\frac{A_3^2 - A_6}{2}\right),$$

. . . . ,

ou bien

$$a_1 = mA_2 - 2\frac{A_1^2}{2},$$

$$a_2 = mA_4 - 4A_1A_3 + 6\frac{A_2^2}{2},$$

$$a_3 = mA_6 - 6A_1A_5 + 15A_1A_4 - 20\frac{A_3^2}{2},$$

. . . . , et, en général,

$$a_\mu = m A_{2\mu} - 2\mu A_1 A_{(2\mu-1)} + \frac{2\mu(2\mu-1)}{2} A_2 A_{2(\mu-2)} - \ldots$$
$$\pm \frac{2\mu(2\mu-1)(2\mu-2)\ldots(\mu+1)}{1.2.3\ldots\mu} \frac{A_\mu^2}{2}.$$

Les quantités a_1, a_2, a_3, ... étant ainsi connues, on aura sur-le-champ les valeurs des coefficients a, b, c, ... de l'équation (D) par les formules

$$a = a_1,$$
$$b = \frac{aa_1 - a_2}{2},$$
$$c = \frac{ba_1 - aa_2 + a_3}{3},$$
$$d = \frac{ca_1 - ba_2 + aa_3 - a_4}{4},$$
$$\ldots\ldots\ldots\ldots\ldots\ldots\ldots$$

Ainsi l'on pourra déterminer directement les coefficients a, b, c, ... de l'équation (D) par ceux de l'équation donnée (B). Pour cela on cherchera d'abord, par les formules ci-dessus, les valeurs des quantités A_1, A_2, A_3, ... jusqu'à A_{2n}; ensuite, à l'aide de celles-ci, on cherchera celle des quantités a_1, a_2, a_3, ... jusqu'à a_n, et enfin, par ces dernières, on trouvera les valeurs cherchées des coefficients a, b, c, ...

9. Remarque. — Il est bon de remarquer que l'équation (D) exprime également les différences entre les racines positives et négatives de l'équation (B); de sorte que la même équation aura lieu aussi lorsqu'on changera x en $-x$ pour avoir les racines négatives (n° 4).

De plus, il est clair que l'équation (D) sera toujours la même, soit qu'on augmente ou qu'on diminue toutes les racines de l'équation proposée d'une même quantité quelconque; donc, si cette équation a son second terme, on pourra le faire disparaître et chercher ensuite l'équation en v; on aura ainsi la même équation qu'on aurait eue si l'on n'avait pas fait évanouir le second terme. Mais l'évanouissement de ce terme rendra toujours la recherche des coefficients a, b, c, ... un peu plus facile, parce qu'on aura $A = 0$, et par conséquent aussi $A_1 = 0$; de sorte que les formules du numéro précédent deviendront

$$A_1 = 0,$$

$$A_2 = -2B,$$

$$A_3 = 3C,$$

$$A_4 = -BA_2 - 4D,$$

$$\dots\dots\dots\dots\dots;$$

$$a_1 = mA_2,$$

$$a_2 = mA_4 + 6\frac{A_2^2}{2},$$

$$a_3 = mA_6 + 15A_2A_4 - 20\frac{A_3^2}{2},$$

$$\dots\dots\dots\dots\dots\dots\dots;$$

$$a = a_1,$$

$$b = \frac{aa_1 - a_2}{2},$$

$$c = \frac{ba_1 - aa_2 + a_3}{3},$$

$$\dots\dots\dots\dots\dots$$

10. Corollaire I. — Puisque les racines de l'équation (D) sont les carrés des différences entre les racines de l'équation proposée (B), il est clair que si cette équation (D) avait tous ses termes de même signe, auquel cas elle n'aurait aucune racine réelle positive, il est clair, dis-je, que, dans ce cas, les différences entre les racines de l'équation (B) seraient toutes imaginaires; de sorte que cette équation ne pourrait avoir qu'une seule racine réelle ou bien plusieurs racines réelles et égales entre elles. Si ce dernier cas a lieu, on le reconnaîtra et on le résoudra par les méthodes connues (*voir* aussi plus bas le Chapitre II); à l'égard du premier cas, il suit du n° 6 qu'on pourra prendre $\Delta = 1$.

11. Corollaire II. — Si l'équation (B) a un ou plusieurs couples de racines égales, il est clair que l'équation (D) aura une ou plusieurs valeurs de υ égales à zéro; de sorte qu'elle sera alors divisible une ou plusieurs fois par υ. Cette division faite, lorsqu'elle a lieu, soit l'équation restante disposée à rebours, de cette manière :

$$\text{(E)} \qquad 1 + \alpha\upsilon + \beta\upsilon^2 + \gamma\upsilon^3 + \ldots + \varpi\upsilon^r = 0,$$

r étant $=$ ou $< n$; qu'on fasse $\upsilon = \frac{1}{y}$, et ordonnant l'équation par rapport à y, on aura

$$\text{(F)} \qquad y^r + \alpha y^{r-1} + \beta y^{r-2} + \gamma y^{r-3} + \ldots + \varpi = 0.$$

Qu'on cherche par les méthodes connues la limite des racines positives de cette équation, et soit l cette limite, en sorte que l surpasse chacune des valeurs positives de y; donc $\frac{1}{l}$ sera moindre que chacune des valeurs positives de $\frac{1}{y}$ ou de υ; et par conséquent moindre que chacune des valeurs de u^2, à cause de $\upsilon = u^2$ (problème précédent).

Donc $\frac{1}{\sqrt{l}}$ sera nécessairement moindre qu'aucune des valeurs de u, c'est-à-dire qu'aucune des différences entre les racines réelles et inégales de l'équation proposée (B).

Donc :

1° Si $\sqrt{l} < 1$, alors on sera sûr que l'équation (B) n'aura pas de racines réelles dont les différences soient moindres que l'unité; ainsi, dans ce cas, on pourra faire sans scrupule $\Delta = 1$ (n° 6);

2° Mais, si $\sqrt{l} =$ ou > 1, alors il peut se faire qu'il y ait dans l'équation (B) des racines dont les différences soient moindres que l'unité; mais, comme la plus petite de ces différences sera toujours nécessairement plus grande que $\frac{1}{\sqrt{l}}$, on pourra toujours prendre $\Delta =$ ou $< \frac{1}{\sqrt{l}}$ (numéro cité).

En général, soit k le nombre entier qui est égal ou immédiatement plus grand que $\sqrt{l}$, et l'on pourra toujours prendre $\Delta = \frac{1}{k}$.

12. Scolie I. — Quant à la manière de trouver la limite des racines d'une équation, la plus commode et la plus exacte est celle de Newton, laquelle consiste à trouver un nombre dont, les racines de l'équation proposée étant diminuées, l'équation résultante n'ait aucune variation de signe, car alors cette équation ne pourra avoir que des racines négatives; par conséquent, le nombre dont les racines de la proposée auront été diminuées surpassera nécessairement la plus grande de ces racines.

Ainsi, pour chercher la limite l des racines de l'équation

$$\text{(F)} \qquad y^r + \alpha y^{r-1} + \beta y^{r-2} + \gamma y^{r-3} + \ldots + \varpi = 0,$$

on y mettra $y + l$ au lieu de y, et ordonnant l'équation résultante par rapport à y, elle deviendra

$$P + Qy + Ry^2 + Sy^3 + \ldots + y^r = 0,$$

dans laquelle

$$P = l^r + \alpha l^{r-1} + \beta l^{r-2} + \gamma l^{r-3} + \ldots + \varpi,$$

$$Q = rl^{r-1} + (r-1)\alpha l^{r-2} + (r-2)\beta l^{r-3} + \ldots,$$

$$R = \frac{r(r-1)}{2} l^{r-2} + \frac{(r-1)(r-2)}{2} \alpha l^{r-3} + \ldots,$$

$$S = \frac{r(r-1)(r-2)}{2.3} l^{r-3} + \ldots,$$

$$\ldots\ldots\ldots\ldots\ldots\ldots\ldots\ldots,$$

et il n'y aura qu'à chercher une valeur de l qui, étant substituée dans les quantités P, Q, R, ..., les rende toutes positives; en commençant par la dernière de ces quantités, laquelle n'aura que deux termes et remontant successivement aux quantités précédentes, on déterminera facilement le plus petit nombre entier qui pourra être pris pour l, et qui sera la limite la plus proche cherchée.

Si l'on voulait éviter tout tâtonnement, il n'y aurait qu'à prendre pour l le plus grand coefficient des termes négatifs de l'équation (F), augmenté d'une unité; car il est facile de prouver qu'en donnant à l cette valeur, les quantités P, Q, R, ... seront toujours positives.

Cette manière d'avoir la limite des racines d'une équation quelconque est due, je crois, à Maclaurin; mais en voici une autre qui donnera le plus souvent des limites plus approchées.

Soient

$$-\mu y^{r-m} - \nu y^{r-n} - \varpi y^{r-p} - \ldots$$

les termes négatifs de l'équation (F); on prendra pour l la somme des deux plus grandes des quantités

$$\sqrt[m]{\mu},\ \sqrt[n]{\nu},\ \sqrt[p]{\varpi},\ \ldots$$

ou un nombre quelconque plus grand que cette somme. Cette proposition peut se démontrer de la même manière que la précédente; ainsi nous ne nous y arrêterons pas.

Au reste, il faut observer que les limites trouvées de l'une ou de l'autre de ces deux manières seront rarement les plus prochaines limites. Pour en avoir de plus petites, on essayera successivement pour l des nombres moindres, et l'on prendra le plus petit de ceux qui satisferont aux conditions que P, Q, R, ... soient des nombres positifs.

13. Scolie II. — Ayant donc trouvé la limite l de l'équation (F) et pris k égal ou immédiatement plus grand que $\sqrt{l}$, on fera $\Delta = \frac{1}{k}$ (n° **11**), et l'on substituera successivement dans l'équation proposée, à la place de l'inconnue, les nombres

$$0,\ \frac{1}{k},\ \frac{2}{k},\ \frac{3}{k},\ \ldots;$$

les résultats venant de ces substitutions formeront une série dans laquelle il y aura autant de variations de signe que l'équation proposée contiendra de racines réelles positives et inégales, et, de plus, chacune de ces racines se trouvera entre les deux nombres qui auront donné des résultats consécutifs de signes différents; de sorte que si les nombres

$\frac{h}{k}$ et $\frac{h+1}{k}$ donnent des résultats de signe contraire, il y aura une racine entre $\frac{h}{k}$ et $\frac{h+1}{k}$; par conséquent, le nombre entier qui approchera le plus de $\frac{h}{k}$ sera la valeur entière approchée de cette racine (n° 2).

Ainsi l'on connaîtra par ce moyen, non-seulement le nombre des racines positives et inégales de l'équation proposée, mais encore la valeur entière approchée de chacune de ces racines.

Au reste, il est clair que si l'on trouvait un ou plusieurs résultats égaux à zéro, les nombres qui auraient donné ces résultats seraient des racines exactes de l'équation proposée.

Pour faciliter et abréger ce calcul, on fera encore les remarques suivantes :

1° Si l'on cherche par les méthodes des numéros précédents la limite des racines positives de l'équation proposée, il est clair qu'il sera inutile d'y substituer à la place de l'inconnue des nombres plus grands que cette limite. En effet, il est facile de voir qu'en substituant des nombres plus grands que cette limite, on aura toujours nécessairement des résultats positifs. Ainsi, nommant λ la limite dont il s'agit, le nombre des substitutions à faire sera égal à λk, et par conséquent toujours limité.

En général, sans chercher la limite λ, il suffira de pousser les substitutions jusqu'à ce que le premier terme de l'équation ou la somme des premiers termes, s'il y en a plusieurs consécutifs avec le même signe +, soit égale ou plus grande que la somme de tous les termes négatifs; car il est facile de prouver, par la méthode du n° 7, qu'en donnant à l'inconnue des valeurs plus grandes, on aura toujours à l'infini des résultats positifs.

2° Au lieu de substituer à la place de l'inconnue x les fractions $\frac{1}{k}, \frac{2}{k}, \ldots$, on y mettra d'abord $\frac{x}{k}$ à la place de x, ou, ce qui revient au même, on multipliera le coefficient du second terme par k, celui du troisième terme par k^2, et ainsi des autres; et l'on substituera ensuite à la place de x les nombres naturels $0, 1, 2, 3, \ldots$ jusqu'à la limite de cette équation, ou bien jusqu'à ce que le premier terme ou la somme des premiers, quand il y en a plusieurs consécutifs avec le même signe, soit égale ou plus grande que la somme des négatifs; par ce moyen, les résultats seront tous des nombres entiers, et les racines de l'équation proposée se trouveront nécessairement entre les nombres consécutifs qui donneront des résultats de signes contraires, ces nombres étant divisés par k, comme nous l'avons vu plus haut.

3° Soit m le degré de l'équation dans laquelle il s'agit de substituer successivement les nombres naturels $0, 1, 2, 3, \ldots$; je dis que, dès que l'on aura trouvé les $m+1$ premiers résultats, c'est-à-dire ceux qui répondent à $x = 0, 1, 2, 3, \ldots, m$, on pourra trouver tous les suivants par la seule addition.

Pour cela, il n'y aura qu'à chercher les différences des résultats trouvés, lesquelles seront au nombre de m, ensuite les différences de ces différences, lesquelles ne seront plus qu'au nombre de $m-1$, et ainsi de suite jusqu'à la différence $m^{\text{ième}}$.

Cette dernière différence sera nécessairement constante, parce que l'exposant de la plus haute puissance de l'inconnue est m; ainsi l'on pourra continuer la suite des différences $m^{\text{ièmes}}$ aussi loin qu'on voudra, en répétant seulement la même différence trouvée; ensuite, par le moyen de cette suite, on pourra, par la simple addition, continuer celle des différences $(m-1)^{\text{ièmes}}$, et, à l'aide de celle-ci, on pourra continuer de même la suite des différences $(m-2)^{\text{ièmes}}$, et ainsi de suite, jusqu'à ce qu'on arrive à la première suite, qui sera celle des résultats cherchés.

Il est bon d'observer ici que, si les termes correspondants des différentes suites dont nous parlons étaient tous positifs, les termes suivants dans chaque suite seraient tous aussi positifs. Or, puisque la dernière différence est toujours positive, il est clair qu'on parviendra nécessairement dans chaque suite à des termes tous positifs; ainsi il suffira de continuer toutes ces suites jusqu'à ce que leurs termes correspondants soient devenus tous positifs, parce qu'alors on sera sûr que la série des résultats, continuée aussi loin qu'on voudra, sera toujours positive, et que, par conséquent, elle ne contiendra plus aucune variation de signe.

Pour éclaircir cela par un exemple, soit proposée l'équation

$$x^3 - 63x + 189 = 0;$$

on trouvera d'abord que les résultats qui répondent à $x = 0, 1, 2, 3$ sont 189, 127, 71, 27; d'où l'on tirera les différences premières -62, -56, -44, les différences secondes 6, 12, et la différence troisième 6; ainsi on formera les quatre séries suivantes :

6	6	6	6	6	6	6,	...,
6	12	18	24	30	36	42,	...,
-62	-56	-44	-26	-2	28	64,	...,
189	127	71	27	1	-1	27,	...,

dont la loi est que chaque terme est égal à la somme du terme précédent de la même série, et de celui qui y est au-dessus dans la série précédente; de sorte qu'il est très-facile de continuer ces séries aussi loin qu'on voudra.

La dernière de ces quatre séries sera, comme l'on voit, celle des résultats qui viennent de la substitution des nombres naturels 0, 1, 2, ... à la place de x dans l'équation proposée; et comme les termes de la septième colonne, savoir : 6, 42, 64, 27 sont tous positifs, il s'ensuit que les termes suivants seront tous aussi positifs; de sorte que la série des résultats, continuée aussi loin qu'on voudra, n'aura plus aucune variation de signe.

14. Remarque. — On avait déjà remarqué que l'on pouvait trouver la valeur approchée de toutes les racines réelles et inégales d'une équation quelconque, en y substituant successivement à la place de l'inconnue différents nombres en progression arithmétique; mais cette remarque ne pouvait pas être d'une grande utilité, faute d'avoir une méthode pour déterminer la progression que l'on doit employer dans chaque cas, en sorte que l'on soit assuré qu'elle fasse connaître toutes les racines réelles et inégales de l'équation proposée. Nous en sommes heureusement venus à bout, à l'aide du problème du n° 8, et nous verrons encore ci-après d'autres usages de ce même problème par rapport aux racines égales et imaginaires.

Au reste, la recherche de la quantité Δ (n° 11) ne serait point nécessaire si l'équation proposée n'avait que des racines réelles; mais les conditions par lesquelles on peut reconnaître d'avance la réalité de toutes les racines, lorsqu'elle a lieu dans une équation donnée, dépendent de l'équation même des différences ou de formules équivalentes. (*Voir* la Note VIII.)

CHAPITRE II.

DE LA MANIÈRE D'AVOIR LES RACINES ÉGALES ET LES RACINES IMAGINAIRES DES ÉQUATIONS.

15. Nous n'avons considéré, dans le Chapitre précédent, que les racines réelles et inégales de l'équation proposée (B); supposons maintenant que cette équation ait des racines égales. Dans ce cas, il faudra (nº 11) que l'équation (D) soit divisible autant de fois par υ qu'il y aura de combinaisons de racines égales deux à deux; par conséquent, il faudra qu'il y ait dans cette équation (D) autant des derniers termes qui manquent; ainsi on connaîtra par ce moyen combien de racines égales il y aura dans la proposée.

Mais on peut s'assurer d'avance si l'équation proposée a des racines égales, et même trouver ces racines indépendamment de l'équation (D); car puisque, dans le cas des racines égales, on a nécessairement $u = o$ (nº 8), l'équation (C) du même numéro donnera pour ce cas $Y = o$; ainsi il faudra que les deux équations en x, $X = o$ et $Y = o$, aient lieu en même temps lorsque x est égal à une quelconque des racines égales de l'équation (B).

On cherchera donc, par les méthodes connues, le plus grand commun diviseur des deux polynômes X et Y; et, faisant ensuite ce diviseur égal à zéro, on aura une équation qui ne sera composée que de racines égales de la proposée, mais élevées à une puissance moindre de l'unité.

Soit R le plus grand commun diviseur de X et de Y, et X' le quotient de X divisé par R; il est facile de voir que l'équation $X' = o$ contiendra toutes les mêmes racines que l'équation proposée $X = 0$, avec cette différence que les racines multiples de cette équation seront simples dans l'équation $X' = 0$. Ainsi l'équation $X' = 0$ sera dans le cas des méthodes précédentes.

On peut encore, si l'on veut, trouver deux équations séparées dont l'une contienne seulement les racines égales de l'équation $X = 0$, et dont l'autre contienne les racines inégales de la même équation. Pour cela, il n'y aura qu'à chercher de nouveau le plus grand commun diviseur des polynômes X' et Y; et nommant ce diviseur R', on prendra le quotient de X' divisé par R', lequel étant nommé X'', on fera ces deux équations $X'' = 0$ et $R' = 0$.

La première contiendra seulement les racines inégales de l'équation $X = 0$, et la seconde contiendra seulement les racines égales de la même équation, mais chacune une seule fois; de sorte que les deux équations $X'' = 0$ et $R' = 0$ n'auront que des racines inégales et par conséquent seront susceptibles des méthodes du Chapitre précédent.

16. Connaissant ainsi le nombre des racines réelles, tant inégales qu'égales de l'équation proposée, si ce nombre est moindre que le degré de l'équation, on en conclura que les autres racines sont nécessairement imaginaires.

En général, pour que l'équation (B) ait toutes ses racines réelles, il faut que les valeurs de u soient réelles aussi; donc il faudra que les valeurs de u^2 ou de v soient toutes réelles et positives; par conséquent, l'équation (D) du n° 8 doit avoir toutes ses racines réelles positives; donc il faudra, par la règle connue, que les signes de cette équation soient alternativement positifs et négatifs; de sorte que si cette condition n'a pas lieu, ce sera une marque sûre que l'équation (B) a nécessairement des racines imaginaires.

Or on sait que les racines imaginaires vont toujours en nombre pair, et qu'elles peuvent se mettre deux à deux sous cette forme

$$\alpha + \beta\sqrt{-1} \quad \text{et} \quad \alpha - \beta\sqrt{-1},$$

α et β étant des quantités réelles (*); donc on aura

$$u = \pm 2\beta\sqrt{-1},$$

et, par conséquent,

$$v = -4\beta^2;$$

d'où l'on voit que l'équation (D) aura nécessairement autant de racines réelles négatives qu'il y aura de couples de racines imaginaires dans l'équation (B).

Donc, si l'on fait $v = -w$, ce qui changera l'équation (D) en celle-ci :

$$\text{(G)} \qquad w^n + aw^{n-1} + bw^{n-2} + cw^{n-3} + \ldots = 0,$$

cette équation aura nécessairement autant de racines réelles positives qu'il y aura de couples de racines imaginaires dans l'équation (B).

17. Il suit de là que, pour avoir la valeur des racines imaginaires de l'équation (B), il n'y a qu'à chercher les racines réelles positives de l'équation (G). En effet, soient w', w'', w''', ... ces racines, on aura d'abord $\frac{\sqrt{w'}}{2}$, $\frac{\sqrt{w''}}{2}$, $\frac{\sqrt{w'''}}{2}$, ... pour les valeurs de β; ensuite, pour trouver les valeurs correspondantes de α, on substituera, dans l'équation (B), $\alpha + \beta\sqrt{-1}$, à la place de x, et l'on fera deux équations séparées des termes tous réels et de ceux qui seront multipliés par $\sqrt{-1}$; de cette manière, on aura deux équations en α de cette forme

$$\text{(H)} \qquad \left\{ \begin{aligned} \alpha^m + P\alpha^{m-1} + Q\alpha^{m-2} + \ldots &= 0, \\ m\alpha^{m-1} + p\alpha^{m-2} + q\alpha^{m-3} + \ldots &= 0, \end{aligned} \right.$$

dans lesquelles les coefficients P, Q, ..., p, q, ... seront donnés en a, b, c, ... et en β.

Donc, si l'on donne à β quelqu'une des valeurs précédentes, il faudra nécessairement que ces deux équations aient lieu en même temps, et, par conséquent, il faudra qu'elles aient un diviseur commun. On cherchera donc leur plus grand commun diviseur, et, le faisant égal à

(*) *Voir* la Note IX.

zéro, on aura une équation en α et β, par laquelle, β étant connu, on trouvera α.

Il est bon de remarquer que, si toutes les valeurs de β tirées de l'équation (G) sont inégales entre elles, alors à chaque valeur de β il ne pourra répondre qu'une seule valeur de α; donc, dans ce cas, les deux équations (H) ne pourront avoir qu'une seule racine commune, et, par conséquent, leur plus grand commun diviseur ne pourra être que du premier degré.

On poussera donc la division jusqu'à ce que l'on parvienne à un reste où α ne se trouve plus qu'à la première dimension, et l'on fera ensuite ce reste égal à zéro; ce qui donnera la valeur cherchée de α.

Mais si, parmi les valeurs de β tirées de l'équation (G), il y en a, par exemple, deux égales entre elles, alors, comme à chacune de ces valeurs égales de β il peut répondre des valeurs différentes de α, il faudra qu'en mettant cette valeur double de β dans les équations (H), elles puissent avoir lieu par rapport à l'une et l'autre des valeurs de α qui y répondent; ainsi ces deux équations auront nécessairement deux racines communes, et, par conséquent, leur plus grand commun diviseur sera du second degré. Il faudra donc, dans ce cas, ne pousser la division que jusqu'à ce qu'on arrive à un reste où α se trouve à la seconde dimension seulement; et alors on fera ce reste égal à zéro, ce qui donnera une équation du second degré, par laquelle on déterminera les deux valeurs de α, lesquelles seront nécessairement toutes deux réelles.

De même, s'il y avait trois valeurs égales de β, il faudrait, pour trouver les valeurs de α qui répondraient à cette valeur triple de β, ne pousser la division que jusqu'à ce que l'on parvînt à un reste où la plus haute puissance de α fût la troisième; et alors, faisant ce reste égal à zéro, on aurait une équation en α du troisième degré, laquelle donnerait les trois valeurs réelles de α, correspondantes à la même valeur de β, et ainsi de suite.

CHAPITRE III.

NOUVELLE MÉTHODE POUR APPROCHER DES RACINES DES ÉQUATIONS NUMÉRIQUES.

18. Soit l'équation

$$(a) \qquad Ax^m + Bx^{m-1} + Cx^{m-2} + \ldots + K = 0,$$

et supposons qu'on ait déjà trouvé, par la méthode précédente ou autrement, la valeur entière et approchée d'une de ses racines réelles et positives; soit cette première valeur p, en sorte que l'on ait

$$x > p \quad \text{et} \quad x < p+1,$$

on fera

$$x = p + \frac{1}{y};$$

et substituant cette valeur dans l'équation proposée, à la place de x, on aura, après avoir multiplié toute l'équation par y^m et ordonné les termes par rapport à y, une équation de cette forme

$$(b) \qquad A'y^m + B'y^{m-1} + C'y^{m-2} + \ldots + K' = 0.$$

Or, comme (hypothèse) $\frac{1}{y} > 0$ et < 1, on aura $y > 0$; donc l'équation (b) aura nécessairement au moins une racine réelle plus grande que l'unité.

On cherchera donc, par les méthodes du Chapitre Ier, la valeur entière approchée de cette racine; et comme cette racine doit être nécessairement positive, il suffira de considérer y comme positif (n° 4).

Ayant trouvé la valeur entière approchée de y, que je nommerai q, on fera ensuite

$$y = q + \frac{1}{z},$$

et substituant cette valeur de y dans l'équation (b), on aura une troisième équation en z de cette forme

$$(c) \qquad A''z^m + B''z^{m-1} + C''z^{m-2} + \ldots + K'' = 0,$$

laquelle aura nécessairement au moins une racine réelle plus grande que l'unité, dont on pourra trouver de même la valeur entière approchée.

Cette valeur approchée de z étant nommée r, on fera

$$z = r + \frac{1}{u};$$

et, substituant, on aura une équation en u, qui aura au moins une racine réelle plus grande que l'unité, et ainsi de suite.

En continuant de la même manière, on approchera toujours de plus en plus de la valeur de la racine cherchée; mais, s'il arrive que quelqu'un des nombres p, q, ... soit une racine exacte, alors on aura $x = p$, ou $y = q$, ..., et l'opération sera terminée; ainsi, dans ce cas, on trouvera pour x une valeur commensurable.

Dans tous les autres cas, la valeur de la racine sera nécessairement incommensurable, et l'on pourra seulement en approcher aussi près qu'on voudra.

19. Si l'équation proposée a plusieurs racines réelles positives, on pourra trouver, par les méthodes exposées dans le Chapitre Ier, la valeur entière approchée de chacune de ces racines; et nommant ces valeurs p, p', p'', ..., on les emploiera successivement pour approcher davantage de la vraie valeur de chaque racine. Il faudra seulement remarquer :

1° Que si les nombres p, p', p'', ... sont tous différents l'un de l'autre, alors les transformées (b), (c), ... du numéro précédent n'auront chacune qu'une seule racine réelle et plus grande que l'unité; car si, par exemple, l'équation (b) avait deux racines réelles plus grandes que l'unité, telles que y' et y'', on aurait donc

$$x = p + \frac{1}{y'} \quad \text{et} \quad x = p + \frac{1}{y''};$$

de sorte que ces deux valeurs de x auraient la même valeur entière approchée p, contre l'hypothèse : il en serait de même si l'équation (c) ou quelqu'une des suivantes avait deux racines réelles plus grandes que l'unité.

De là il s'ensuit que, pour trouver dans ce cas les valeurs entières approchées q, r, ... des racines des équations (b), (c), ..., il suffira de substituer successivement à la place de y, z, ... les nombres naturels positifs 1, 2, 3, ... jusqu'à ce que l'on trouve deux substitutions consécutives qui donnent des résultats de signe contraire (n° 6).

2° Que, s'il y a deux valeurs de x qui aient la même valeur entière approchée p, en employant cette valeur, l'équation (b) aura aussi deux racines plus grandes que l'unité, et si leur valeur entière approchée est la même, l'équation (c) aura encore deux racines plus grandes que l'unité, et ainsi de suite jusqu'à ce que l'on arrive à une équation dont les deux racines, plus grandes que l'unité, aient des valeurs entières approchées différentes; alors chacune de ces deux valeurs donnera une suite particulière d'équations qui n'auront plus qu'une seule racine réelle plus grande que l'unité.

En effet, puisqu'il y a deux valeurs différentes de x qui ont la même valeur entière approchée p, ces deux valeurs seront représentées par $p+\frac{1}{y}$; de sorte qu'il faudra que y ait nécessairement deux valeurs réelles plus grandes que l'unité; et si ces deux valeurs de y ont la même valeur approchée q, il faudra de nouveau qu'en faisant $y=q+\frac{1}{z}$, z ait deux valeurs différentes plus grandes que l'unité, et ainsi de suite.

Mais, si les valeurs entières approchées de y étaient différentes, alors, nommant ces valeurs q et q', on ferait successivement $y=q+\frac{1}{z}$ et $y=q'+\frac{1}{z}$, et il est clair que z, dans l'une et l'autre de ces deux suppositions, n'aurait plus qu'une seule valeur réelle plus grande que l'unité; autrement, les valeurs de y, au lieu d'être seulement doubles, seraient triples ou quadruples, etc.

Donc, quand on sera parvenu à une transformée dont les deux racines plus grandes que l'unité auront des valeurs entières différentes, on sera assuré que les autres transformées résultant de chacune de ces deux valeurs n'auront plus qu'une seule racine plus grande que l'unité. Quant à la manière de trouver les valeurs entières approchées p, q, ..., lorsqu'elles répondent à plus d'une racine, *voir* ci-après, Chap. VI, art. IV.

On peut faire des remarques analogues sur le cas où il y aurait dans l'équation (a) trois racines, ou davantage, qui auraient la même valeur entière approchée.

20. Nous avons supposé dans le n° 18 que les racines cherchées étaient positives; pour trouver les négatives, il n'y aura qu'à mettre $-x$ à la place de x dans l'équation proposée, et l'on cherchera de même les racines positives de cette dernière équation : ce seront les racines négatives de la proposée (n° 4).

Quant aux racines imaginaires, qui sont toujours exprimées par $\alpha + \beta\sqrt{-1}$, nous avons donné, dans le Chapitre II, le moyen de trouver les équations dont α et β sont les racines; ainsi il n'y aura qu'à chercher les racines réelles de ces équations, et l'on aura la valeur de toutes les racines imaginaires de l'équation proposée.

21. Pour faciliter les substitutions (n° 18) de $p + \frac{1}{y}$ au lieu de x, de $q + \frac{1}{z}$ au lieu de y, etc., il est bon de remarquer que les coefficients de la transformée (b) peuvent se déduire immédiatement de ceux de l'équation (a) en cette sorte

$$A' = Ap^m + Bp^{m-1} + Cp^{m-2} + Dp^{m-3} + \dots,$$

$$B' = mAp^{m-1} + (m-1)Bp^{m-2} + (m-2)Cp^{m-3} + \dots,$$

$$C' = \frac{m(m-1)}{2}Ap^{m-2} + \frac{(m-1)(m-2)}{2}Bp^{m-3} + \dots,$$

$$\dots\dots\dots\dots\dots\dots\dots\dots\dots\dots$$

On aura de même ceux de la transformée (c) par ceux de la transformée (b), en mettant, dans les formules précédentes, q à la place de p, A″, B″, C‴, ... à la place de A′, B′, C′, ..., et A′, B′, C′, ... à la place de A, B, C, ..., et ainsi de suite.

De là il est évident que le premier coefficient A′, ou A″, ... ne sera jamais nul, à moins que le nombre p, ou q, ... ne soit une racine exacte, auquel cas nous avons vu que la fraction continue se termine à ce nombre (n° 18). En effet, si $A' = 0$, ou $A'' = 0$, ..., on aura $y = \infty$, ou $z = \infty$; donc $x = p$, ou $y = q$, ...

22. Soient donc $p, q, r, s, t, \ldots$ les valeurs entières approchées des racines des équations (a), (b), (c), ..., en sorte que l'on ait

$$x = p + \frac{1}{y}, \quad y = q + \frac{1}{z}, \quad z = r + \frac{1}{u}, \quad \ldots.$$

Substituant successivement ces valeurs dans celle de x, on aura

$$x = p + \cfrac{1}{q + \cfrac{1}{r + \cfrac{1}{s + \ldots}}}$$

Ainsi la valeur de x, c'est-à-dire de la racine cherchée, sera exprimée par une fraction continue. Or on sait que ces sortes de fractions donnent toujours l'expression la plus simple, et en même temps la plus exacte qu'il est possible, d'un nombre quelconque, rationnel ou irrationnel.

Huyghens paraît être le premier qui ait remarqué cette propriété des fractions continues, et qui en ait fait usage pour trouver les fractions les plus simples et en même temps les plus approchantes d'une fraction quelconque donnée. (*Voir* son Traité *De Automato planetario.*)

Plusieurs habiles géomètres ont ensuite développé davantage cette théorie et en ont fait différentes applications ingénieuses et utiles; mais on n'avait pas encore pensé, ce me semble, à s'en servir dans la résolution des équations.

23. Maintenant, si l'on réduit les fractions continues

$$\frac{p}{1},\quad p+\frac{1}{q},\quad p+\cfrac{1}{q+\cfrac{1}{r}},\quad \ldots$$

en fractions ordinaires, on aura, en faisant

$$\begin{array}{ll}
\alpha=p, & \alpha'=1,\\
\beta=q\alpha+1, & \beta'=q\alpha'=q,\\
\gamma=r\beta+\alpha, & \gamma'=r\beta'+\alpha',\\
\delta=s\gamma+\beta, & \delta'=s\gamma'+\beta',\\
\ldots\ldots\ldots\ldots, & \ldots\ldots\ldots\ldots,
\end{array}$$

on aura, dis-je, cette suite de fractions particulières

$$\frac{\alpha}{\alpha'},\quad \frac{\beta}{\beta'},\quad \frac{\gamma}{\gamma'},\quad \frac{\delta}{\delta'},\quad \ldots,$$

lesquelles seront nécessairement convergentes vers la vraie valeur de x, et dont la première sera plus petite que cette valeur, la deuxième sera plus grande, la troisième plus petite, et ainsi de suite; de sorte que la valeur cherchée se trouvera toujours entre deux fractions consécutives quelconques. C'est ce qu'il est aisé de déduire de la nature même de la fraction continue d'où celles-ci sont tirées.

Or il est facile de voir que les valeurs de

$$\alpha,\ \beta,\ \gamma,\ \ldots \quad \text{et} \quad \alpha',\ \beta',\ \gamma',\ \ldots$$

sont toujours telles que

$$\beta\alpha'-\alpha\beta'=1,\quad \beta\gamma'-\gamma\beta'=1,\quad \delta\gamma'-\gamma\delta'=1,\quad \ldots,$$

d'où il s'ensuit :

1° Que ces fractions sont déjà réduites à leurs moindres termes; car si γ et γ', par exemple, avaient un commun diviseur autre que l'unité, il faudrait, en vertu de l'équation

$$\beta\gamma'-\gamma\beta'=1,$$

que l'unité fût aussi divisible par ce même diviseur;

2° Qu'on aura

$$\frac{\beta}{\beta'}-\frac{\alpha}{\alpha'}=\frac{1}{\alpha'\beta'},\quad \frac{\beta}{\beta'}-\frac{\gamma}{\gamma'}=\frac{1}{\beta'\gamma'},\quad \frac{\delta}{\delta'}-\frac{\gamma}{\gamma'}=\frac{1}{\gamma'\delta'},\quad \ldots,$$

de sorte que les fractions

$$\frac{\alpha}{\alpha'},\quad \frac{\beta}{\beta'},\quad \frac{\gamma}{\gamma'},\quad \ldots$$

ne peuvent jamais différer de la vraie valeur de x que d'une quantité respectivement moindre que

$$\frac{1}{\alpha'\beta'},\quad \frac{1}{\beta'\gamma'},\quad \frac{1}{\gamma'\delta'},\quad \ldots,$$

d'où il sera facile de juger de la quantité de l'approximation.

En général, puisque $\beta' > \alpha'$, $\gamma' > \beta'$, ..., on aura

$$\frac{1}{\alpha'^2}>\frac{1}{\alpha'\beta'},\quad \frac{1}{\beta'^2}>\frac{1}{\beta'\gamma'},\quad \ldots,$$

d'où l'on voit que l'erreur de chaque fraction sera toujours moindre que l'unité divisée par le carré du dénominateur de la même fraction.

3° Que chaque fraction approchera de la valeur de x, non-seulement plus que ne fait aucune des fractions précédentes, mais aussi plus que ne pourrait faire aucune autre fraction quelconque qui aurait un moindre dénominateur. En effet, si la fraction $\frac{\mu}{\mu'}$, par exemple, approchait plus que la fraction $\frac{\gamma}{\gamma'}$, γ' étant $> \mu'$, il faudrait que la quantité $\frac{\mu}{\mu'}$ se trouvât entre ces deux $\frac{\gamma}{\gamma'}$ et $\frac{\delta}{\delta'}$; donc

$$\frac{\mu}{\mu'}-\frac{\gamma}{\gamma'}<\frac{\delta}{\delta'}-\frac{\gamma}{\gamma'}<\frac{1}{\gamma'\delta'}\quad \text{et} > 0;$$

donc

$$\mu\gamma'-\mu'\gamma<\frac{\mu'}{\delta'}<1\quad \text{et} > 0;$$

ce qui ne se peut, puisque γ, γ', μ, μ' sont des nombres entiers.

24. Les fractions $\frac{\alpha}{\alpha'}$, $\frac{\beta}{\beta'}$, $\frac{\gamma}{\gamma'}$, ... peuvent être appelées fractions *principales*, parce qu'elles convergent le plus qu'il est possible vers la valeur cherchée; mais, quand les nombres p, q, r, ... diffèrent de l'unité, on peut encore trouver d'autres fractions convergentes vers la même valeur, et qu'on appellera, si l'on veut, fractions *secondaires*.

Par exemple, si r est > 1, on peut, entre les fractions $\frac{\alpha}{\alpha'}$ et $\frac{\gamma}{\gamma'}$, qui sont toutes deux moindres que la valeur de x, insérer autant de fractions secondaires qu'il y a d'unités dans $r-1$, en mettant successivement $1, 2, 3, \ldots, r-1$, au lieu de r. De cette manière, à cause de $\gamma = r\beta + \alpha$ et $\gamma' = r\beta' + \alpha'$, on aura cette suite de fractions

$$\frac{\alpha}{\alpha'},\quad \frac{\beta+\alpha}{\beta'+\alpha'},\quad \frac{2\beta+\alpha}{2\beta'+\alpha'},\quad \frac{3\beta+\alpha}{3\beta'+\alpha'},\quad \ldots,\quad \frac{r\beta+\alpha}{r\beta'+\alpha'},$$

dont les deux extrêmes sont les deux fractions *principales* $\frac{\alpha}{\alpha'}$, $\frac{\gamma}{\gamma'}$, et dont les intermédiaires sont des fractions *secondaires*.

Or, si l'on prend la différence entre deux fractions consécutives quelconques de cette suite, comme entre $\frac{2\beta+\alpha}{2\beta'+\alpha'}$ et $\frac{3\beta+\alpha}{3\beta'+\alpha'}$ on trouvera $\frac{1}{(2\beta'+\alpha')(3\beta'+\alpha')}$; de sorte que cette différence sera toujours positive et ira en diminuant d'une fraction à l'autre; d'où il s'ensuit que, comme la dernière fraction $\frac{\gamma}{\gamma'}$ est moindre que la vraie valeur de la fraction continue, les fractions dont il s'agit seront toutes plus petites que cette valeur, et seront en même temps convergentes vers cette même valeur.

On fera le même raisonnement par rapport à toutes les autres fractions principales; et si l'on ajoute à ces fractions les deux fractions $\frac{0}{1}$ et $\frac{1}{0}$, dont la première est toujours plus petite et dont la seconde est plus grande que toute quantité donnée, on pourra former deux séries de fractions convergentes vers la valeur cherchée, dont l'une contiendra toutes les fractions plus petites que cette valeur, et dont l'autre contiendra toutes les fractions plus grandes que la même valeur.

Fractions plus petites.

$$\frac{0}{1},\quad \frac{1}{1},\quad \frac{2}{1},\quad \frac{3}{1},\quad \ldots,\quad \frac{p}{1},\quad \ldots,\quad \left(\frac{\alpha}{\alpha'}\right),$$

$$\frac{\beta+\alpha}{\beta'+\alpha'},\quad \frac{2\beta+\alpha}{2\beta'+\alpha'},\quad \frac{3\beta+\alpha}{3\beta'+\alpha'},\quad \ldots,\quad \frac{r\beta+\alpha}{r\beta'+\alpha'},\quad \ldots,\quad \left(\frac{\gamma}{\gamma'}\right),$$

$$\frac{\delta+\gamma}{\delta'+\gamma'},\quad \frac{2\delta+\gamma}{2\delta'+\gamma'},\quad \frac{3\delta+\gamma}{3\delta'+\gamma'},\quad \ldots,\quad \frac{t\delta+\gamma}{t\delta'+\gamma'},\quad \ldots,\quad \left(\frac{\varepsilon}{\varepsilon'}\right),$$

$$\ldots\ldots,\quad \ldots\ldots\ldots,\quad \ldots\ldots\ldots,\quad \ldots,\quad \ldots\ldots\ldots,\quad \ldots,\quad \ldots.$$

Fractions plus grandes.

$$\frac{1}{0},\quad \frac{\alpha+1}{\alpha'+1},\quad \frac{2\alpha+1}{2\alpha'+1},\quad \frac{3\alpha+1}{3\alpha'+1},\quad \ldots,\quad \frac{q\alpha+1}{q\alpha'+1},\quad \ldots,\quad \left(\frac{\beta}{\beta'}\right),$$

$$\frac{\gamma+\beta}{\gamma'+\beta'},\quad \frac{2\gamma+\beta}{2\gamma'+\beta'},\quad \frac{3\gamma+\beta}{3\gamma'+\beta'},\quad \ldots,\quad \frac{s\gamma+\beta}{s\gamma'+\beta'},\quad \ldots,\quad \left(\frac{\delta}{\delta'}\right),$$

$$\ldots\ldots,\quad \ldots\ldots\ldots,\quad \ldots\ldots\ldots,\quad \ldots,\quad \ldots\ldots\ldots,\quad \ldots,\quad \ldots.$$

Quant à la nature de ces fractions, il est facile de prouver, comme nous l'avons fait par rapport aux fractions principales : 1° que chacune de ces fractions sera déjà réduite à ses moindres termes; d'où il s'ensuit que, comme les numérateurs et les dénominateurs vont en augmentant, ces fractions se trouveront toujours exprimées par des termes plus grands à mesure qu'elles s'éloigneront du commencement de la série; 2° que chaque fraction de la première série approchera de la valeur de x plus qu'aucune autre fraction quelconque qui serait moindre que cette valeur et qui aurait un dénominateur plus petit que celui de la même fraction; et que, de même, chaque fraction de la seconde série approchera plus de la valeur de x que ne pourrait faire toute autre fraction qui serait plus grande que cette valeur et qui aurait un dénominateur plus petit que celui de la même fraction.

En effet, s'il y avait une fraction comme $\frac{\mu}{\mu'}$ plus petite que la valeur de x et en même temps plus approchante de cette valeur que la fraction $\frac{3\beta+\alpha}{3\beta'+\alpha'}$, par exemple, en supposant $3\beta'+\alpha' > \mu'$, il faudrait, à cause que la fraction $\frac{\beta}{\beta'}$ est plus grande que la valeur dont il s'agit, que la quantité $\frac{\mu}{\mu'}$ se trouvât entre les deux quantités

$$\frac{3\beta+\alpha}{3\beta'+\alpha'} \quad \text{et} \quad \frac{\beta}{\beta'};$$

donc la quantité

$$\frac{\mu}{\mu'} - \frac{3\beta+\alpha}{3\beta'+\alpha'}$$

devrait être

$$< \frac{\beta}{\beta'} - \frac{3\beta+\alpha}{3\beta'+\alpha'} < \frac{\beta\alpha'-\alpha\beta'}{\beta'(3\beta'+\alpha')} < \frac{1}{\beta'(3\beta'+\alpha')};$$

donc il faudrait que $\mu(3\beta'+\alpha')-\mu'(3\beta+\alpha)$ fût $< \frac{\mu'}{\beta'} < 1$, ce qui ne se peut.

Au reste, il peut arriver qu'une fraction d'une série n'approche pas si près qu'une autre de l'autre série, quoique conçue en termes moins simples; mais cela n'arrive jamais quand la fraction qui a le plus grand dénominateur est une fraction principale (n° 23).

CHAPITRE IV.

APPLICATION DES MÉTHODES PRÉCÉDENTES A QUELQUES EXEMPLES.

25. Je prendrai pour premier exemple l'équation que Newton a résolue par sa méthode, savoir,

$$x^3 - 2x - 5 = 0.$$

Je commence par chercher, par les formules du n° 8, l'équation en v qui résulte de cette équation; je fais donc

$$m = 3, \quad A = 0, \quad B = -2, \quad C = 5;$$

j'aurai

$$n = \frac{3.2}{2} = 3,$$

$$A_1 = 0, \quad A_2 = 4, \quad A_3 = 15, \quad A_4 = 8, \quad A_5 = 50, \quad A_6 = 91;$$

donc

$$a_1 = 12, \quad a_2 = 72, \quad a_3 = -1497,$$

et de là

$$a = 12, \quad b = 36, \quad c = -643;$$

de sorte que l'équation cherchée sera

$$v^3 - 12v^2 + 36v + 643 = 0.$$

Comme cette équation n'a pas les signes alternativement positifs et négatifs, j'en conclus sur-le-champ que l'équation proposée a nécessairement deux racines imaginaires, et par conséquent une seule réelle (n° 16).

Ainsi les nombres à substituer à la place de x seront les nombres naturels 0, 1, 2, 3, ... (n° 6).

Je suppose d'abord x positif, et je cherche la limite des valeurs de x par les méthodes du n° **12**; je trouve $\sqrt{2}+\sqrt[3]{5}<3$; ainsi 3 sera la limite cherchée en nombres entiers, de sorte qu'il suffira de faire successivement $x=0, 1, 2, 3$, ce qui donnera ces résultats : -5, -6, -1, $+16$; d'où l'on voit que la racine réelle de l'équation proposée sera entre les nombres 2 et 3, et qu'ainsi 2 sera la valeur entière la plus approchée de cette racine (n° **2**).

Je fais maintenant, suivant la méthode du Chapitre III, $x=2+\frac{1}{y}$; j'ai, en substituant, et ordonnant les termes par rapport à y, l'équation

$$y^3-10y^2-6y-1=0,$$

dans laquelle j'ai changé les signes pour rendre le premier terme positif.

Cette équation aura donc nécessairement une seule racine plus grande que l'unité (n° 19), de sorte que, pour en trouver la valeur approchée, il n'y aura qu'à substituer les nombres 0, 1, 2, 3, ..., jusqu'à ce que l'on trouve deux substitutions consécutives qui donnent des résultats de signe contraire.

Pour ne pas faire beaucoup de substitutions inutiles, je remarque qu'en faisant $y=0$ j'ai un résultat négatif, et qu'en faisant $y=10$ le résultat est encore négatif; je commence donc par le nombre 10, et je fais successivement $y=10, 11, \ldots$. Je trouve d'abord les résultats -61, $+54$, ...; d'où je conclus que la valeur approchée de y est 10; donc $q=10$.

Je fais donc $y=10+\frac{1}{z}$; j'aurai l'équation

$$61z^3-94z^2-20z-1=0,$$

et supposant successivement $z=1, 2, \ldots$, j'aurai les résultats -54, $+71$, ...; donc $r=1$.

Je fais encore $z=1+\frac{1}{u}$; j'aurai

$$54u^3+25u^2-89u-61=0,$$

et, supposant $u = 1, 2, \ldots$, j'aurai les résultats $-71, +293, \ldots$; donc $s = 1$, et ainsi de suite.

En continuant de cette manière, on trouvera les nombres

$$2, 10, 1, 1, 2, 1, 3, 1, 1, 12, \ldots,$$

de sorte que la racine cherchée sera exprimée par cette fraction continue

$$x = 2 + \cfrac{1}{10 + \cfrac{1}{1 + \cfrac{1}{1 + \cfrac{1}{2 + \ldots}}}},$$

d'où l'on tirera les fractions (n° 23)

$$\frac{2}{1}, \frac{21}{10}, \frac{23}{11}, \frac{44}{21}, \frac{111}{53}, \frac{155}{74}, \frac{576}{275}, \frac{731}{349}, \frac{1307}{624}, \frac{16415}{7837}, \ldots,$$

lesquelles seront alternativement plus petites et plus grandes que la valeur de x.

La dernière fraction $\frac{16415}{7837}$ est plus grande que la racine cherchée; mais l'erreur sera moindre que $\frac{1}{(7837)^2}$ (n° 23, 2°), c'est-à-dire moindre que 0,000 000 016 3; donc, si l'on réduit la fraction $\frac{16415}{7837}$ en fraction décimale, elle sera exacte jusqu'à la septième décimale; or, en faisant la division, on trouve 2,094 551 486 5...; ainsi la racine cherchée sera entre les nombres 2,094 551 49 et 2,094 551 47.

Newton a trouvé par sa méthode la fraction 2,094 551 47 (*voir* sa *Méthode des suites infinies*), d'où l'on voit que cette méthode donne dans ce cas un résultat fort exact; mais on aurait tort de se promettre toujours une pareille exactitude.

26. Quant aux deux autres racines de la même équation, nous avons déjà vu qu'elles doivent être imaginaires; néanmoins, si l'on voulait en trouver la valeur, on le pourrait par la méthode du n° **17**.

Pour cela, on reprendra l'équation en v trouvée ci-dessus, et, en y changeant v en $-w$, et changeant ensuite tous les signes, on aura

$$w^3 + 12w^2 + 36w - 643 = 0,$$

et il ne s'agira plus que de chercher une racine réelle et positive de cette équation. Or, puisqu'elle a son dernier terme négatif, elle aura nécessairement une telle racine, dont on pourra trouver la valeur entière la plus approchée par la substitution successive des nombres naturels 0, 1, 2, 3, ... (n° 3). En effet, en faisant $w = 5$, on aura le résultat -38, et en faisant $w = 6$, on aura $+221$; ainsi la valeur entière la plus approchée de la racine positive de cette équation sera 5.

On fera donc maintenant $w = 5 + \frac{1}{u}$, et, en substituant, on aura, après avoir changé les signes,

$$38u^3 - 231u^2 - 27u - 1 = 0.$$

Faisant successivement $u = 0, 1, 2, \ldots$, on trouvera, pour $u = 6$ et $u = 7$, les résultats -271, $+1525$; donc 6 sera la valeur entière approchée de u.

On fera donc $u = 6 + \frac{1}{x}$, et l'on aura, en substituant et changeant les signes,

$$271x^3 - 1305x^2 - 453x - 38 = 0.$$

En faisant successivement $x = 0, 1, 2, \ldots$, on trouvera des résultats négatifs jusqu'à la supposition de $x = 6$, qui donne 8837 pour résultat, de sorte que 5 sera la valeur entière approchée de x.

On fera donc $x = 5 + \frac{1}{y}$; substituant et réduisant, on aura

$$1053y^3 - 6822y^2 - 2760y - 271 = 0,$$

et l'on trouvera 6 pour la valeur approchée de y, et ainsi de suite.

De cette manière, on approchera de plus en plus de la valeur de w, laquelle se trouvera exprimée par la fraction continue

$$w = 5 + \cfrac{1}{6 + \cfrac{1}{5 + \cfrac{1}{6 + \ldots}}},$$

d'où l'on tire ces fractions particulières

$$\frac{5}{1},\ \frac{31}{6},\ \frac{160}{31},\ \frac{991}{192},\ \ldots.$$

Connaissant ainsi ϖ, on aura (n° **17**) $\beta = \frac{\sqrt{\varpi}}{2}$; ainsi on connaîtra β.

On substituera maintenant $\alpha + \beta\sqrt{-1}$ à la place de x dans l'équation proposée, et, faisant deux équations séparées des termes tout réels et de ceux qui sont affectés de $\sqrt{-1}$, on aura les deux équations

$$\alpha^3 - (3\beta^2 + 2)\alpha - 5 = 0,$$

$$3\alpha^2 - \beta^2 - 2 = 0.$$

On cherchera le plus grand commun diviseur de ces deux équations, et l'on poussera seulement la division jusqu'à ce que l'on arrive à un reste où α ne se trouve qu'à la première puissance (numéro cité); ce reste sera

$$-\frac{8\beta^2 + 4}{3}\alpha - 5;$$

lequel, étant fait égal à o, donnera

$$\alpha = -\frac{15}{4(2\beta^2 + 1)}.$$

Ainsi l'on aura la valeur de deux racines imaginaires $\alpha + \beta\sqrt{-1}$, et $\alpha - \beta\sqrt{-1}$ de l'équation proposée.

27. Prenons pour second exemple l'équation

$$x^3 - 7x + 7 = 0.$$

On aura encore ici $m = 3$, et par conséquent $n = 3$; ensuite

$$A = 0,\quad B = -7,\quad C = -7,$$

d'où

$$A_1 = 0,\quad A_2 = 14,\quad A_3 = -21,\quad A_4 = 98,\quad A_5 = -245,\quad A_6 = 833;$$

et, de là,

$$a_1 = 42, \quad a_2 = 882, \quad a_3 = 18669,$$

et enfin

$$a = 42, \quad b = 441, \quad c = 49;$$

de sorte que l'équation en v sera

$$v^3 - 42v^2 + 441v - 49 = 0.$$

Puisque les signes de cette équation sont alternatifs, c'est une marque que la proposée peut avoir toutes ses racines réelles (n° **16**); et, comme d'ailleurs cette équation n'est point divisible par v, il s'ensuit que l'équation en x n'aura point de racines égales (n° **15**).

On fera maintenant (n° **11**) $v = \frac{1}{y}$, et, ordonnant l'équation par rapport à y, on aura

$$y^3 - 9y^2 + \frac{42}{49}y - \frac{1}{49} = 0.$$

Le plus grand coefficient négatif étant 9, on pourrait prendre $l = 10$ (n° **12**); mais on peut trouver une limite plus rapprochée en cherchant le plus petit nombre entier qui rendra positives ces trois quantités

$$l^3 - 9l^2 + \frac{42}{49}l - \frac{1}{49},$$

$$3l^2 - 18l + \frac{42}{49},$$

$$3l - 9,$$

et l'on trouvera que $l = 9$ satisfait à ces conditions; de sorte qu'on aura $k = 3$ (n° **11**), et par conséquent $\Delta = \frac{1}{3}$.

On mettra donc (n° **13**, 2°), dans l'équation proposée, $\frac{x}{3}$ à la place de x, ce qui la réduira à celle-ci :

$$x^3 - 63x + 189 = 0,$$

dans laquelle il n'y aura plus qu'à substituer les nombres naturels $0, 1, 2, \ldots$ à la place de x. Or, suivant la méthode du nº 13 (3º), on trouve que la série des résultats ne contient que deux variations de signes, lesquels répondent à $x = 4, 5, 6$; de sorte que l'équation proposée n'aura que deux racines positives, lesquelles tomberont, l'une entre les nombres $\frac{4}{3}$ et $\frac{5}{3}$, et l'autre entre les nombres $\frac{5}{3}$ et $\frac{6}{3}$; d'où l'on voit que la valeur entière la plus approchée de l'une et de l'autre sera 1 (nº 2).

Faisons maintenant x négatif pour avoir aussi les racines négatives (nº 4), et l'équation se changera en

$$x^3 - 7x - 7 = 0,$$

laquelle, ayant son dernier terme négatif, aura sûrement une racine positive (nº 3), et il est clair qu'elle n'en aura qu'une seule, puisque nous avons déjà trouvé les deux autres; ainsi on pourra d'abord trouver la valeur entière approchée de cette racine, en substituant à la place de x les nombres $0, 1, 2, \ldots$, jusqu'à ce que l'on rencontre deux substitutions qui donnent des résultats de signe contraire (nº 3) : or on trouve que ces substitutions sont $x = 3$ et $x = 4$, de sorte que 3 sera la valeur entière la plus approchée de x dans l'équation précédente, et par conséquent de $-x$ dans la proposée.

Ayant ainsi trouvé que l'équation a trois racines réelles, deux positives et une négative, et ayant trouvé en même temps leurs valeurs entières approchées, on pourra approcher autant qu'on voudra de la vraie valeur de chacune d'elles par la méthode du Chapitre III.

Considérons d'abord les racines positives, et faisons $x = 1 + \frac{1}{y}$ dans l'équation

$$x^3 - 7x + 7 = 0;$$

elle deviendra celle-ci

$$y^3 - 4y^2 + 3y + 1 = 0,$$

laquelle, à cause que 1 est la valeur approchée de deux racines, aura nécessairement (n° 19, 2°) deux racines plus grandes que l'unité.

J'essaye d'abord si je peux trouver les valeurs approchées de ces deux racines par la substitution des nombres entiers 0, 1, 2, ..., et, comme il n'y a que le terme $4y^2$ de négatif, il suffira (n° 13, 1°) de pousser les substitutions jusqu'à ce que l'on ait $y^3 \overline{\gtrless} 4y^2$, c'est-à-dire jusqu'à $y = 4$; or, en faisant $y = 0, 1, 2, 3, 4$, j'ai les résultats $1, 1, -1, 1, 13$; d'où je conclus que les racines cherchées sont, l'une entre les nombres 1 et 2, et l'autre entre les nombres 2 et 3, de sorte que les valeurs approchées de y seront 1 et 2.

On fera donc :

1° $y = 1 + \frac{1}{z}$, et l'on aura

$$z^3 - 2z^2 - z + 1 = 0,$$

équation qui n'aura plus qu'une racine réelle plus grande que l'unité (n° 19, 2°); ainsi l'on supposera successivement $z = 1, 2, \ldots$, jusqu'à ce que l'on trouve deux substitutions consécutives qui donnent des résultats de signe contraire; or on trouve que $z = 2$ donne -1, et $z = 3$ donne $+7$; donc 2 sera la valeur entière approchée de z.

On fera donc $z = 2 + \frac{1}{u}$, et, substituant, on aura, en changeant les signes,

$$u^3 - 3u^2 - 4u - 1 = 0.$$

On supposera de même $u = 1, 2, \ldots$, et l'on trouvera que la valeur entière approchée de u sera 4.

On fera $u = 4 + \frac{1}{w}$, et ainsi de suite.

2° On fera $y = 2 + \frac{1}{z}$, et, substituant dans l'équation précédente en y, on aura, après avoir changé les signes,

$$z^3 + z^2 - 2z - 1 = 0;$$

cette équation n'aura, comme la précédente en z, qu'une seule racine réelle plus grande que l'unité, de sorte qu'il n'y aura qu'à faire

$z = 1, 2, \ldots$, ce qui donne les résultats -1, 7; d'où l'on conclut que 1 est la valeur entière approchée de z.

On fera donc $z = 1 + \frac{1}{u}$, et l'on aura, en changeant les signes,

$$u^3 - 3u^2 - 4u - 1 = 0,$$

d'où l'on trouvera, de la même manière que ci-dessus, que la valeur entière approchée de u sera 4.

Ainsi on fera $u = 4 + \frac{1}{w}$, et ainsi de suite.

Donc les deux racines positives de l'équation proposée seront

$$x = 1 + \cfrac{1}{1 + \cfrac{1}{2 + \cfrac{1}{4 + \ldots}}},$$

$$x = 1 + \cfrac{1}{2 + \cfrac{1}{1 + \cfrac{1}{4 + \ldots}}},$$

d'où l'on tirera, si l'on veut, des fractions convergentes, comme dans l'exemple précédent (nos 23 et 24).

Pour trouver maintenant la valeur approchée de la racine négative, on reprendra l'équation

$$x^3 - 7x - 7 = 0,$$

dans laquelle on a déjà trouvé que la valeur entière approchée est 3; ainsi l'on fera $x = 3 + \frac{1}{y}$, ce qui donnera, en changeant les signes,

$$y^3 - 20y^2 - 9y - 1 = 0,$$

et comme cette équation ne peut avoir qu'une seule racine réelle plus grande que 1 (n° 19, 2°), on en trouvera la valeur approchée en faisant $y = 1, 2, \ldots$, jusqu'à ce que l'on rencontre deux résultats consécutifs de signe contraire, ce qui arrivera lorsque $y = 20, 21$; de sorte que la valeur dont il s'agit sera 20.

On fera donc $y = 20 + \frac{1}{u}$, etc.

De cette manière, la racine négative de l'équation proposée sera

$$x = -3 - \cfrac{1}{20 + \cfrac{1}{3 + \ldots}}$$

CHAPITRE V.

SUR LES RACINES IMAGINAIRES.

ARTICLE PREMIER.

Sur la manière de reconnaître si une équation a des racines imaginaires.

28. J'ai donné, dans le n° 8, des formules générales pour déduire d'une équation quelconque une autre équation dont les racines soient les carrés des différences entre les racines de l'équation proposée. Or, si toutes les racines d'une équation sont réelles, il est évident que les carrés de leurs différences seront tous positifs ; par conséquent, l'équation dont ces carrés seront les racines, et que nous appellerons dorénavant, pour abréger, *équation des différences*, cette équation, dis-je, n'ayant que des racines positives, aura nécessairement les signes de ses termes alternativement positifs et négatifs ; de sorte que, si cette condition n'a pas lieu, ce sera une marque sûre que l'équation primitive a nécessairement des racines imaginaires.

29. De plus, comme les racines imaginaires vont toujours deux à deux, et qu'elles peuvent se mettre sous la forme

$$\alpha + \beta\sqrt{-1}, \quad \alpha - \beta\sqrt{-1},$$

α et β étant des quantités réelles (*voir* la Note IX), il s'ensuit que la différence de deux racines imaginaires correspondantes sera nécessairement de la forme $2\beta\sqrt{-1}$, de sorte que le carré de cette différence sera $-4\beta^2$, c'est-à-dire une quantité réelle et négative. Donc, si l'équation proposée a des racines imaginaires, il faudra nécessairement que l'équation des *différences* ait au moins autant de racines réelles négatives qu'il y aura de couples de racines imaginaires dans la proposée.

30. Mais il est démontré (*voir* la Note VIII) qu'une équation quelconque ne saurait avoir plus de racines positives qu'elle n'a de changements de signes, ni plus de racines négatives qu'elle n'a de successions du même signe. Donc le nombre des racines imaginaires dans une équation quelconque ne pourra jamais être plus grand que le double de celui des successions de signe dans l'équation des différences.

31. De là et de ce que nous avons dit ci-dessus, il s'ensuit que, si l'équation des différences a tous ses termes alternativement positifs et négatifs, l'équation primitive aura nécessairement toutes ses racines réelles; sinon elle aura nécessairement des racines imaginaires. Ainsi l'on pourra toujours juger, par ce moyen, s'il y a ou non des racines imaginaires dans une équation quelconque donnée.

ARTICLE II.

Où l'on donne des règles pour déterminer dans certains cas le nombre des racines imaginaires des équations.

32. Soient

$$a,\ b,\ c,\ d,\ \ldots$$

les racines réelles d'une équation quelconque, et

$$\alpha+\beta\sqrt{-1},\quad \alpha-\beta\sqrt{-1},\quad \gamma+\delta\sqrt{-1},\quad \gamma-\delta\sqrt{-1},\quad \ldots$$

les racines imaginaires; les carrés des différences de ces racines seront

$$\begin{array}{llll}(a-b)^2, & (a-c)^2, & (a-d)^2, & \ldots, \\ (b-c)^2, & (b-d)^2, & \ldots, & (c-d)^2,\ \ldots, \\ -4\beta^2, & -4\delta^2, & \ldots, & \end{array}$$

$$
\begin{array}{ll}
(\alpha - a + \beta\sqrt{-1})^2, & (\alpha - a - \beta\sqrt{-1})^2,\\
(\alpha - b + \beta\sqrt{-1})^2, & (\alpha - b - \beta\sqrt{-1})^2,\\
(\alpha - c + \beta\sqrt{-1})^2, & (\alpha - c - \beta\sqrt{-1})^2,\\
(\alpha - d + \beta\sqrt{-1})^2, & (\alpha - d - \beta\sqrt{-1})^2,\\
\ldots\ldots\ldots\ldots, & \ldots\ldots\ldots\ldots;\\
(\gamma - a + \delta\sqrt{-1})^2, & (\gamma - a - \delta\sqrt{-1})^2,\\
(\gamma - b + \delta\sqrt{-1})^2, & (\gamma - b - \delta\sqrt{-1})^2,\\
(\gamma - c + \delta\sqrt{-1})^2, & (\gamma - c - \delta\sqrt{-1})^2,\\
(\gamma - d + \delta\sqrt{-1})^2, & (\gamma - d - \delta\sqrt{-1})^2,\\
\ldots\ldots\ldots\ldots, & \ldots\ldots\ldots\ldots;\\
[\alpha - \gamma + (\beta - \delta)\sqrt{-1}]^2, & [\alpha - \gamma - (\beta - \delta)\sqrt{-1}]^2,\\
[\alpha - \gamma + (\beta + \delta)\sqrt{-1}]^2, & [\alpha - \gamma - (\beta + \delta)\sqrt{-1}]^2,\\
\ldots\ldots\ldots\ldots\ldots\ldots, & \ldots\ldots\ldots\ldots\ldots\ldots,
\end{array}
$$

lesquels seront, par conséquent, les racines de l'équation des différences.

Soit m le degré de l'équation proposée, qui est égal au nombre des racines

$$a,\ b,\ c,\ \ldots,\quad \alpha+\beta\sqrt{-1},\quad \alpha-\beta\sqrt{-1},\quad \gamma+\delta\sqrt{-1},\quad \gamma-\delta\sqrt{-1},\quad \ldots;$$

celui de l'équation des différences sera (n° 8)

$$\frac{m(m-1)}{2} = n.$$

Soit p le nombre des racines réelles $a, b, c, \ldots,$ et $2q$ celui des racines imaginaires

$$\alpha+\beta\sqrt{-1},\quad \alpha-\beta\sqrt{-1},\quad \gamma+\delta\sqrt{-1},\quad \gamma-\delta\sqrt{-1},\quad \ldots,$$

en sorte que $m = p + 2q$; il est facile de voir, par la Table précédente, que, parmi les n racines de l'équation des différences, il y en aura nécessairement $\frac{p(p-1)}{2}$ de réelles et positives, q de réelles et négatives, et $2q(p+q-1)$ d'imaginaires.

33. Qu'on fasse maintenant le produit de toutes ces racines, et il est visible que le produit des $\frac{p(p-1)}{2}$ racines positives sera toujours positif; que celui des q racines négatives sera positif ou négatif, suivant que le nombre q sera pair ou impair; qu'enfin le produit des $2q(p+q-1)$ racines imaginaires sera toujours positif; en effet, ces dernières racines étant deux à deux de la forme

$$(A+B\sqrt{-1})^2, \quad (A-B\sqrt{-1})^2,$$

leurs produits deux à deux seront de la forme

$$(A^2+B^2)^2,$$

et par conséquent positifs; donc le produit de toutes ces racines ensemble sera toujours aussi positif.

Donc le produit total sera nécessairement positif ou négatif, suivant que q sera pair ou impair.

Mais le dernier terme d'une équation est, comme l'on sait, égal au produit de toutes ses racines avec le signe $+$ ou $-$, suivant que le nombre des racines est pair ou impair.

Donc le dernier terme de l'équation des différences, dont le degré est n, sera nécessairement positif si n et q sont tous deux pairs ou tous deux impairs, et négatif si l'un de ces nombres est pair et l'autre impair.

34. Or, si n et q sont tous deux pairs ou impairs, $n-q$ sera nécessairement pair, et si n et q sont l'un pair et l'autre impair, $n-q$ sera nécessairement impair; mais, à cause de

$$n=\frac{m(m-1)}{2} \quad \text{et de} \quad m=p+2q,$$

on a

$$n-q=\frac{p(p-1)}{2}+2q(p+q-1),$$

de sorte que $n-q$ sera toujours pair ou impair, suivant que $\frac{p(p-1)}{2}$ le sera.

Donc le dernier terme de l'équation des différences sera nécessairement positif ou négatif, suivant que le nombre $\frac{p(p-1)}{2}$ sera pair ou impair, c'est-à-dire suivant que le nombre des combinaisons des racines réelles de la proposée, prises deux à deux, sera pair ou impair.

35. 1° Supposons que ce dernier terme soit positif, il faudra en ce cas que $\frac{p(p-1)}{2}$ soit pair; donc ou

$$\frac{p}{2}=2\lambda \quad \text{et} \quad p=4\lambda,$$

ou

$$\frac{p-1}{2}=2\lambda \quad \text{et} \quad p=4\lambda+1;$$

d'où il s'ensuit que, dans ce cas, le nombre des racines réelles de la proposée sera nécessairement multiple de 4 si ce nombre est pair, c'est-à-dire si le degré de l'équation est pair; ou multiple de 4 plus 1 si le degré de l'équation est impair. Ainsi il sera impossible que l'équation ait 2, ou 3, ou 6, ou 7, ... racines réelles.

2° Supposons que le dernier terme de l'équation des différences soit négatif; il faudra alors que $\frac{p(p-1)}{2}$ soit impair; donc ou

$$\frac{p}{2}=2\lambda+1 \quad \text{et} \quad p=4\lambda+2,$$

ou

$$\frac{p-1}{2}=2\lambda+1 \quad \text{et} \quad p=4\lambda+3,$$

d'où il s'ensuit que, dans ce cas, le nombre des racines réelles de la proposée sera nécessairement multiple de 4 plus 2 si le degré de l'équation est pair, ou multiple de 4 plus 3 si ce degré est impair; de sorte qu'il sera impossible que l'équation ait en ce cas 1, ou 4, ou 5, ou 8, ou 9, ... racines réelles.

36. Ainsi, par l'inspection seule des signes de l'équation des différences, on sera en état de juger : 1° si toutes les racines de l'équation

proposée sont réelles ou non; 2° si le nombre des racines réelles est un de ceux-ci 1, 4, 5, 8, 9, 12, 13,..., ou bien s'il est un de ceux-ci 2, 3, 6, 7, 10, 11,..., ce qui suffira pour déterminer le nombre des racines réelles et des imaginaires dans les équations qui ne passent pas le cinquième degré, et dans toutes les équations où l'on saura d'avance que les racines imaginaires ne sauraient être plus de quatre.

Peut-être qu'en poussant plus loin cette théorie, on pourrait trouver des règles sûres pour déterminer le nombre des racines réelles dans les équations de degrés quelconques, les méthodes que l'on a proposées jusqu'à présent pour cet objet étant ou insuffisantes, comme celles de Newton, Maclaurin, etc., ou impraticables, comme celles de Stirling et de De Gua, qui supposent la résolution des équations des degrés inférieurs.

ARTICLE III

Où l'on applique la théorie précédente aux équations des second, troisième et quatrième degrés.

37. Soit l'équation proposée du second degré, comme

$$x^2 - Ax + B = 0;$$

l'équation des différences sera du degré $\frac{2.1}{2} = 1$, et l'on trouvera, par la méthode du n° 8, que cette équation sera

$$v - a = 0,$$

où l'on aura

$$4a = A^2 - 4B.$$

Ainsi les racines seront toutes deux réelles ou toutes deux imaginaires, suivant que l'on aura $A^2 - 4B > 0$ ou < 0, et elles seront égales lorsque $A^2 = 4B$.

38. Soit proposée l'équation générale du troisième degré

$$x^3 - Ax^2 + Bx - C = 0;$$

l'équation des différences sera ici du degré $\frac{3.2}{2} = 3$, et l'on trouvera par la même méthode

$$v^3 - av^2 + bv - c = 0,$$

où

$$4\,a = 2(A^2 - 3B),$$
$$4^2 b = (A^2 - 3B)^2,$$
$$4^3 c = \frac{4(A^2 - 3B)(B^2 - 3AC) - (9C - AB)^2}{3};$$

donc, pour que les racines soient toutes réelles, il faudra que l'on ait

$$1^\circ \quad A^2 - 3B > 0,$$
$$2^\circ \quad 4(A^2 - 3B)(B^2 - 3AC) - (9C - AB)^2 > 0.$$

Si l'une de ces deux conditions manque, l'équation aura deux racines imaginaires.

39. Soit maintenant proposée l'équation générale du quatrième degré

$$x^4 + Bx^2 - Cx + D = 0,$$

dont le second terme est évanoui, pour plus de simplicité; le degré de l'équation des différences sera $\frac{4.3}{2} = 6$, de sorte que cette équation sera

$$v^6 - av^5 + bv^4 - cv^3 + dv^2 - ev + f = 0,$$

où l'on trouvera par la même méthode

$$4\,a = -8B,$$
$$4^2 b = 22B^2 + 8D,$$
$$4^3 c = -18B^3 + 16BD + 26C^2,$$
$$4^4 d = 17B^4 + 24B^2D - 7.16D^2 + 3.16BC^2,$$
$$4^5 e = -4B^5 - 2.27C^2B^2 - 8.27C^2D + 3.4^3BD^2 - 2.4^2B^3D,$$
$$4^6 f = 4^4D^3 - 2^3.4^2B^2D^2 + 4^2.3^2C^2BD + 4^2B^4D - 4C^2B^3 - 3^3C^4;$$

donc, si la quantité

$$4^4D^3 - 2^3 4^2 B^2 D^2 + 4^2 3^2 C^2 BD + 4^2 B^4 D - 4C^2 B^3 - 3^3 C^4$$

est négative, la proposée aura nécessairement deux racines réelles et deux imaginaires; mais si cette quantité est positive, alors la proposée aura toutes ses racines réelles ou toutes imaginaires.

Or toutes les racines seront réelles si les valeurs de tous les coefficients a, b, c, d, e, f sont positives; donc elles seront toutes imaginaires si, le dernier coefficient f étant positif, quelqu'un des autres se trouve négatif.

Supposons donc le coefficient f positif, en sorte que l'on ait

$$4D^3 - 2^3 4^2 B^2 D^2 + 4^2 3^2 C^2 BD + 4^2 B^4 D - 4C^2 B^3 - 3^3 C^4 > 0,$$

et l'on trouvera que tous les autres coefficients seront aussi positifs si l'on a en même temps

$$B < 0 \quad \text{et} \quad B^2 - 4D > 0,$$

et qu'au contraire quelqu'un d'eux deviendra nécessairement négatif si

$$B > 0 \quad \text{ou} \quad B^2 - 4D < 0.$$

Ainsi, dans le premier cas, les quatre racines de l'équation seront toutes réelles, et dans le second elles seront toutes imaginaires.

On pourrait de même trouver les conditions qui rendent les racines des équations du cinquième degré toutes réelles, ou en partie réelles et en partie imaginaires; mais comme, dans ce cas, l'équation des différences monterait au degré $\frac{5.4}{2} = 10$, le calcul deviendrait extrêmement prolixe et embarrassant.

ARTICLE IV.

Sur la manière de trouver les racines imaginaires d'une équation.

40. Nous avons vu, dans l'Art. II, que chaque couple de racines imaginaires correspondantes $\alpha + \beta\sqrt{-1}$, $\alpha - \beta\sqrt{-1}$ donne nécessairement dans l'équation des différences une racine réelle négative $-4\beta^2$; d'où il s'ensuit qu'en cherchant les racines réelles négatives de

cette équation on trouvera nécessairement les valeurs de $-4\beta^2$, d'où l'on aura celles de β à l'aide desquelles on pourra ensuite trouver les valeurs correspondantes de α, comme nous l'avons enseigné dans le n° 17; de sorte qu'on aura, par ce moyen, l'expression de chaque racine imaginaire de l'équation proposée; ce qui est souvent nécessaire, surtout dans le Calcul intégral. Voici seulement une observation qui peut servir à répandre un plus grand jour sur cette théorie, et à dissiper en même temps les doutes qu'on pourrait se former sur son exactitude et sa généralité.

41. Lorsque les parties réelles α, γ, ... des racines imaginaires

$$\alpha+\beta\sqrt{-1},\quad \alpha-\beta\sqrt{-1},\quad \gamma+\delta\sqrt{-1},\quad \gamma-\delta\sqrt{-1},\quad \ldots$$

sont inégales, tant entre elles qu'avec les racines réelles a, b, c, ..., il est évident, par la Table de l'Art. II, que l'équation des différences n'aura absolument d'autres racines réelles négatives que celles-ci $-4\beta^2$, $-4\delta^2$, ..., de sorte que le nombre de ces racines sera le même que celui des couples de racines imaginaires dans l'équation proposée.

Mais s'il arrive que, parmi les quantités α, γ, ..., il s'en trouve d'égales entre elles ou d'égales aux quantités a, b, c, ..., alors l'équation des différences aura nécessairement plus de racines négatives que la proposée n'aura de couples de racines imaginaires.

En effet, soit $a=\alpha$, les deux racines imaginaires

$$(\alpha-a+\beta\sqrt{-1})^2,\quad (\alpha-a-\beta\sqrt{-1})^2$$

deviendront $-\beta^2$ et $-\beta^2$, et par conséquent réelles négatives.

De sorte que, si l'équation proposée ne contient, par exemple, que les deux imaginaires

$$\alpha+\beta\sqrt{-1}\quad \text{et}\quad \alpha-\beta\sqrt{-1},$$

l'équation des différences contiendra, dans le cas de $\alpha=a$, outre la racine réelle négative $-4\beta^2$, encore ces deux-ci $-\beta^2$, $-\beta^2$, égales entre elles.

D'où l'on voit que, lorsque l'équation des différences a trois racines réelles négatives, dont deux sont égales entre elles, alors la proposée peut avoir ou trois couples de racines imaginaires, ou un seulement.

Si la proposée contient quatre racines imaginaires

$$\alpha+\beta\sqrt{-1},\quad \alpha-\beta\sqrt{-1},\quad \gamma+\delta\sqrt{-1},\quad \gamma-\delta\sqrt{-1},$$

alors l'équation des différences contiendra d'abord les deux racines réelles négatives $-4\beta^2$, $-4\delta^2$; ensuite, si $\alpha=a$, elle aura encore ces deux-ci $-\beta^2$, $-\beta^2$; si $\gamma=b$, elle aura de même ces deux autres-ci $-\delta^2$, $-\delta^2$; enfin, si l'on avait $\alpha=\gamma$, alors les quatre racines imaginaires

$$[\alpha-\gamma+(\beta-\delta)\sqrt{-1}]^2,\quad [\alpha-\gamma-(\beta-\delta)\sqrt{-1}]^2,$$
$$[\alpha-\gamma+(\beta+\delta)\sqrt{-1}]^2,\quad [\alpha-\gamma-(\beta+\delta)\sqrt{-1}]^2$$

deviendraient

$$-(\beta-\delta)^2,\quad -(\beta-\delta)^2,\quad -(\beta+\delta)^2,\quad -(\beta+\delta)^2,$$

c'est-à-dire réelles négatives, ou égales deux à deux.

42. De là il est facile de conclure :

1° Que, lorsque toutes les racines réelles négatives de l'équation des différences sont inégales entre elles, alors la proposée aura nécessairement autant de couples de racines imaginaires qu'il y aura de ces racines.

Et, dans ce cas, nommant $-\varpi$ une quelconque de ces racines, on aura d'abord $\beta=\frac{\sqrt{\varpi}}{2}$; cette valeur étant ensuite substituée dans les deux équations (H) du n° 17, on cherchera leur plus grand commun diviseur, en poussant la division jusqu'à ce que l'on parvienne à un reste où α ne se trouve plus qu'à la première dimension; et, faisant ce reste égal à zéro, on aura la valeur de α correspondante à celle de β;

par ce moyen, chaque racine négative $-\varpi$ donnera deux racines imaginaires

$$\alpha + \beta\sqrt{-1} \quad \text{et} \quad \alpha - \beta\sqrt{-1}.$$

2° Que si, parmi les racines réelles négatives de l'équation des différences, il y en a d'égales entre elles, alors chaque racine inégale, s'il y en a, donnera toujours, comme dans le cas précédent, une couple de racines imaginaires; mais chaque couple de racines égales pourra donner aussi deux couples de racines imaginaires, ou n'en donner aucune; ainsi deux racines égales donneront ou quatre racines imaginaires ou aucune; trois racines égales donneront ou six ou deux racines; quatre racines égales donneront ou huit ou quatre racines imaginaires, et ainsi de suite.

43. Or soient, par exemple, $-\varpi$ et $-\varpi$ deux racines égales négatives de l'équation des différences; on fera $\beta = \frac{\sqrt{\varpi}}{2}$ comme ci-dessus, et, substituant cette valeur de β dans les équations (H) du numéro cité, on cherchera leur commun diviseur en ne poussant la division que jusqu'à ce que l'on parvienne à un reste où α ne se trouve qu'à la seconde dimension, à cause que la valeur de β est double, comme nous l'avons déjà remarqué dans l'endroit cité.

Ainsi, faisant ce reste égal à zéro, on aura pour la détermination de α une équation du second degré, laquelle aura, par conséquent, ou deux racines réelles ou deux imaginaires.

Dans le premier cas, nommant ces deux racines α' et α'', on aura les quatre racines imaginaires

$$\alpha' + \beta\sqrt{-1}, \quad \alpha' - \beta\sqrt{-1}, \quad \alpha'' + \beta\sqrt{-1}, \quad \alpha'' - \beta\sqrt{-1};$$

dans le second cas, les valeurs de α étant imaginaires contre l'hypothèse, ce sera une marque que les deux racines égales $-\varpi$, $-\varpi$ ne donneront point de racines imaginaires de la proposée.

44. S'il y avait dans l'équation des différences trois racines égales et

négatives $-w$, $-w$, $-w$, alors, faisant $\beta = \frac{\sqrt{w}}{2}$, on poussera seulement la division des équations jusqu'à ce que l'on parvienne à un reste où α se trouve à la troisième dimension; de sorte que, ce reste étant fait égal à zéro, on aura une équation du troisième degré en α, d'où l'on tirera ou trois valeurs réelles de α, ou une réelle et deux imaginaires; dans le premier cas, on aura six racines imaginaires; dans le second, on n'en aura que deux, les valeurs imaginaires de α devant toujours être rejetées comme contraires à l'hypothèse, et ainsi de suite.

CHAPITRE VI.

SUR LA MANIÈRE D'APPROCHER DE LA VALEUR NUMÉRIQUE DES RACINES DES ÉQUATIONS PAR LES FRACTIONS CONTINUES.

On a vu dans le Chapitre III comment on peut réduire les racines des équations numériques à des fractions continues, et combien ces sortes de réductions sont préférables à toutes les autres : nous allons ajouter ici quelques recherches, pour donner à cette théorie toute la généralité et la simplicité dont elle est susceptible.

ARTICLE PREMIER.

Sur les fractions continues périodiques.

45. Nous avons déjà remarqué dans le n° 18 que, lorsque la racine cherchée est égale à un nombre commensurable, la fraction continue doit nécessairement se terminer, de sorte que l'on pourra avoir l'expression exacte de la racine; mais il y a encore un autre cas où l'on peut aussi avoir l'expression exacte de la racine, quoique la fraction continue qui la représente aille à l'infini. Ce cas a lieu lorsque la fraction continue est périodique, c'est-à-dire telle que les mêmes dénominateurs reviennent toujours dans le même ordre à l'infini; par exemple, si l'on avait la fraction

$$p + \cfrac{1}{q + \cfrac{1}{p + \cfrac{1}{q + \cfrac{1}{p + \ldots}}}},$$

il est clair qu'en nommant x la valeur de cette fraction, on aurait

$$x = p + \cfrac{1}{q + \cfrac{1}{x}},$$

ce qui donne cette équation

$$qx^2 - pqx - p = 0,$$

par laquelle on pourra déterminer x; il en serait de même si la période était d'un plus grand nombre de termes, et l'on trouverait toujours pour la détermination de x une équation du second degré. Il peut aussi arriver que la fraction continue soit irrégulière dans ses premiers termes, et qu'elle ne commence à devenir périodique qu'après un certain nombre de termes; dans ces cas, on pourra trouver de la même manière la valeur de la fraction, et elle dépendra pareillement toujours d'une équation du second degré; car soit, par exemple, la fraction

$$p + \cfrac{1}{q + \cfrac{1}{r + \cfrac{1}{s + \cfrac{1}{r + \cfrac{1}{s + \cfrac{1}{r + \ldots}}}}}}$$

Nommons toute la fraction x, et y la partie qui est périodique, savoir

$$r + \cfrac{1}{s + \cfrac{1}{r + \ldots}};$$

on aura

$$x = p + \cfrac{1}{q + \cfrac{1}{y}},$$

d'où l'on tire

$$y = \frac{x - p}{1 - q(x - p)};$$

mais on a

$$y = r + \cfrac{1}{s + \cfrac{1}{y}},$$

ce qui donne

$$sy^2 - rsy - r = 0;$$

donc, substituant pour y sa valeur en x, on aura

$$s(x-p)^2 - rs(x-p)[1 - q(x-p)] - r[1 - q(x-p)]^2 = 0,$$

équation qui, étant développée et ordonnée par rapport à x, montera au second degré.

46. On voit, par ce que nous venons de dire, que le cas dont il s'agit doit avoir lieu toutes les fois que, dans la suite des équations transformées (a), (b), (c), (d), ... du n° 18, il s'en trouvera deux qui auront les mêmes racines; car, si la racine z, par exemple, de l'équation (c) était la même que la racine x de l'équation (a), on aurait

$$x = p + \cfrac{1}{q + \cfrac{1}{x}},$$

ce qui est le cas que nous avons examiné ci-dessus, et ainsi des autres. Donc, quand on voit que dans une fraction continue certains nombres reviennent dans le même ordre, alors, pour s'assurer si la fraction doit être réellement périodique à l'infini, il n'y aura qu'à examiner si les racines des deux équations, qui ont la même valeur entière approchée, sont parfaitement égales, c'est-à-dire si ces deux équations ont une racine commune; ce qu'on reconnaîtra aisément en cherchant leur plus grand commun diviseur, lequel doit nécessairement renfermer toutes les racines communes aux deux équations, s'il y en a; or, comme nous avons vu que toute fraction continue périodique se réduit à la racine d'une équation du second degré, il s'ensuit que le plus grand diviseur commun dont nous parlons sera nécessairement du second degré.

47. Supposons donc qu'on ait reconnu que, parmi les différentes équations transformées, il s'en trouve deux qui aient la même racine; alors la fraction continue sera nécessairement périodique à l'infini, de sorte qu'on pourra la continuer aussi loin qu'on voudra, en répétant seulement les mêmes nombres; mais voyons comment on pourra dans ce cas continuer aussi la suite des fractions convergentes du n° 23, sans être obligé de les calculer toutes l'une après l'autre par les formules données.

Pour cet effet, nous supposerons que l'on ait en général

$$x = \lambda_1 + \frac{1}{x_1}, \quad x_1 = \lambda_2 + \frac{1}{x_2}, \quad x_2 = \lambda_3 + \frac{1}{x_3}, \quad \ldots,$$

en sorte que, x étant la racine cherchée, x_1, x_2, x_3, ... soient celles des équations transformées que nous avons désignées ailleurs par y, z, u, ..., et l'on aura

$$x = \lambda_1 + \cfrac{1}{\lambda_2 + \cfrac{1}{\lambda_3 + \ldots}}$$

Donc, faisant, comme dans le numéro cité,

$$(A) \quad \left\{ \begin{array}{ll} l = 1, & L = 0, \\ l_1 = \lambda_1, & L_1 = 1, \\ l_2 = \lambda_2 l_1 + l, & L_2 = \lambda_2 L_1, \\ l_3 = \lambda_3 l_2 + l_1, & L_3 = \lambda_3 L_2 + L_1, \\ l_4 = \lambda_4 l_3 + l_2, & L_4 = \lambda_4 L_3 + L_2, \\ \ldots\ldots\ldots\ldots, & \ldots\ldots\ldots\ldots, \end{array} \right.$$

on aura ces fractions convergentes vers x

$$\frac{l}{L}, \quad \frac{l_1}{L_1}, \quad \frac{l_2}{L_2}, \quad \frac{l_3}{L_3}, \quad \frac{l_4}{L_4}, \quad \ldots.$$

Maintenant, l'équation

$$x = \lambda_1 + \frac{1}{x_1}$$

donnera

$$x x_1 = x_1 \lambda_1 + 1 = x_1 l_1 + 1;$$

mettons, au lieu de x_1 dans le second membre de cette équation, sa valeur $\lambda_2 + \frac{1}{x_2}$, et, multipliant par x_2, on aura

$$xx_1x_2 = (\lambda_2 l_1 + l)x_2 + l_1 = l_2 x_2 + l_1;$$

on trouvera de même, en substituant dans le second membre de cette équation $\lambda_3 + \frac{1}{x_3}$ à la place de x_2,

$$xx_1x_2x_3 = l_3 x_3 + l_2,$$

et ainsi de suite.

Pareillement l'équation

$$x_1 = \lambda_2 + \frac{1}{x_2}$$

donnera

$$x_1 x_2 = \lambda_2 x_2 + 1 = \mathrm{L}_2 x_2 + \mathrm{L}_1;$$

ensuite, substituant dans le second membre $\lambda_3 + \frac{1}{x_3}$ à la place de x_2, et multipliant par x_3, on aura

$$x_1x_2x_3 = (\lambda_3 \mathrm{L}_2 + \mathrm{L}_1)x_3 + \mathrm{L}_2 = \mathrm{L}_3 x_3 + \mathrm{L}_2,$$

et ainsi de suite.

D'où il s'ensuit qu'on aura en général, quelle que soit la fraction continue, soit périodique ou non,

$$\text{(B)} \qquad \begin{cases} xx_1x_2x_3\ldots x_\rho = l_\rho\, x_\rho + l_{\rho-1}, \\ x_1x_2x_3\ldots x_\rho = \mathrm{L}_\rho x_\rho + \mathrm{L}_{\rho-1}. \end{cases}$$

48. Cela posé, supposons que l'on ait trouvé, par exemple,

$$x_{\mu+\nu} = x_\mu,$$

c'est-à-dire que la racine de la $(\mu + \nu)^{\text{ième}}$ transformée soit égale à celle de la transformée $\mu^{\text{ième}}$; alors on aura aussi

$$x_{\mu+\nu+1} = x_{\mu+1}, \quad x_{\mu+\nu+2} = x_{\mu+2}, \quad \ldots, \quad x_{\mu+2\nu} = x_\mu, \quad \ldots,$$

et en général

$$x_{\mu+n\nu+\varpi} = x_{\mu+\varpi};$$

donc aussi

$$\lambda_{\mu+\nu+1} = \lambda_{\mu+1}, \quad \lambda_{\mu+\nu+2} = \lambda_{\mu+2}, \quad \ldots,$$

et en général

$$\lambda_{\mu+n\nu+\varpi} = \lambda_{\mu+\varpi};$$

de sorte que l'on aura

$$x = \lambda_1 + \cfrac{1}{\lambda_2 + \ldots + \cfrac{1}{\lambda_\mu + \cfrac{1}{\lambda_{\mu+1} + \cfrac{1}{\lambda_{\mu+2} + \ldots + \cfrac{1}{\lambda_{\mu+\nu} + \cfrac{1}{\lambda_{\mu+1} + \ldots}}}}}}$$

Maintenant, si l'on suppose en général

$$\rho = \mu + n\nu + \varpi;$$

il est facile de voir que les deux équations (B) du numéro précédent deviendront

$$x x_1 x_2 \ldots x_\mu \times x_{\mu+1} x_{\mu+2} \ldots x_{\mu+\varpi} \times (x_{\mu+1} x_{\mu+2} \ldots x_{\mu+\nu})^n = l_\rho \, x_{\mu+\varpi} + l_{\rho-1},$$

$$x_1 x_2 \ldots x_\mu \times x_{\mu+1} x_{\mu+2} \ldots x_{\mu+\varpi} \times (x_{\mu+1} x_{\mu+2} \ldots x_{\mu+\nu})^n = \mathrm{L}_\rho x_{\mu+\varpi} + \mathrm{L}_{\rho-1}.$$

Or, en faisant dans les mêmes équations $\rho = \mu$, on a

$$x x_1 x_2 \ldots x_\mu = l_\mu \, x_\mu + l_{\mu-1},$$

$$x_1 x_2 \ldots x_\mu = \mathrm{L}_\mu x_\mu + \mathrm{L}_{\mu-1}.$$

De plus, à cause de

$$x_\mu = \lambda_{\mu+1} + \frac{1}{x_{\mu+1}}, \quad x_{\mu+1} = \lambda_{\mu+2} + \frac{1}{x_{\mu+2}}, \quad \ldots,$$

il est clair que, si l'on fait

$$(\mathrm{C}) \quad \left\{ \begin{array}{ll} h = 1, & \mathrm{H} = 0, \\ h_1 = \lambda_{\mu+1}, & \mathrm{H}_1 = 1, \\ h_2 = \lambda_{\mu+2} h_1 + h, & \mathrm{H}_2 = \lambda_{\mu+2} \mathrm{H}_1, \\ h_3 = \lambda_{\mu+3} h_2 + h_1, & \mathrm{H}_3 = \lambda_{\mu+3} \mathrm{H}_2 + \mathrm{H}_1, \\ h_4 = \lambda_{\mu+4} h_3 + h_2, & \mathrm{H}_4 = \lambda_{\mu+4} \mathrm{H}_3 + \mathrm{H}_2, \\ \ldots\ldots\ldots \; \ldots\ldots, & \ldots\ldots\ldots \; \ldots\ldots, \end{array} \right.$$

on aura en général

$$\text{(D)}\qquad \begin{cases} x_\mu x_{\mu+1} x_{\mu+2} \ldots x_{\mu+\sigma} = h_\sigma\, x_{\mu+\sigma} + h_{\sigma-1}, \\ x_{\mu+1} x_{\mu+2} \ldots x_{\mu+\sigma} = \mathrm{H}_\sigma\, x_{\mu+\sigma} + \mathrm{H}_{\sigma-1}. \end{cases}$$

Donc on aura

$$x_{\mu+1} x_{\mu+2} \ldots x_{\mu+\varpi} = \mathrm{H}_\varpi x_{\mu+\varpi} + \mathrm{H}_{\varpi-1},$$

et, à cause de $x_{\mu+\nu} = x_\mu$ (hypothèse),

$$x_{\mu+1} x_{\mu+2} \ldots x_{\mu+\nu} = \mathrm{H}_\nu x_\mu + \mathrm{H}_{\nu-1}.$$

De sorte qu'en faisant ces substitutions dans les deux équations ci-dessus, on aura

$$(l_\mu\, x_\mu + l_{\mu-1})(\mathrm{H}_\varpi x_{\mu+\varpi} + \mathrm{H}_{\varpi-1})(\mathrm{H}_\nu x_\mu + \mathrm{H}_{\nu-1})^n = l_\rho\, x_{\mu+\varpi} + l_{\rho-1},$$

$$(\mathrm{L}_\mu x_\mu + \mathrm{L}_{\mu-1})(\mathrm{H}_\varpi x_{\mu+\varpi} + \mathrm{H}_{\varpi-1})(\mathrm{H}_\nu x_\mu + \mathrm{H}_{\nu-1})^n = \mathrm{L}_\rho x_{\mu+\varpi} + \mathrm{L}_{\rho-1}.$$

49. Or les équations (D), étant divisées l'une par l'autre, donnent

$$\text{(E)}\qquad x_\mu = \frac{h_\sigma x_{\mu+\sigma} + h_{\sigma-1}}{\mathrm{H}_\sigma x_{\mu+\sigma} + \mathrm{H}_{\sigma-1}},$$

d'où l'on tire

$$x_{\mu+\sigma} = \frac{\mathrm{H}_{\sigma-1} x_\mu - h_{\sigma-1}}{h_\sigma - \mathrm{H}_\sigma x_\mu}.$$

Donc, faisant $\sigma = \varpi$, on aura

$$x_{\mu+\varpi} = \frac{\mathrm{H}_{\varpi-1} x_\mu - h_{\varpi-1}}{h_\varpi - \mathrm{H}_\varpi x_\mu},$$

et de là

$$\mathrm{H}_\varpi x_{\mu+\varpi} + \mathrm{H}_{\varpi-1} = \frac{h_\varpi \mathrm{H}_{\varpi-1} - \mathrm{H}_\varpi h_{\varpi-1}}{h_\varpi - \mathrm{H}_\varpi x_\mu};$$

mais il est facile de voir, par la nature des quantités h, h_1, h_2, ..., H_1, H_2, H_3, ..., que l'on a

$$\mathrm{H}_1 h - h_1 \mathrm{H} = 1,\quad \mathrm{H}_2 h_1 - h_2 \mathrm{H}_1 = -1,\quad \mathrm{H}_3 h_2 - h_3 \mathrm{H}_2 = 1,\quad \ldots,$$

d'où l'on aura en général

$$h_\varpi \mathrm{H}_{\varpi-1} - \mathrm{H}_\varpi h_{\varpi-1} = \pm 1,$$

le signe supérieur ayant lieu lorsque ϖ est un nombre pair, et l'inférieur lorsque ϖ est impair.

Donc, faisant ces substitutions dans les deux dernières équations du numéro précédent, on aura

$$\pm(l_\mu x_\mu + l_{\mu-1})(H_\nu x_\mu + H_{\nu-1})^n = (l_\rho H_{\varpi-1} - l_{\rho-1} H_\varpi) x_\mu + (l_{\rho-1} h_\varpi - l_\rho h_{\varpi-1}),$$
$$\pm(L_\mu x_\mu + L_{\mu-1})(H_\nu x_\mu + H_{\nu-1})^n = (L_\rho H_{\varpi-1} - L_{\rho-1} H_\varpi) x_\mu + (L_{\rho-1} h_\varpi - L_\rho h_{\varpi-1}),$$

les signes ambigus dépendant du nombre ϖ, comme nous l'avons vu ci-dessus.

Maintenant, si dans l'équation (E) on fait $\sigma = \nu$, on aura, à cause de $x_{\mu+\nu} = x_\mu$ (hypothèse),

$$x_\mu = \frac{h_\nu x_\mu + h_{\nu-1}}{H_\nu x_\mu + H_{\nu-1}},$$

d'où l'on tire l'équation en x_μ

$$\text{(F)} \qquad H_\nu x_\mu^2 - (h_\nu - H_{\nu-1}) x_\mu - h_{\nu-1} = 0,$$

laquelle donne

$$x_\mu = \frac{h_\nu - H_{\nu-1} + \sqrt{(h_\nu - H_{\nu-1})^2 + 4 H_\nu h_{\nu-1}}}{2 H_\nu}.$$

Soit, pour abréger,

$$P = \frac{h_\nu - H_{\nu-1}}{2 H_\nu}, \quad Q = P^2 + \frac{h_{\nu-1}}{H_\nu},$$

en sorte que l'on ait

$$x_\mu = P + \sqrt{Q};$$

substituant cette valeur, on aura

$$\pm(l_\mu P + l_{\mu-1} + l_\mu \sqrt{Q})(H_\nu P + H_{\nu-1} + H_\nu \sqrt{Q})^n$$
$$= (l_\rho H_{\varpi-1} - l_{\rho-1} H_\varpi)(P + \sqrt{Q}) + (l_{\rho-1} h_\varpi - l_\rho h_{\varpi-1}),$$
$$\pm(L_\mu P + L_{\mu-1} + L_\mu \sqrt{Q})(H_\nu P + H_{\nu-1} + H_\nu \sqrt{Q})^n$$
$$= (L_\rho H_{\varpi-1} - L_{\rho-1} H_\varpi)(P + \sqrt{Q}) + (L_{\rho-1} h_\varpi - L_\rho h_{\varpi-1}),$$

d'où, à cause de l'ambiguïté du radical $\sqrt{Q}$, on tirera quatre équations, par lesquelles on pourra déterminer l_ρ, $l_{\rho-2}$, L_ρ, $L_{\rho-1}$.

50. En effet, supposons, pour abréger,

$$l_\mu P + l_{\mu-1} = f_\mu,$$
$$L_\mu P + L_{\mu-1} = F_\mu,$$
$$H_\nu P + H_{\nu-1} = K_\nu;$$

on trouvera ces quatre équations

$$l_\rho H_{\varpi-1} - l_{\rho-1} H_\varpi = \pm \frac{(f_\mu + l_\mu\sqrt{Q})(K_\nu + H_\nu\sqrt{Q})^n - (f_\mu - l_\mu\sqrt{Q})(K_\nu - H_\nu\sqrt{Q})^n}{2\sqrt{Q}},$$

$$l_{\rho-1} h_\varpi - l_\rho h_{\varpi-1} = \pm \frac{(P+\sqrt{Q})(f_\mu - l_\mu\sqrt{Q})(K_\nu - H_\nu\sqrt{Q})^n - (P-\sqrt{Q})(f_\mu + l_\mu\sqrt{Q})(K_\nu + H_\nu\sqrt{Q})^n}{2\sqrt{Q}},$$

$$L_\rho H_{\varpi-1} - L_{\rho-1} H_\varpi = \pm \frac{(F_\mu + L_\mu\sqrt{Q})(K_\nu + H_\nu\sqrt{Q})^n - (F_\mu - L_\mu\sqrt{Q})(K_\nu - H_\nu\sqrt{Q})^n}{2\sqrt{Q}},$$

$$L_{\rho-1} h_\varpi - L_\rho h_{\varpi-1} = \pm \frac{(P+\sqrt{Q})(F_\mu - L_\mu\sqrt{Q})(K_\nu - H_\nu\sqrt{Q})^n - (P-\sqrt{Q})(F_\mu + L_\mu\sqrt{Q})(K_\nu + H_\nu\sqrt{Q})^n}{2\sqrt{Q}}.$$

Donc, si l'on ajoute la première multipliée par h_ϖ à la deuxième multipliée par H_ϖ, et de même la troisième multipliée par h_ϖ à la quatrième multipliée par H_ϖ, et qu'on fasse, pour abréger,

$$-H_\varpi P + h_\varpi = G_\varpi,$$

on aura, à cause de $h_\varpi H_{\varpi-1} - H_\varpi h_{\varpi-1} = \pm 1$ (n° 49),

$$l_\rho = \frac{(f_\mu + l_\mu\sqrt{Q})(G_\varpi + H_\varpi\sqrt{Q})(K_\nu + H_\nu\sqrt{Q})^n - (f_\mu - l_\mu\sqrt{Q})(G_\varpi - H_\varpi\sqrt{Q})(K_\nu - H_\nu\sqrt{Q})^n}{2\sqrt{Q}};$$

$$L_\rho = \frac{(F_\mu + L_\mu\sqrt{Q})(G_\varpi + H_\varpi\sqrt{Q})(K_\nu + H_\nu\sqrt{Q})^n - (F_\mu - L_\mu\sqrt{Q})(G_\varpi - H_\varpi\sqrt{Q})(K_\nu - H_\nu\sqrt{Q})^n}{2\sqrt{Q}},$$

ρ étant égal à $\mu + n\nu + \varpi$.

Ainsi, lorsqu'à l'aide des quantités

$$\lambda_1, \lambda_2, \lambda_3, \ldots, \lambda_{\mu+\nu},$$

on aura calculé, par les formules (A) et (G), les quantités

$$l, l_1, l_2, \ldots, \quad L, L_1, L_2, \ldots,$$

jusqu'à l_μ et L_μ, et les quantités

$$h,\ h_1,\ h_2,\ \ldots,\quad H,\ H_1,\ H_2,\ \ldots,$$

jusqu'à h_ν et H_ν, on pourra, par les formules précédentes, trouver les valeurs de l_ρ et de L_ρ, c'est-à-dire les termes de la fraction $\frac{l_\rho}{L_\rho}$, quel que soit l'exposant du quantième ρ; car pour cela il n'y aura qu'à retrancher μ de ρ, et diviser la différence par ν; le quotient sera le nombre n qui entre dans les formules précédentes comme exposant, et le reste sera le nombre ϖ, qui sera par conséquent toujours moindre que ν.

Quoique les formules précédentes renferment le radical $\sqrt{Q}$, il est facile de voir que ce radical s'en ira après le développement; de sorte que les nombres l_ρ et L_ρ seront toujours rationnels et entiers.

51. Au reste, si l'on voulait trouver en général l'équation du second degré, par laquelle peut être déterminée la racine x de l'équation proposée, lorsqu'on a $x_{\mu+\nu} = x_\mu$, comme dans le n° 48, il n'y aurait qu'à remarquer que les équations (B) du n° 47, étant divisées l'une par l'autre, donnent en général

$$\text{(G)} \qquad x = \frac{l_\rho x_\rho + l_{\rho-1}}{L_\rho x_\rho + L_{\rho-1}},$$

d'où l'on tire, en faisant $\rho = \mu$,

$$x_\mu = \frac{L_{\mu-1} x - l_{\mu-1}}{l_\mu - L_\mu x};$$

donc, substituant cette valeur de x_μ dans l'équation (F) du n° 49, on aura celle-ci

$$H_\nu (L_{\mu-1} x - l_{\mu-1})^2 - (h_\nu - H_{\nu-1})(L_{\mu-1} x - l_{\mu-1})(l_\mu - L_\mu x) - h_{\nu-1}(l_\mu - L_\mu x)^2 = 0,$$

c'est-à-dire

$$\begin{aligned}&\left[H_\nu L_{\mu-1}^2 + (h_\nu - H_{\nu-1}) L_{\mu-1} L_\mu - h_{\nu-1} L_\mu^2\right] x^2 \\ &\quad - \left[2 H_\nu L_{\mu-1} l_{\mu-1} + (h_\nu - H_{\nu-1})(L_{\mu-1} l_\mu + l_{\mu-1} L_\mu) - 2 h_{\nu-1} l_\mu L_\mu\right] x \\ &\qquad + H_\nu l_{\mu-1}^2 + (h_\nu - H_{\nu-1}) l_{\mu-1} l_\mu - h_{\nu-1} l_\mu^2 = 0,\end{aligned}$$

et cette équation sera nécessairement un diviseur de l'équation proposée.

ARTICLE II.

Où l'on donne une manière très-simple de réduire en fractions continues les racines des équations du second degré.

52. Considérons l'équation générale du second degré

$$E_1 x^2 - 2\varepsilon x - E = 0,$$

dans laquelle E, E_1 et ε sont supposés des nombres entiers, tels que $\varepsilon^2 + EE_1 > 0$, pour que les racines soient réelles; cette équation, étant résolue, donne

$$x = \frac{\varepsilon + \sqrt{\varepsilon^2 + EE_1}}{E_1},$$

où le radical peut être pris positivement ou négativement. Supposons que la racine cherchée soit positive, et soit λ_1 le nombre entier qui sera immédiatement plus petit que la valeur de x; on fera donc

$$x = \lambda_1 + \frac{1}{x_1},$$

et, substituant cette valeur dans l'équation proposée, on aura une équation transformée dont l'inconnue sera x_1 : or, si, après avoir fait la substitution, on multiplie toute l'équation par x_1^2, qu'ensuite on change les signes et qu'on suppose, pour abréger,

$$\varepsilon_1 = \lambda_1 E_1 - \varepsilon,$$

$$E_2 = E + 2\varepsilon\lambda_1 - E_1\lambda_1^2,$$

on aura la transformée

$$E_2 x_1^2 - 2\varepsilon_1 x_1 - E_1 = 0,$$

laquelle donnera

$$x_1 = \frac{\varepsilon_1 + \sqrt{\varepsilon_1^2 + E_1 E_2}}{E_2};$$

on cherchera donc le nombre entier λ_2, qui sera immédiatement plus petit que cette valeur de x_1, et l'on fera

$$x_1 = \lambda_2 + \frac{1}{x_2},$$

et ainsi de suite.

Maintenant, je remarque que la quantité $\varepsilon_1^2 + E_1 E_2$, qui est sous le signe dans l'expression de x_1, devient, en substituant les valeurs de ε_1 et de E_2, et ôtant ce qui se détruit, celle-ci $\varepsilon^2 + EE_1$, qui est la même que celle qui est sous le signe dans l'expression de x; d'où il est facile de conclure que la quantité radicale sera toujours la même dans les expressions de x, x_1, x_2, ...

Donc, si l'on suppose, pour abréger,

$$B = \varepsilon^2 + EE_1,$$

et qu'on fasse (le signe $<$ dénote qu'il faut prendre le nombre entier qui est immédiatement moindre)

$$\begin{array}{lll} & \lambda_1 < \dfrac{\varepsilon + \sqrt{B}}{E_1}, & \varepsilon_1 = \lambda_1 E_1 - \varepsilon, \\ E_2 = E + 2\varepsilon\lambda_1 - E_1\lambda_1^2, & \lambda_2 < \dfrac{\varepsilon_1 + \sqrt{B}}{E_2}, & \varepsilon_2 = \lambda_2 E_2 - \varepsilon_1, \\ E_3 = E_1 + 2\varepsilon_1\lambda_2 - E_2\lambda_2^2, & \lambda_3 < \dfrac{\varepsilon_2 + \sqrt{B}}{E_3}, & \varepsilon_3 = \lambda_3 E_3 - \varepsilon_2, \\ E_4 = E_2 + 2\varepsilon_2\lambda_3 - E_3\lambda_3^2, & \lambda_4 < \dfrac{\varepsilon_3 + \sqrt{B}}{E_4}, & \varepsilon_4 = \lambda_4 E_4 - \varepsilon_3, \\ \dots\dots\dots, & \dots\dots\dots, & \dots\dots\dots, \end{array}$$

on aura

$$\begin{aligned} x &= \frac{\varepsilon + \sqrt{B}}{E_1} = \lambda_1 + \frac{1}{x_1}, \\ x_1 &= \frac{\varepsilon_1 + \sqrt{B}}{E_2} = \lambda_2 + \frac{1}{x_2}, \\ x_2 &= \frac{\varepsilon_2 + \sqrt{B}}{E_3} = \lambda_3 + \frac{1}{x_3}, \\ &\dots\dots\dots\dots\dots, \end{aligned}$$

d'où

$$x = \lambda_1 + \cfrac{1}{\lambda_2 + \cfrac{1}{\lambda_3 + \ldots}}$$

Quant au radical $\sqrt{B}$, il faudra toujours lui donner le même signe qu'on lui a supposé dans la valeur de la racine cherchée x.

On peut observer encore que, comme on a trouvé

$$\varepsilon_1^2 + E_1 E_2 = \varepsilon^2 + EE_1 = B,$$

on aura

$$E_2 = \frac{B - \varepsilon_1^2}{E_1},$$

et de même

$$E_3 = \frac{B - \varepsilon_2^2}{E_2}, \quad E_4 = \frac{B - \varepsilon_3^2}{E_3}, \quad \ldots.$$

Ainsi l'on pourra, si on le juge plus commode, employer ces formules à la place de celles qu'on a données plus haut, pour avoir les valeurs de E_2, E_3, ...

53. Maintenant je dis que la fraction continue qui exprime la valeur de x sera toujours nécessairement périodique.

Pour pouvoir démontrer ce théorème, nous commencerons par prouver en général que, quelle que soit l'équation proposée, on doit toujours nécessairement arriver à des équations transformées dont le premier et le dernier terme soient de signes différents. En effet, nous avons vu dans le n° 19 qu'on doit toujours nécessairement arriver à une équation transformée qui n'ait qu'une seule racine plus grande que l'unité, après quoi chacune des transformées suivantes n'aura aussi qu'une seule racine plus grande que l'unité; soit donc

$$au^m + bu^{m-1} + cu^{m-2} + \ldots + k = 0$$

une de ces transformées qui n'ont qu'une seule racine plus grande que l'unité, et soit s la valeur entière approchée de u; on fera, pour avoir la transformée suivante, $u = s + \frac{1}{w}$, ce qui, étant substitué, donnera une transformée dans laquelle il est aisé de voir que le premier terme sera

$$(as^m + bs^{m-1} + cs^{m-2} + \ldots + k)\,w^m,$$

et que le dernier sera a. Or, puisque la vraie valeur de u dans la transformée précédente tombe entre ces deux-ci : $u = s$ et $u = \infty$, entre lesquelles il ne se trouve aucune autre valeur de u (hypothèse), il s'ensuit qu'en faisant ces deux substitutions dans l'équation en u, on aura nécessairement des résultats de signes contraires; car il est facile de concevoir qu'il n'y aura, en ce cas, qu'un seul des facteurs de cette équation qui pourra changer de signe en passant d'une valeur de u à l'autre (n° 5). Mais la supposition de $u = \infty$ donne le résultat au^m (tous les autres termes devenant nuls vis-à-vis de celui-ci), lequel est de même signe que le coefficient a; donc il faudra que la supposition de $u = s$ donne un résultat de signe contraire à a; mais ce résultat est égal à

$$as^m + bs^{m-1} + cs^{m-2} + \ldots + k;$$

donc, puisque cette quantité est en même temps le coefficient du premier terme de l'équation transformée en w, dont le dernier terme est a, il s'ensuit que cette transformée aura nécessairement ses deux termes extrêmes de signes différents.

Et l'on peut prouver de la même manière que cela aura lieu, à plus forte raison, dans toutes les transformées suivantes.

Cela posé, puisque l'équation proposée

$$E_1 x^2 - 2\varepsilon x - E = 0$$

donne les transformées (n° 52)

$$E_2 x_1^2 - 2\varepsilon_1 x_1 - E_1 = 0,$$

$$E_3 x_2^2 - 2\varepsilon_2 x_2 - E_2 = 0,$$

$$\ldots\ldots\ldots\ldots\ldots\ldots,$$

il s'ensuit de ce que nous venons de démontrer qu'on parviendra nécessairement à des transformées comme

$$E_{\gamma+1} x_\gamma^2 - 2\varepsilon_\gamma x_\gamma - E_\gamma = 0,$$

$$E_{\gamma+2} x_{\gamma+1}^2 - 2\varepsilon_{\gamma+1} x_{\gamma+1} - E_{\gamma+1} = 0,$$

$$\ldots\ldots\ldots\ldots\ldots\ldots,$$

dont les premiers et derniers termes seront de signes différents; de sorte que les nombres

$$E_\gamma,\quad E_{\gamma+1},\quad E_{\gamma+2},\quad \ldots$$

seront tous de même signe. Or on a (n° 52)

$$B = \varepsilon_\gamma^2 + E_\gamma E_{\gamma+1} = \varepsilon_{\gamma+1}^2 + E_{\gamma+1} E_{\gamma+2} = \ldots;$$

donc, puisque E_γ, $E_{\gamma+1}$, $E_{\gamma+2}$, ... sont de même signe, les produits $E_\gamma E_{\gamma+1}$, $E_{\gamma+1} E_{\gamma+2}$, ... seront nécessairement positifs; d'où il s'ensuit :

1° Que l'on aura

$$\varepsilon_\gamma^2 < B,\quad \varepsilon_{\gamma+1}^2 < B,\quad \ldots,$$

c'est-à-dire (en faisant abstraction du signe)

$$\varepsilon_\gamma < \sqrt{B},\quad \varepsilon_{\gamma+1} < \sqrt{B},$$

et ainsi de suite à l'infini;

2° Que l'on aura aussi, à cause que les nombres E, E_1, E_2, ... sont tous entiers,

$$E_\gamma < B,\quad E_{\gamma+1} < B,\quad E_{\gamma+2} < B,$$

et ainsi de suite. Donc, comme B est donné, il est clair qu'il n'y aura qu'un certain nombre de nombres entiers qui pourront être moindres que B et que $\sqrt{B}$; de sorte que les nombres

$$E_\gamma,\ E_{\gamma+1},\ E_{\gamma+2},\ \ldots,\quad \varepsilon_\gamma,\ \varepsilon_{\gamma+1},\ \varepsilon_{\gamma+2},\ \ldots$$

ne pourront avoir qu'un certain nombre de valeurs différentes, et qu'ainsi dans l'une et l'autre de ces séries, si on les pousse à l'infini, il faudra nécessairement que les mêmes termes reviennent une infinité de fois; et, par la même raison, il faudra aussi qu'une même combinaison de termes correspondants dans les deux séries revienne une infinité de fois; d'où il s'ensuit qu'on aura nécessairement, par exemple,

$$E_{\gamma+\delta+\nu} = E_{\gamma+\delta} \quad \text{et} \quad \varepsilon_{\gamma+\delta+\nu} = \varepsilon_{\gamma+\delta},$$

ou bien, faisant $\gamma + \delta = \mu$,

$$E_{\mu+\nu} = E_{\mu} \quad \text{et} \quad \varepsilon_{\mu+\nu} = \varepsilon_{\mu};$$

donc, à cause de

$$B = \varepsilon_{\mu}^2 + E_{\mu}E_{\mu+1} = \varepsilon_{\mu+\nu}^2 + E_{\mu+\nu}E_{\mu+\nu+1},$$

on aura aussi

$$E_{\mu+\nu+1} = E_{\mu+1};$$

mais on a

$$x_{\mu} = \frac{\varepsilon_{\mu} + \sqrt{B}}{E_{\mu+1}} \quad \text{et} \quad x_{\mu+\nu} = \frac{\varepsilon_{\mu+\nu} + \sqrt{B}}{E_{\mu+\nu+1}};$$

donc $x_{\mu+\nu} = x_{\mu}$; donc la fraction continue sera nécessairement périodique (n° 48).

54. En effet, on voit, par les formules du n° 52, que si l'on a

$$E_{\mu+\nu} = E_{\mu} \quad \text{et} \quad \varepsilon_{\mu+\nu} = \varepsilon_{\mu},$$

on aura

$$E_{\mu+\nu+1} = E_{\mu+1}, \quad \lambda_{\mu+\nu+1} = \lambda_{\mu+1}, \quad \varepsilon_{\mu+\nu+1} = \varepsilon_{\mu+1},$$

et ainsi de suite; de sorte qu'en général les termes des trois séries

$$E, E_1, E_2, \ldots, \quad \varepsilon, \varepsilon_1, \varepsilon_2, \ldots, \quad \lambda_1, \lambda_2, \ldots,$$

qui auront pour exposant $\mu + n\nu + \varpi$, seront les mêmes que les termes précédents dont les exposants seront $\mu + \varpi$, en prenant pour n un nombre quelconque entier positif.

Ainsi chacune de ces trois séries deviendra périodique, à commencer par les termes E_{μ}, ε_{μ}, $\lambda_{\mu+1}$, et leurs périodes seront de ν termes, après lesquels les mêmes termes reviendront dans le même ordre, à l'infini.

55. Nous venons de démontrer qu'en continuant la série des nombres E, E_1, E_2, ... on doit nécessairement trouver des termes consécutifs qui soient de même signe, et qu'ensuite la série doit nécessairement devenir périodique; or je dis que, dès que, dans la même série, on sera parvenu à deux termes consécutifs, comme E_γ, $E_{\gamma+1}$, qui soient de même signe, on sera assuré que l'un de ces deux termes sera déjà un des termes périodiques, lequel reparaîtra nécessairement dans chaque période.

En effet, comme E_γ et $E_{\gamma+1}$ sont de même signe, il est clair que la transformée

$$E_{\gamma+1} x_\gamma^2 - 2\varepsilon_\gamma x_\gamma - E_\gamma = 0$$

aura nécessairement une racine positive et l'autre négative, de sorte qu'elle n'en pourra avoir qu'une seule qui soit plus grande que l'unité; donc toutes les transformées suivantes auront nécessairement leurs termes extrêmes de signes différents (n° 53); par conséquent, tous les nombres E_γ, $E_{\gamma+1}$, $E_{\gamma+2}$, ... seront de même signe, de sorte que chacun d'eux sera moindre que B, et que chacun des nombres ε_γ, $\varepsilon_{\gamma+1}$, $\varepsilon_{\gamma+2}$, ... sera moindre que $\sqrt{B}$ (numéro cité).

56. Or, comme on a

$$B = \varepsilon_\gamma^2 + E_\gamma E_{\gamma+1},$$

il est visible que les nombres E_γ, $E_{\gamma+1}$ seront, ou tous les deux moindres que $\sqrt{B}$, ou que, si l'un est plus grand, l'autre en sera nécessairement moindre, de sorte qu'il y en aura au moins toujours un qui sera moindre que $\sqrt{B}$.

Supposons que ce soit E_γ; je vais prouver que les nombres

$$E_\gamma,\ E_{\gamma+1},\ E_{\gamma+2},\ \ldots,\quad \varepsilon_\gamma,\ \varepsilon_{\gamma+1},\ \varepsilon_{\gamma+2},\ \ldots$$

seront tous nécessairement du même signe que le radical $\sqrt{B}$. En effet, puisque les racines x_1, x_2, x_3, ... des équations transformées doivent être toutes plus grandes que l'unité par la nature de la fraction continue, on aura donc aussi $x_\gamma > 1$ et $x_{\gamma+1} > 1$, et ainsi de suite;

donc

$$\frac{\varepsilon_\gamma + \sqrt{B}}{E_{\gamma+1}} > 1, \quad \frac{\varepsilon_{\gamma+1} + \sqrt{B}}{E_{\gamma+2}} > 1, \quad \ldots,$$

et, comme

$$B = \varepsilon_\gamma^2 + E_\gamma E_{\gamma+1} = \varepsilon_{\gamma+1}^2 + E_{\gamma+1} E_{\gamma+2} = \ldots,$$

on aura

$$\frac{\varepsilon_\gamma + \sqrt{B}}{E_{\gamma+1}} = \frac{E_\gamma}{\sqrt{B} - \varepsilon_\gamma}, \quad \frac{\varepsilon_{\gamma+1} + \sqrt{B}}{E_{\gamma+2}} = \frac{E_{\gamma+1}}{\sqrt{B} - \varepsilon_{\gamma+1}},$$

et ainsi des autres; donc aussi

$$\frac{E_\gamma}{\sqrt{B} - \varepsilon_\gamma} > 1, \quad \frac{E_{\gamma+1}}{\sqrt{B} - \varepsilon_{\gamma+1}} > 1, \quad \ldots.$$

Or, comme ε_γ, $\varepsilon_{\gamma+1}$, ... sont plus petits que $\sqrt{B}$, il est clair que, quel que soit le signe de ces nombres ε_γ, $\varepsilon_{\gamma+1}$, ..., les dénominateurs $\sqrt{B} - \varepsilon_\gamma$, $\sqrt{B} - \varepsilon_{\gamma+1}$, ... seront nécessairement de même signe que $\sqrt{B}$; donc il faudra que les numérateurs E_γ, $E_{\gamma+1}$, ... soient tous aussi du même signe que $\sqrt{B}$.

Maintenant supposons, pour plus de simplicité, $\sqrt{B}$ positif, en sorte que E_γ, $E_{\gamma+1}$, ... doivent être aussi tous positifs; je dis que ε_γ, $\varepsilon_{\gamma+1}$, $\varepsilon_{\gamma+2}$, ... le seront aussi. Car soit, s'il est possible, $\varepsilon_\gamma = -\eta$ (η étant un nombre positif); comme $E_\gamma < \sqrt{B}$ (hypothèse), on aura, à plus forte raison, $E_\gamma < \sqrt{B} + \eta$; donc $\frac{E_\gamma}{\sqrt{B} - \varepsilon_\gamma} = \frac{E_\gamma}{\sqrt{B} + \eta}$ sera < 1, au lieu que cette quantité doit être > 1; donc ε_γ doit être positif. Soit ensuite, s'il est possible, $\varepsilon_{\gamma+1} = -\eta_1$; comme on a, par les formules du n° 52, $\varepsilon_{\gamma+1} = \lambda_{\gamma+1} E_{\gamma+1} - \varepsilon_\gamma$, on aura $\lambda_{\gamma+1} E_{\gamma+1} = \varepsilon_\gamma - \eta_1$; donc, à cause que ε_γ et η_1 sont des nombres positifs moindres que $\sqrt{B}$, et que $\lambda_{\gamma+1}$ est aussi un nombre entier positif, il est clair que $E_{\gamma+1}$ devra être moindre que $\sqrt{B}$; et, dans ce cas, on prouvera, comme ci-devant, que $\varepsilon_{\gamma+1}$ devra être positif, et ainsi de suite.

Si $\sqrt{B}$ était pris négativement, on prouverait de la même manière que ε_γ, $\varepsilon_{\gamma+1}$, ... devraient être négatifs; et même, sans faire un nouveau calcul, il n'y aura qu'à remarquer que les formules du numéro cité demeurent les mêmes en y changeant les signes de toutes les quantités $E, E_1, E_2, \ldots, \varepsilon, \varepsilon_1, \varepsilon_2, \ldots$ et du radical $\sqrt{B}$; de sorte qu'on pourra toujours regarder ce radical comme positif, en prenant les quantités $E, E_1, E_2, \ldots, \varepsilon, \varepsilon_1, \varepsilon_2, \ldots$ avec des signes contraires.

57. Cela posé, je dis que, si deux termes correspondants quelconques des suites $E_\gamma, E_{\gamma+1}, E_{\gamma+2}, \ldots, \varepsilon_\gamma, \varepsilon_{\gamma+1}, \varepsilon_{\gamma+2}, \ldots$ sont donnés, tous les précédents dans les mêmes suites seront nécessairement donnés aussi.

Supposons, par exemple, que $E_{\gamma+3}$ et $\varepsilon_{\gamma+3}$ soient donnés (on verra aisément que la démonstration est générale, quels que soient les termes donnés), et voyons quels doivent être les termes qui précèdent ceux-ci, en vertu des formules du n° 52 et des conditions du numéro précédent. On aura d'abord

$$\varepsilon_{\gamma+3} = \lambda_{\gamma+3} E_{\gamma+3} - \varepsilon_{\gamma+2};$$

donc

$$\varepsilon_{\gamma+2} = \lambda_{\gamma+3} E_{\gamma+3} - \varepsilon_{\gamma+3};$$

mais on doit avoir $\varepsilon_{\gamma+2} < \sqrt{B}$; donc il faudra que l'on ait

$$\lambda_{\gamma+3} < \frac{\varepsilon_{\gamma+3} + \sqrt{B}}{E_{\gamma+3}}.$$

On aura de même

$$\varepsilon_{\gamma+1} = \lambda_{\gamma+2} E_{\gamma+2} - \varepsilon_{\gamma+2},$$

d'où, à cause de $\varepsilon_{\gamma+1} < \sqrt{B}$, on tirera

$$\lambda_{\gamma+2} < \frac{\varepsilon_{\gamma+2} + \sqrt{B}}{E_{\gamma+2}};$$

mais il faut, par la nature de la fraction continue, que $\lambda_{\gamma+2}$ soit un nombre entier positif; donc il faudra qu'on ait

$$\varepsilon_{\gamma+2} + \sqrt{B} > E_{\gamma+2};$$

or on a aussi

$$E_{\gamma+2} E_{\gamma+3} = B - \varepsilon_{\gamma+2}^2 = (\sqrt{B} + \varepsilon_{\gamma+2})(\sqrt{B} - \varepsilon_{\gamma+2});$$

donc

$$\sqrt{B} - \varepsilon_{\gamma+2} < E_{\gamma+3},$$

savoir, en mettant pour $\varepsilon_{\gamma+2}$ sa valeur ci-dessus,

$$\sqrt{B} - \lambda_{\gamma+3} E_{\gamma+3} + \varepsilon_{\gamma+3} < E_{\gamma+3},$$

d'où

$$\lambda_{\gamma+3} > \frac{\varepsilon_{\gamma+3} + \sqrt{B}}{E_{\gamma+3}} - 1.$$

Donc, puisque le nombre $\lambda_{\gamma+3}$ doit être entier, il est clair qu'il ne pourra être égal qu'au nombre entier qui sera immédiatement plus petit que $\frac{\varepsilon_{\gamma+3} + \sqrt{B}}{E_{\gamma+3}}$; ainsi $\lambda_{\gamma+3}$ sera donné, et de là $\varepsilon_{\gamma+2}$ le sera aussi, et comme

$$E_{\gamma+2} = \frac{B - \varepsilon_{\gamma+2}^2}{E_{\gamma+3}},$$

il est clair que $E_{\gamma+2}$ sera aussi donné. Maintenant on aura

$$\varepsilon_\gamma = \lambda_{\gamma+1} E_{\gamma+1} - \varepsilon_{\gamma+1},$$

et par conséquent, à cause de $\varepsilon_\gamma < \sqrt{B}$,

$$\lambda_{\gamma+1} < \frac{\varepsilon_{\gamma+1} + \sqrt{B}}{E_{\gamma+1}}.$$

Donc, pour que $\lambda_{\gamma+1}$ soit entier positif tel qu'il doit être, il faudra que

$$\varepsilon_{\gamma+1} + \sqrt{B} > E_{\gamma+1};$$

par conséquent, à cause de

$$E_{\gamma+1} E_{\gamma+2} = B - \varepsilon_{\gamma+1}^2,$$

il faudra que

$$\sqrt{B} - \varepsilon_{\gamma+1} < E_{\gamma+2},$$

ou bien, en mettant pour $\varepsilon_{\gamma+1}$ sa valeur ci-dessus,

$$\sqrt{B} - \lambda_{\gamma+2} E_{\gamma+2} + \varepsilon_{\gamma+2} < E_{\gamma+2},$$

d'où l'on tire

$$\lambda_{\gamma+2} > \frac{\varepsilon_{\gamma+2} + \sqrt{B}}{E_{\gamma+2}} - 1.$$

De sorte que le nombre $\lambda_{\gamma+2}$ ne pourra être que le nombre entier qui sera immédiatement plus petit que la quantité donnée $\frac{\varepsilon_{\gamma+2}+\sqrt{B}}{E_{\gamma+2}}$; donc ce nombre sera donné, et par là les nombres $\varepsilon_{\gamma+1}$ et $E_{\gamma+1}$ le seront aussi.

Enfin, puisque E_γ est (hypothèse) $< \sqrt{B}$, on aura à plus forte raison

$$\varepsilon_\gamma + \sqrt{B} > E_\gamma;$$

et de là, à cause de $E_\gamma E_{\gamma+1} = B - \varepsilon_\gamma^2$, on aura

$$\sqrt{B} - \varepsilon_\gamma < E_{\gamma+1},$$

ou bien, en substituant pour ε_γ sa valeur trouvée ci-dessus,

$$\sqrt{B} - \lambda_{\gamma+1} E_{\gamma+1} + \varepsilon_{\gamma+1} < E_{\gamma+1},$$

ce qui donne

$$\lambda_{\gamma+1} > \frac{\varepsilon_{\gamma+1}+\sqrt{B}}{E_{\gamma+1}} - 1.$$

Donc le nombre $\lambda_{\gamma+1}$ ne pourra être que le nombre entier qui est immédiatement moindre que la quantité donnée $\frac{\varepsilon_{\gamma+1}+\sqrt{B}}{E_{\gamma+1}}$, et par conséquent ce nombre sera entièrement donné, et par conséquent les nombres ε_γ et E_γ le seront aussi.

Or nous avons vu (n° 53) qu'en continuant les séries E_γ, $E_{\gamma+1}$, ..., ε_γ, $\varepsilon_{\gamma+1}$, ..., il arrivera nécessairement que deux termes correspondants, comme $E_{\gamma+\delta}$, $\varepsilon_{\gamma+\delta}$, reparaîtront après un certain nombre d'autres termes, en sorte que l'on aura, par exemple,

$$E_{\gamma+\nu+\delta} = E_{\gamma+\delta}, \quad \varepsilon_{\gamma+\nu+\delta} = \varepsilon_{\gamma+\delta};$$

donc, par ce que nous venons de démontrer, on aura aussi en remontant

$$\begin{array}{ll} E_{\gamma+\nu+\delta-1} = E_{\gamma+\delta-1}, & \varepsilon_{\gamma+\nu+\delta-1} = \varepsilon_{\gamma+\delta-1}, \\ E_{\gamma+\nu+\delta-2} = E_{\gamma+\delta-2}, & \varepsilon_{\gamma+\nu+\delta-2} = \varepsilon_{\gamma+\delta-2}, \\ \dots\dots\dots\dots, & \dots\dots\dots\dots, \\ E_{\gamma+\nu} = E_\gamma, & \varepsilon_{\gamma+\nu} = \varepsilon_\gamma. \end{array}$$

58. De là je conclus en général que, lorsque dans la série des nombres E, E_1, E_2, ... on en trouvera deux consécutifs de même

signe, celui des deux qui sera moindre que $\sqrt{B}$ sera déjà nécessairement périodique.

Ainsi, si dans l'équation proposée

$$E_1 x^2 - 2\varepsilon x - E = 0,$$

les coefficients E et E_1 étaient de même signe, alors la série serait périodique dès le premier ou le second terme.

Si l'on a $\varepsilon = 0$, en sorte que $x = \sqrt{\frac{E}{E_1}}$, alors on aura $B = EE_1$; d'où l'on voit que, des deux nombres E, E_1, le plus petit sera moindre que $\sqrt{B}$, et le plus grand sera nécessairement plus grand que $\sqrt{B}$; donc, dans ce cas, si le nombre $\frac{E}{E_1}$ dont il s'agit d'extraire la racine carrée est plus petit que l'unité, la série sera périodique dès le premier terme E; et s'il est plus grand que l'unité, la période ne pourra pas commencer plus bas qu'au second terme.

59. On avait remarqué depuis longtemps que toute fraction continue périodique pouvait toujours se ramener à une équation du second degré, mais personne, que je sache, n'avait encore démontré l'inverse de cette proposition, savoir que toute racine d'une équation du second degré se réduit toujours nécessairement en une fraction continue périodique. Il est vrai que M. Euler, dans un excellent Mémoire imprimé au tome XI des *Nouveaux Commentaires de Pétersbourg*, a observé que la racine carrée d'un nombre entier se réduisait toujours en une fraction continue périodique; mais ce théorème, qui n'est qu'un cas particulier du nôtre, n'a pas été démontré par M. Euler, et ne peut l'être, ce me semble, que par le moyen des principes que nous avons établis plus haut.

60. Nous avons donné plus haut des formules générales pour trouver aisément tous les termes des fractions convergentes vers la racine d'une équation donnée, lorsqu'on a reconnu que la fraction continue qui exprime cette racine est périodique.

Or, dans le cas où l'équation est du second degré, et où l'on se sert de la méthode du n° 52, on pourra, si l'on veut, simplifier beaucoup les calculs des n°s 48 et suivants pour trouver les termes l_ρ et L_ρ de chacune des fractions convergentes vers x.

En effet, ayant

$$x_\mu = \frac{\sqrt{B} + \varepsilon_\mu}{E_{\mu+1}} \quad \text{et} \quad x_{\mu+\varpi} = \frac{\sqrt{B} + \varepsilon_{\mu+\varpi}}{E_{\mu+\varpi+1}},$$

où

$$\varepsilon_\mu, \; \varepsilon_{\mu+\varpi}, \; E_{\mu+1} \quad \text{et} \quad E_{\mu+\varpi+1}$$

sont connus (ϖ étant $< \nu$), il n'y aura qu'à substituer ces valeurs dans les deux équations du n° 48, et faisant, pour abréger,

$$\frac{l_\mu \varepsilon_\mu}{E_{\mu+1}} + l_{\mu-1} = f_\mu,$$

$$\frac{L_\mu \varepsilon_\mu}{E_{\mu+1}} + L_{\mu-1} = F_\mu,$$

$$\frac{H_\nu \varepsilon_\mu}{E_{\mu+1}} + H_{\nu-1} = K_\nu,$$

$$H_\varpi \varepsilon_{\mu+\varpi} + H_{\varpi-1} E_{\mu+\varpi+1} = G_\varpi,$$

on aura

$$\left(f_\mu + \frac{l_\mu\sqrt{B}}{E_{\mu+1}}\right)(G_\varpi + H_\varpi\sqrt{B})\left(K_\nu + \frac{H_\nu\sqrt{B}}{E_{\mu+1}}\right)^n = l_\rho \varepsilon_{\mu+\varpi} + l_{\rho-1} E_{\mu+\varpi+1} + l_\rho \sqrt{B},$$

$$\left(F_\mu + \frac{L_\mu\sqrt{B}}{E_{\mu+1}}\right)(G_\varpi + H_\varpi\sqrt{B})\left(K_\nu + \frac{H_\nu\sqrt{B}}{E_{\mu+1}}\right)^n = L_\rho \varepsilon_{\mu+\varpi} + L_{\rho-1} E_{\mu+\varpi+1} + L_\rho \sqrt{B},$$

d'où, à cause de l'ambiguïté du signe du radical $\sqrt{B}$, on tire sur-le-champ

$$l_\rho = \frac{\left(f_\mu + \frac{l_\mu\sqrt{B}}{E_{\mu+1}}\right)(G_\varpi + H_\varpi\sqrt{B})\left(K_\nu + \frac{H_\nu\sqrt{B}}{E_{\mu+1}}\right)^n - \left(f_\mu - \frac{l_\mu\sqrt{B}}{E_{\mu+1}}\right)(G_\varpi - H_\varpi\sqrt{B})\left(K_\nu - \frac{H_\nu\sqrt{B}}{E_{\mu+1}}\right)^n}{2\sqrt{B}},$$

$$L_\rho = \frac{\left(F_\mu + \frac{L_\mu\sqrt{B}}{E_{\mu+1}}\right)(G_\varpi + H_\varpi\sqrt{B})\left(K_\nu + \frac{H_\nu\sqrt{B}}{E_{\mu+1}}\right)^n - \left(F_\mu - \frac{L_\mu\sqrt{B}}{E_{\mu+1}}\right)(G_\varpi - H_\varpi\sqrt{B})\left(K_\nu - \frac{H_\nu\sqrt{B}}{E_{\mu+1}}\right)^n}{2\sqrt{B}},$$

ρ étant, comme plus haut, égal à $\mu + n\nu + \varpi$.

61. On peut aussi remarquer que la valeur de L_ρ peut se déterminer par le moyen de celles de l_ρ et $l_{\rho-1}$, sans avoir besoin d'un nouveau calcul.

En effet, ayant

$$x = \frac{\varepsilon + \sqrt{B}}{E} = \frac{E}{\sqrt{B} - \varepsilon},$$

et de même

$$x_\rho = \frac{E_\rho}{\sqrt{B} - \varepsilon_\rho},$$

on aura, par l'équation (G) du n° 51,

$$\frac{E}{\sqrt{B} - \varepsilon} = \frac{l_\rho E_\rho + l_{\rho-1}(\sqrt{B} - \varepsilon_\rho)}{L_\rho E_\rho + L_{\rho-1}(\sqrt{B} - \varepsilon_\rho)},$$

savoir

$$E[L_\rho E_\rho + L_{\rho-1}(\sqrt{B} - \varepsilon_\rho)] = l_\rho E_\rho(\sqrt{B} - \varepsilon) + l_{\rho-1}[B + \varepsilon\varepsilon_\rho - (\varepsilon_\rho + \varepsilon)\sqrt{B}],$$

de sorte qu'en comparant la partie rationnelle avec la rationnelle, et l'irrationnelle avec l'irrationnelle, on aura

$$L_{\rho-1} = \frac{l_\rho E_\rho - l_{\rho-1}(\varepsilon_\rho + \varepsilon)}{E},$$

$$L_\rho E_\rho - L_{\rho-1}\varepsilon_\rho = \frac{-l_\rho E_\rho \varepsilon + l_{\rho-1}(B + \varepsilon\varepsilon_\rho)}{E},$$

d'où, à cause de $B - \varepsilon_\rho^2 = E_\rho E_{\rho+1}$, on aura

$$L_\rho = \frac{l_\rho(\varepsilon_\rho - \varepsilon) + l_{\rho-1} E_{\rho+1}}{E}.$$

Or, ρ étant égal à $\mu + n\nu + \varpi$, on aura

$$\varepsilon_\rho = \varepsilon_{\mu+\varpi}, \quad E_{\rho+1} = E_{\mu+\varpi+1},$$

de sorte que ε_ρ et $E_{\rho+1}$ seront connus, quel que soit le quantième ρ.

62. Supposons, pour donner un exemple de l'application des formules précédentes, qu'on demande la racine carrée de $\frac{11}{3}$ par une fraction continue.

Faisant $x = \sqrt{\frac{11}{3}}$, on aura l'équation

$$3x^2 - 11 = 0;$$

donc (n° 52)

$$E = 11, \quad E_1 = 3, \quad \varepsilon = 0;$$

ainsi l'on fera (n° 53) le calcul suivant, en prenant $B = 33$,

$$E = 11, \qquad \varepsilon = 0,$$

$$E_1 = \frac{33 - 0}{11} = 3, \quad \lambda_1 < \frac{\sqrt{33} + 0}{3} = 1, \quad \varepsilon_1 = 1.3 - 0 = 3,$$

$$E_2 = \frac{33 - 9}{3} = 8, \quad \lambda_2 < \frac{\sqrt{33} + 3}{8} = 1, \quad \varepsilon_2 = 1.8 - 3 = 5,$$

$$E_3 = \frac{33 - 25}{8} = 1, \quad \lambda_3 < \frac{\sqrt{33} + 5}{1} = 10, \quad \varepsilon_3 = 10.1 - 5 = 5,$$

$$E_4 = \frac{33 - 25}{1} = 8, \quad \lambda_4 < \frac{\sqrt{33} + 5}{8} = 1, \quad \varepsilon_4 = 1.8 - 5 = 3,$$

$$E_5 = \frac{33 - 9}{8} = 3, \quad \lambda_5 < \frac{\sqrt{33} + 3}{3} = 2, \quad \varepsilon_5 = 2.3 - 3 = 3.$$

Je m'arrête ici parce que je vois que $E_5 = E_1$ et $\varepsilon_5 = \varepsilon_1$; de sorte que j'aurai dans ce cas $\mu = 1$ et $\nu = 4$, et par conséquent

$$x = 1 + \cfrac{1}{1 + \cfrac{1}{10 + \cfrac{1}{1 + \cfrac{1}{2 + \cfrac{1}{1 + \cfrac{1}{10 + \ldots}}}}}}$$

63. Telle est donc la fraction continue qui exprime la valeur de $\sqrt{\frac{11}{3}}$; mais, si l'on veut trouver les fractions convergentes vers cette valeur, on fera, dans les formules du n° 60, $\mu = 1$, $\nu = 4$, et comme ϖ doit être < 4, on fera successivement $\varpi = 0, 1, 2, 3$.

On aura donc [formule (A), n° 47]

$$l_\mu = l_1 = \lambda_1 = 1, \quad l_{\mu-1} = l = 1, \quad \varepsilon_\mu = \varepsilon_1 = 3, \quad E_{\mu+1} = E_2 = 8;$$

donc (n° 60)

$$f_\mu = \frac{1.3}{8} + 1 = \frac{11}{8},$$

on trouvera de même

$$L_\mu = 1, \quad F_\mu = \frac{3}{8}.$$

Ensuite on calculera les valeurs de H, $H_1, \ldots$, jusqu'à $H_\nu = H_4$, par les formules (C) du n° 48, et l'on trouvera

$$\begin{aligned} H &= 0, \\ H_1 &= 1, \\ H_2 &= \lambda_3 H_1 = 10, \\ H_3 &= \lambda_4 H_2 + H_1 = 11, \\ H_4 &= \lambda_5 H_3 + H_2 = 32, \end{aligned}$$

d'où

$$H_\nu = 32, \quad H_{\nu-1} = 11,$$

et de là

$$K_\nu = \frac{32.3}{8} + 11 = 23.$$

Maintenant :

1° Soit $\varpi = 0$, on aura

$$H_\varpi = 0 \quad \text{et} \quad H_{\varpi-1} = 1,$$

car il est facile de voir, par la nature des formules (C), que le terme qui précéderait H serait nécessairement $= 1$; en effet, on doit avoir par l'analogie

$$H_1 = \lambda_{\mu+1} H + H_{-1};$$

on prouverait de même que le terme qui précéderait h serait $= 0$. Donc

$$G_\varpi = E_{\mu+1} = 8.$$

2° Soit $\varpi = 1$; on aura

$$H_\varpi = 1, \quad H_{\varpi-1} = 0;$$

donc

$$G_\varpi = \varepsilon_{\mu+1} = \varepsilon_2 = 5.$$

3° Soit $\varpi = 2$; donc

$$H_\varpi = 10, \quad H_{\varpi-1} = 1, \quad G_\varpi = 10\varepsilon_{\mu+2} + 1, \quad E_{\mu+3} = 10\varepsilon_3 + E_4 = 58.$$

4° Soit $\varpi = 3$; donc

$$H_\varpi = 11, \quad H_{\varpi-1} = 10, \quad \text{et} \quad G_\varpi = 11\,\varepsilon_4 + 10\,E_5 = 63.$$

Donc, substituant ces valeurs dans les expressions de l_ρ et L_ρ du n° 60, et multipliant ensemble, pour plus de simplicité, les deux facteurs

$$f_\mu \pm \frac{l_\mu \sqrt{B}}{E_{\mu+1}}, \quad G_\varpi \pm H_\varpi \sqrt{B},$$

comme aussi les deux

$$F_\mu \pm \frac{L_\mu \sqrt{B}}{E_{\mu+1}}, \quad G_\varpi \pm H_\varpi \sqrt{B},$$

ce qui donne ces facteurs simples

$$f_\mu G_\varpi + \frac{l_\mu H_\varpi B}{E_{\mu+1}} \pm \left(f_\mu H_\varpi + \frac{l_\mu G_\varpi}{E_{\mu+1}} \right) \sqrt{B},$$

$$F_\mu G_\varpi + \frac{L_\mu H_\varpi B}{E_{\mu+1}} \pm \left(F_\mu H_\varpi + \frac{L_\mu G_\varpi}{E_{\mu+1}} \right) \sqrt{B},$$

on aura les formules suivantes

$$l_{4n+1} = \frac{(11 + \sqrt{33})(23 + 4\sqrt{33})^n - (11 - \sqrt{33})(23 - 4\sqrt{33})^n}{2\sqrt{33}},$$

$$L_{4n+1} = \frac{(3 + \sqrt{33})(23 + 4\sqrt{33})^n - (3 - \sqrt{33})(23 - 4\sqrt{33})^n}{2\sqrt{33}},$$

$$l_{4n+2} = \frac{(11 + 2\sqrt{33})(23 + 4\sqrt{33})^n - (11 - 2\sqrt{33})(23 - 4\sqrt{33})^n}{2\sqrt{33}},$$

$$L_{4n+2} = \frac{(6 + \sqrt{33})(23 + 4\sqrt{33})^n - (6 - \sqrt{33})(23 - 4\sqrt{33})^n}{2\sqrt{33}},$$

$$l_{4n+3} = \frac{(121 + 21\sqrt{33})(23 + 4\sqrt{33})^n - (121 - 21\sqrt{33})(23 - 4\sqrt{33})^n}{2\sqrt{33}},$$

$$L_{4n+3} = \frac{(63 + 11\sqrt{33})(23 + 4\sqrt{33})^n - (63 - 11\sqrt{33})(23 - 4\sqrt{33})^n}{2\sqrt{33}},$$

$$l_{4n+4} = \frac{(132 + 23\sqrt{33})(23 + 4\sqrt{33})^n - (132 - 23\sqrt{33})(23 - 4\sqrt{33})^n}{2\sqrt{33}},$$

$$L_{4n+4} = \frac{(69 + 12\sqrt{33})(23 + 4\sqrt{33})^n - (69 - 12\sqrt{33})(23 - 4\sqrt{33})^n}{2\sqrt{33}},$$

au moyen desquelles on pourra trouver la valeur de chacune des fractions $\frac{l_1}{L_1}$, $\frac{l_2}{L_2}$, $\frac{l_3}{L_3}$, ... convergentes vers la racine de $\frac{11}{3}$.

Ainsi, faisant d'abord $n = 0$, on aura les quatre premières fractions; faisant ensuite $n = 1$, on aura les quatre suivantes, et ainsi de suite; et ces fractions seront

$$\frac{1}{1},\ \frac{2}{1},\ \frac{21}{11},\ \frac{23}{12},\ \frac{67}{35},\ \frac{90}{47},\ \frac{967}{505},\ \frac{1057}{552},\ \ldots,$$

Si l'on voulait avoir, par exemple, le cinquantième terme de cette série, c'est-à-dire la fraction $\frac{l_{50}}{L_{50}}$, il n'y aurait qu'à diviser 50 par 4, ce qui donne 12 de quotient et 2 de reste, et l'on ferait $n = 12$; de sorte qu'en développant la puissance douzième de $23 \pm 4\sqrt{33}$, et faisant, pour abréger,

$$\begin{aligned} M = {} & (23)^{12} + 66.33(4)^2(23)^{10} + 495(33)^2(4)^4(23)^8 + 924(33)^3(4)^6(23)^6 \\ & + 495(33)^4(4)^8(23)^4 + 66(33)^5(4)^{10}(23)^2 + (33)^6(4)^{12}, \end{aligned}$$

$$\begin{aligned} N = {} & 12.4(23)^{11} + 220(33)(4)^3(23)^9 + 792(33)^2(4)^5(23)^7 \\ & + 792(33)^3(4)^7(23)^5 + 220(33)^4(4)^9(23)^3 + 12(33)^5(4)^{11}23, \end{aligned}$$

on aura

$$(23 \pm 4\sqrt{33})^n = M \pm N\sqrt{33};$$

donc, substituant cette valeur dans les expressions de l_{4n+2} et L_{4n+2}, on aura, pour la fraction cherchée,

$$\frac{2M + 11N}{M + 6N}.$$

64. Je vais terminer cette Remarque par une observation qui me paraît digne d'attention. Lorsque l'équation proposée a des diviseurs commensurables du premier degré, alors les fractions continues qui représenteront les racines de ces diviseurs seront nécessairement terminées; et lorsque l'équation aura des diviseurs commensurables du second

degré à racines réelles, alors les fractions continues qui exprimeront les racines de ces diviseurs seront nécessairement périodiques. Ainsi, la méthode des fractions continues a non-seulement l'avantage de donner toujours les valeurs rationnelles les plus approchantes qu'il est possible de la racine cherchée, mais elle a encore celui de donner tous les diviseurs commensurables du premier et du second degré que l'équation proposée peut renfermer. Il serait à souhaiter que l'on pût trouver aussi quelque caractère qui pût servir à faire reconnaître les diviseurs commensurables du troisième, quatrième, ... degré, lorsqu'il y en a dans l'équation proposée; c'est du moins une recherche qui me paraît très-digne d'occuper les Géomètres.

ARTICLE III.

Généralisation de la théorie des fractions continues.

65. Nous avons supposé, dans le Chapitre III, que les nombres p, q, r, ... étaient les valeurs entières approchées des racines x, y, z, ..., mais plus petites que ces racines; c'est-à-dire que p, q, r, ... étaient les nombres entiers immédiatement plus petits que les valeurs de x, y, z, ...; cependant il est clair que rien n'empêcherait qu'on ne prît pour p, q, r, ... les nombres entiers qui seraient immédiatement plus grands que les racines x, y, z, ...

66. Imaginons donc qu'on prenne pour p le nombre entier qui est immédiatement plus grand que x, en sorte que $p > x$ et $p - 1 < x$, il est clair qu'il faudra faire, dans ce cas, $x = p - \frac{1}{y}$, c'est-à-dire qu'il faudra prendre y négativement, et comme $x < p$ et $> p - 1$, on aura $\frac{1}{y} > 0$ et < 1, et par conséquent $y > 1$, comme dans le cas où l'on aurait pris $p < x$ (n° 18). Ainsi l'on pourra prendre de nouveau pour q le nombre entier qui serait immédiatement plus petit que y, ou celui qui serait immédiatement plus grand, et l'on fera, dans le premier cas, $y = q + \frac{1}{z}$, et, dans le second, $y = q - \frac{1}{z}$, et ainsi de suite.

De cette manière, on aurait donc

$$x = p \pm \frac{1}{y}, \quad y = q \pm \frac{1}{z}, \quad z = r \pm \frac{1}{u}, \quad \ldots,$$

ce qui donnerait la fraction continue

$$x = p \pm \cfrac{1}{q \pm \cfrac{1}{r \pm \cfrac{1}{s \pm \ldots}}},$$

où il est bon de remarquer que chacun des dénominateurs q, r, ..., qui sera suivi d'un signe $-$, devra nécessairement être $= 2$ ou > 2; car puisque $y > 1$, si l'on fait $y = q - \frac{1}{z}$, on aura $q - \frac{1}{z} > 1$, donc $q > 1 + \frac{1}{z}$; donc q devant être un nombre entier sera nécessairement $= 2$ ou > 2, et ainsi des autres.

67. J'observe maintenant que ces sortes de fractions qui procèdent ainsi par addition et par soustraction peuvent toujours facilement se changer en d'autres qui ne soient formées que par la simple addition.

En effet, supposons en général

$$a - \frac{1}{t} = A + \frac{1}{T},$$

a et A devant être des nombres entiers, et t, T des nombres plus grands que l'unité; on aura donc

$$a - A = \frac{1}{t} + \frac{1}{T};$$

donc, puisque $\frac{1}{t} < 1$ et $\frac{1}{T} < 1$,

$$\frac{1}{t} + \frac{1}{T} \quad \text{sera} \quad < 2;$$

donc on ne pourra supposer que $a - A = 1$, ce qui donne $A = a - 1$; on aura donc

$$a - \frac{1}{t} = a - 1 + \frac{1}{T};$$

donc

$$\frac{1}{T} = 1 - \frac{1}{t}, \quad \text{et} \quad T = \frac{t}{t-1} = 1 + \frac{1}{t-1};$$

de sorte qu'on aura en général

$$a - \frac{1}{t} = a - 1 + \cfrac{1}{1 + \cfrac{1}{t-1}},$$

et cette formule servira pour faire disparaître tous les signes — dans une fraction continue quelconque.

Soit, par exemple, la fraction

$$p - \cfrac{1}{q + \cfrac{1}{r + \ldots}};$$

elle deviendra, en faisant $a = p$ et $t = q + \frac{1}{r}, \ldots,$

$$p - 1 + \cfrac{1}{1 + \cfrac{1}{q - 1 + \cfrac{1}{r + \ldots}}},$$

et si l'on avait la fraction

$$p - \cfrac{1}{q - \cfrac{1}{r - \ldots}},$$

elle se changerait d'abord en

$$p - 1 + \cfrac{1}{1 + \cfrac{1}{q - 1 - \cfrac{1}{r - \ldots}}},$$

et ensuite en

$$p - 1 + \cfrac{1}{1 + \cfrac{1}{q - 2 + \cfrac{1}{1 + \cfrac{1}{r - 1 + \ldots}}}},$$

et ainsi des autres fractions semblables. Il est bon de remarquer qu'il peut arriver que dans ces sortes de transformations quelqu'un des dénominateurs devienne nul, auquel cas la fraction deviendra plus simple.

En effet, supposons que la fraction à réduire soit

$$p - \cfrac{1}{1 + \cfrac{1}{r + \dots}},$$

la transformée sera

$$p - 1 + \cfrac{1}{1 + \cfrac{1}{0 + \cfrac{1}{r + \dots}}},$$

c'est-à-dire

$$p - 1 + \frac{1}{1 + r + \dots}.$$

De même, si l'on avait la fraction

$$p - \cfrac{1}{2 - \cfrac{1}{r + \dots}},$$

elle se réduirait à celle-ci

$$p - 1 + \cfrac{1}{1 + \cfrac{1}{0 + \cfrac{1}{1 + \cfrac{1}{r - 1 + \dots}}}},$$

savoir

$$p - 1 + \cfrac{1}{2 + \cfrac{1}{r - 1 + \dots}},$$

et ainsi du reste.

68. La formule que nous avons trouvée ci-dessus, et qu'on peut mettre sous cette forme

$$a + \cfrac{1}{1 + \cfrac{1}{t}} = a + 1 - \frac{1}{t + 1},$$

fait voir qu'une fraction continue dont tous les termes ont le signe + peut quelquefois être simplifiée en y introduisant des signes —; c'est ce qui a lieu lorsqu'il y a des dénominateurs égaux à l'unité; car soit, par exemple, la fraction

$$p+\cfrac{1}{1+\cfrac{1}{r+\dots}},$$

elle pourra se réduire, par la formule précédente, à celle-ci,

$$p+1-\cfrac{1}{r+1+\dots},$$

qui a, comme on voit, un terme de moins; donc, si l'on avait la fraction

$$p+\cfrac{1}{1+\cfrac{1}{1+\cfrac{1}{s+\dots}}},$$

elle se réduirait à celle-ci

$$p+1-\cfrac{1}{2+\cfrac{1}{s+\dots}};$$

et si l'on avait celle-ci

$$p+\cfrac{1}{1+\cfrac{1}{1+\cfrac{1}{1+\cfrac{1}{s+\dots}}}},$$

elle se réduirait d'abord à

$$p+1-\cfrac{1}{2+\cfrac{1}{1+\cfrac{1}{s+\dots}}},$$

et ensuite à

$$p+1-\cfrac{1}{3-\cfrac{1}{s+1+\ldots}}$$

D'où il est facile de conclure en général que, si l'on a une fraction continue qui n'ait que des signes $+$, et où il y ait des dénominateurs égaux à l'unité, on pourra toujours la changer en une autre qui ait autant de termes de moins qu'il y aura de pareils dénominateurs, pourvu qu'ils ne se suivent pas immédiatement; car, lorsqu'il y en aura deux de suite, on ne pourra faire disparaître qu'un seul terme; lorsqu'il y en aura trois de suite, on pourra faire disparaître deux termes; et en général, s'il y en a $2n$ ou $2n+1$ de suite, on ne pourra faire disparaître que n ou $n+1$ termes.

Ainsi, la fraction continue qui exprime le rapport de la circonférence au diamètre étant, comme on sait,

$$3+\cfrac{1}{7+\cfrac{1}{15+\cfrac{1}{1+\cfrac{1}{292+\cfrac{1}{1+\cfrac{1}{1+\cfrac{1}{1+\cfrac{1}{2+\ldots}}}}}}}},$$

elle peut se réduire à une autre qui ait déjà trois termes de moins, et qui sera

$$3+\cfrac{1}{7+\cfrac{1}{16-\cfrac{1}{294-\cfrac{1}{3-\cfrac{1}{3+\ldots}}}}}$$

69. Pour pouvoir comprendre sous une même forme générale les fractions continues où les signes sont tous positifs et celles où il y a

des signes négatifs, il est bon de transformer ces dernières en sorte que les signes négatifs n'affectent que les dénominateurs, ce qui est très-facile; car ayant, par exemple, la fraction

$$p - \cfrac{1}{q + \cfrac{1}{r - \cfrac{1}{s + \ldots}}},$$

il est clair qu'elle peut d'abord se changer en

$$p + \cfrac{1}{-q - \cfrac{1}{r - \cfrac{1}{s + \ldots}}},$$

ensuite en celle-ci

$$p + \cfrac{1}{-q + \cfrac{1}{-r + \cfrac{1}{s + \ldots}}},$$

et ainsi des autres.

De cette manière, la forme générale des fractions continues dont nous venons de parler ci-dessus sera

$$p + \cfrac{1}{q + \cfrac{1}{r + \ldots}},$$

les nombres $p, q, r, \ldots$ étant tous entiers, mais pouvant être positifs ou négatifs, au lieu que jusqu'ici nous les avions toujours supposés positifs.

Il faut cependant remarquer que, si quelqu'un des dénominateurs $q, r, \ldots$ se trouve égal à l'unité prise positivement ou négativement, alors le dénominateur suivant devra être de même signe; c'est ce qui suit de ce qu'un dénominateur positif et égal à l'unité ne saurait jamais être suivi du signe $-$ (n° 68).

70. Il s'ensuit de là que la méthode d'approximation donnée dans le Chapitre III peut être généralisée en cette sorte :

Soit x la racine cherchée ; on prendra d'abord pour p la valeur entière approchée de x, c'est-à-dire qu'on fera p égal à l'un des deux nombres entiers entre lesquels tombe la vraie valeur de x, et qu'on peut toujours trouver par la méthode du Chapitre Ier ; et l'on supposera ensuite

$$x = p + \frac{1}{y},$$

ce qui donnera une transformée en y qui aura nécessairement une racine positive ou négative plus grande que l'unité ; on prendra de même pour q la valeur entière approchée de y, soit plus grande ou plus petite que y, et l'on fera

$$y = q + \frac{1}{z},$$

et ainsi de suite.

Si l'équation en x avait plusieurs racines, on ferait sur les transformées en y, en z, ..., des remarques analogues à celles du n° 19.

Ayant donc

$$x = p + \frac{1}{y}, \quad y = q + \frac{1}{z}, \quad z = r + \frac{1}{u}, \quad \ldots,$$

on aura

$$x = p + \cfrac{1}{q + \cfrac{1}{r + \ldots}},$$

où les dénominateurs q, r, ... pourront être positifs ou négatifs, comme nous l'avons supposé ci-dessus, et cette fraction pourra ensuite se réduire, si l'on veut, à une autre dont les dénominateurs soient tous positifs, et qui ne contiennent d'ailleurs que des signes + (n° 67).

L'avantage de la méthode que nous proposons ici consiste en ce qu'on est libre de prendre pour les nombres p, q, r, ... les nombres entiers qui sont immédiatement plus grands ou plus petits que les racines x, y, z, ..., ce qui pourra souvent donner lieu à des abrégés de calcul dont nous parlerons plus bas.

Au reste, si l'on veut avoir la fraction continue la plus courte et par conséquent la plus convergente qu'il soit possible, il faudra prendre toujours les nombres p, q, r, ... plus petits que les racines x, y, z, ..., tant que ces nombres seront différents de l'unité; mais, dès qu'on en trouvera un égal à l'unité, alors il faudra augmenter le précédent d'une unité, c'est-à-dire qu'on le prendra plus grand que la racine correspondante : cela suit évidemment de ce que nous avons démontré sur ce sujet (n° **68**).

71. Maintenant, si l'on fait, comme dans le n° **23**,

$$\begin{array}{ll} \alpha = p, & \alpha' = 1, \\ \beta = \alpha q + 1, & \beta' = \alpha' q, \\ \gamma = \beta r + \alpha, & \gamma' = \beta' r + \alpha', \\ \delta = \gamma s + \beta, & \delta' = \gamma' s + \beta', \\ \dots\dots\dots\dots, & \dots\dots\dots\dots, \end{array}$$

on aura, en ajoutant au commencement la fraction $\frac{1}{0}$, qui est plus grande que toute quantité donnée, les fractions

$$\frac{1}{0}, \quad \frac{\alpha}{\alpha'}, \quad \frac{\beta}{\beta'}, \quad \frac{\gamma}{\gamma'}, \quad \frac{\delta}{\delta'}, \quad \dots,$$

lesquelles seront nécessairement convergentes vers la valeur de x.

Et, pour pouvoir juger de la nature de ces fractions, nous remarquerons :

1° Que l'on aura toujours

$$\begin{aligned} \alpha 0 - 1\alpha' &= -1, \\ \beta\alpha' - \alpha\beta' &= 1, \\ \gamma\beta' - \beta\gamma' &= -1, \\ \delta\gamma' - \gamma\delta' &= 1, \\ \dots\dots\dots&\dots\dots, \end{aligned}$$

d'où l'on voit que les nombres α, α', β, β', ... n'auront aucun diviseur commun, et que par conséquent les fractions $\frac{\alpha}{\alpha'}$, $\frac{\beta}{\beta'}$, ... seront déjà réduites à leurs moindres termes;

2° Que les nombres $\alpha, \beta, \gamma, \ldots$ et $\alpha', \beta', \gamma', \ldots$ pourront être positifs ou négatifs (lorsque la valeur de x est positive, les deux termes de chaque fraction seront de même signe, mais ils seront de signes différents lorsque la valeur de x sera négative), et qu'abstraction faite de leurs signes ces nombres iront en augmentant;

3° Que l'on aura, à cause de $x = p + \frac{1}{y}$, $y = q + \frac{1}{z}$, ...,

$$x = \frac{\alpha y + 1}{\alpha' y},$$

$$x = \frac{\beta z + \alpha}{\beta' z + \alpha'},$$

$$x = \frac{\gamma u + \beta}{\gamma' u + \beta'},$$

$$\ldots\ldots\ldots\ldots$$

72. Donc, en général, si ϖ, ρ, σ sont trois termes consécutifs quelconques de la série $\alpha, \beta, \gamma, \ldots$, et ϖ', ρ', σ' les termes correspondants de la série $\alpha', \beta', \gamma', \ldots$, en sorte que $\frac{\varpi}{\varpi'}$, $\frac{\rho}{\rho'}$, $\frac{\sigma}{\sigma'}$, ... soient trois fractions consécutives convergentes vers la valeur de x, on aura

$$\rho\varpi' - \varpi\rho' = \pm 1, \quad \text{et} \quad \sigma\rho' - \rho\sigma' = \mp 1,$$

les signes supérieurs étant pour le cas où le quantième de la fraction $\frac{\rho}{\rho'}$ est impair, et les inférieurs pour celui où ce quantième est pair, à compter depuis la première fraction $\frac{1}{0}$; de plus, on aura (abstraction faite des signes)

$$\rho > \varpi, \quad \sigma > \rho, \quad \rho' > \varpi', \quad \text{et} \quad \sigma' > \rho';$$

enfin, si l'on dénote par t le terme correspondant dans la série x, y, z, ..., on aura rigoureusement

$$x = \frac{\rho t + \varpi}{\rho' t + \varpi'}.$$

Et si k est la valeur entière approchée de t, soit plus grande ou plus petite que t, on aura

$$\sigma = \rho k + \varpi, \quad \sigma' = \rho' k + \varpi'.$$

73. Cela posé, considérons la fraction $\frac{\rho}{\rho'}$, et voyons combien elle diffère de la vraie valeur de x; pour cela, nous aurons

$$x - \frac{\rho}{\rho'} = \frac{\rho t + \varpi}{\rho' t + \varpi'} - \frac{\rho}{\rho'} = \frac{\rho'\varpi - \rho\varpi'}{\rho'(\rho' t + \varpi')} = \mp \frac{1}{\rho'(\rho' t + \varpi')},$$

donc

$$x = \frac{\rho}{\rho'} \mp \frac{1}{\rho'(\rho' t + \varpi')}.$$

Ainsi l'erreur sera

$$\mp \frac{1}{\rho'(\rho' t + \varpi')};$$

or, si θ et $\theta + 1$ sont les deux nombres entiers entre lesquels tombe la vraie valeur de t, il est clair que la quantité $\rho' t + \varpi'$ tombera entre ces deux $\rho'\theta + \varpi'$ et $\rho'(\theta + 1) + \varpi'$, et qu'ainsi l'erreur de la fraction $\frac{\rho}{\rho'}$ sera renfermée entre ces deux limites

$$\mp \frac{1}{\rho(\rho'\theta + \varpi')} \quad \text{et} \quad \mp \frac{1}{\rho'[\rho'(\theta + 1) + \varpi']}.$$

Or on peut prendre $k = \theta$ ou $k = \theta + 1$; de sorte qu'on aura

$$\sigma' = \rho'\theta + \varpi' \quad \text{ou} \quad = \rho'(\theta + 1) + \varpi',$$

d'où je conclus que si, pour distinguer les deux cas, on nomme σ' le dénominateur de la fraction qui suit $\frac{\rho}{\rho'}$ lorsqu'on prend la valeur approchée de t en défaut, et Σ' le dénominateur de la même fraction lorsqu'on prend la valeur approchée de t en excès, l'erreur de la fraction $\frac{\rho}{\rho'}$ sera nécessairement renfermée entre ces deux limites

$$\mp \frac{1}{\rho'\sigma'} \quad \text{et} \quad \mp \frac{1}{\rho'\Sigma'}.$$

D'où l'on voit que l'erreur ira toujours en diminuant d'une fraction à l'autre, à cause que les dénominateurs ρ', σ' ou Σ', ... vont nécessairement en augmentant. On voit aussi, à cause de $\sigma' > \rho'$ et $\Sigma' > \rho'$, que l'erreur sera toujours moindre que $\mp \frac{1}{\rho'^2}$; c'est-à-dire que l'erreur de chaque fraction sera moindre que l'unité divisée par le carré du dénominateur de cette fraction. D'où il est facile de conclure que la fraction $\frac{\rho}{\rho'}$ approchera plus de la valeur de x que ne pourrait faire aucune autre fraction quelconque qui serait conçue en termes plus simples; car supposons que la fraction $\frac{m}{n}$ approche plus de x que la fraction $\frac{\rho}{\rho'}$, n étant $< \rho'$, et comme la valeur de x est contenue entre $\frac{\rho}{\rho'}$ et $\frac{\rho}{\rho'} + \frac{1}{\rho'^2}$ ou entre $\frac{\rho}{\rho'}$ et $\frac{\rho}{\rho'} - \frac{1}{\rho'^2}$, il faudra que la valeur de $\frac{m}{n}$ soit pareillement contenue entre ces limites; donc la différence entre $\frac{\rho}{\rho'}$ et $\frac{m}{n}$ devra être $< \frac{1}{\rho'^2}$; mais cette différence est $\frac{n\rho' - m\rho'}{\rho' n}$, dont le numérateur ne peut jamais être moindre que l'unité, et dont le dénominateur sera nécessairement plus grand que ρ'^2, à cause de $\rho' > n$; donc, etc.

74. On doit remarquer au reste que, si les dénominateurs α', β', γ', ... sont tous de même signe ou de signes alternatifs, les erreurs seront alternativement positives ou négatives, de sorte que les fractions $\frac{\alpha}{\alpha'}$, $\frac{\beta}{\beta'}$, $\frac{\gamma}{\gamma'}$, ... seront alternativement plus petites et plus grandes que la véritable valeur de x, comme nous l'avons dit dans le n° 23; mais cela cessera d'avoir lieu lorsque les nombres α', β', γ', ... ne seront pas deux à deux de même signe ou de signes différents; c'est ce qui arrivera nécessairement lorsque, parmi les dénominateurs q, r, s, ... de la fraction continue, il y en aura de positifs et de négatifs, c'est-à-dire lorsqu'on prendra les valeurs approchées de x, y, z, ..., tantôt plus grandes, tantôt plus petites que les véritables.

75. Si, au lieu des fractions convergentes $\frac{\alpha}{\alpha'}$, $\frac{\beta}{\beta'}$, $\frac{\gamma}{\gamma'}$, ..., on aimait

mieux avoir une suite de termes décroissants, on remarquerait que

$$\frac{\beta}{\beta'}-\frac{\alpha}{\alpha'}=\frac{\beta\alpha'-\alpha\beta'}{\alpha'\beta'}=\frac{1}{\alpha'\beta'},$$

et, de même,

$$\frac{\gamma}{\gamma'}-\frac{\beta}{\beta'}=-\frac{1}{\beta'\gamma'},\quad \frac{\delta}{\delta'}-\frac{\gamma}{\gamma'}=\frac{1}{\gamma'\delta'},$$

et ainsi de suite; d'où l'on tire, à cause de $\alpha'=1$,

$$\frac{\beta}{\beta'}=\alpha+\frac{1}{\alpha'\beta'},$$

$$\frac{\gamma}{\gamma'}=\alpha+\frac{1}{\alpha'\beta'}-\frac{1}{\beta'\gamma'},$$

$$\frac{\delta}{\delta'}=\alpha+\frac{1}{\alpha'\beta'}-\frac{1}{\beta'\gamma'}+\frac{1}{\gamma'\delta'},$$

et en général

$$\frac{\rho}{\rho'}=\alpha+\frac{1}{\alpha'\beta'}-\frac{1}{\beta'\gamma'}+\frac{1}{\gamma'\delta'}-\ldots\pm\frac{1}{\varpi'\rho'}.$$

Ainsi l'on aura, pour la valeur de x, la série

$$\alpha+\frac{1}{\alpha'\beta'}-\frac{1}{\beta'\gamma'}+\ldots,$$

laquelle en approchera d'autant plus qu'elle sera poussée plus loin; et si, après avoir continué cette série jusqu'à un terme quelconque $\pm\frac{1}{\varpi'\rho'}$, on veut savoir de combien elle diffère encore de la véritable valeur de x, on sera assuré que l'erreur se trouvera entre ces deux limites $\mp\frac{1}{\rho'\sigma'}$ et $\mp\frac{1}{\rho'\Sigma'}$ (n° 73), de sorte qu'elle sera nécessairement moindre que $\frac{1}{\rho'^2}$.

76. Il est à remarquer que chaque terme de la série

$$\alpha+\frac{1}{\alpha'\beta'}-\frac{1}{\beta'\gamma'}+\ldots$$

répond à chaque terme de la fraction continue

$$p+\cfrac{1}{q+\cfrac{1}{r+\ldots}}$$

d'où elle dérive; de sorte que la série dont nous parlons sera plus ou moins convergente, suivant que cette fraction le sera. Or, nous avons donné plus haut (n° **68**) le moyen de rendre une fraction continue la plus convergente qu'il est possible; donc on pourra avoir aussi la suite la plus convergente qu'il soit possible.

Ainsi, pour avoir une suite qui soit la plus convergente de toutes vers le rapport de la circonférence au diamètre, on prendra la fraction continue qui exprime ce rapport, et, après l'avoir simplifiée comme nous l'avons fait (n° **68**), on la mettra sous la forme suivante

$$3+\cfrac{1}{7+\cfrac{1}{16+\cfrac{1}{-294+\cfrac{1}{3+\cfrac{1}{-3+\ldots}}}}},$$

de sorte qu'on aura

$$p=3,\quad q=7,\quad r=16,\quad s=-294,\quad \ldots;$$

donc on trouvera (n° **71**)

$$\alpha'=1,\quad \beta'=7,\quad \gamma'=7\times16+1=113,\quad \delta'=113\times(-294)+7=-33215,$$
$$\varepsilon'=-33215\times3+113=-99532,\quad \zeta'=-99532\times(-3)-33215=265381,\quad \ldots,$$

de sorte que la série cherchée sera

$$3+\frac{1}{7}-\frac{1}{7\times113}-\frac{1}{113\times33215}-\frac{1}{33215\times99532}-\frac{1}{99532\times265381}\cdots$$

ARTICLE IV.

Où l'on propose différents moyens pour simplifier le calcul des racines par les fractions continues.

77. Nous avons trouvé en général (n° 72) que, si $\frac{\varpi}{\varpi'}$ et $\frac{\rho}{\rho'}$ sont deux fractions consécutives convergentes vers la valeur de x, on aura

$$x = \frac{\rho t + \varpi}{\rho' t + \varpi'};$$

donc si l'on substitue cette expression de x, dans l'équation en x dont on cherche la racine, on aura une transformée en t qui sera nécessairement la même que celle qu'on aurait eue par les substitutions successives de $p + \frac{1}{y}$ à la place de x, de $q + \frac{1}{z}$ à la place de y, ...; et pour avoir la fraction suivante $\frac{\sigma}{\sigma'}$, il faudra trouver la valeur entière approchée de t, laquelle étant nommée k, on aura

$$\sigma = k\rho + \varpi, \quad \sigma' = k\rho' + \varpi'.$$

De cette manière, connaissant les deux premières fractions $\frac{\alpha}{\alpha'}$ et $\frac{\beta}{\beta'}$, qui sont toujours $\frac{1}{0}$ et $\frac{p}{1}$ (n° 71), on pourra trouver successivement toutes les autres à l'aide de la seule équation en x.

78. Au reste, soit qu'on emploie les substitutions successives de $p + \frac{1}{y}$ à la place de x, de $q + \frac{1}{z}$ à la place de y, ..., soit qu'on fasse usage de la substitution générale de $\frac{\rho t + \varpi}{\rho' t + \varpi'}$ à la place de x, la difficulté se réduira toujours à trouver, dans chaque équation transformée, la valeur entière approchée de la racine positive ou négative, au-dessus de l'unité, que cette équation contiendra nécessairement (n° 70). Or, si la première valeur approchée p ne convient qu'à une seule racine, alors toutes les équations transformées en y, en z, ... n'auront chacune

qu'une seule racine plus grande que l'unité, de sorte qu'on pourra trouver les valeurs entières approchées de ces racines par la simple substitution des nombres naturels (n° 19). Mais, si la même valeur appartient à plusieurs racines, alors les transformées auront nécessairement plusieurs racines plus grandes que l'unité, soit positives ou négatives, jusqu'à ce que l'on arrive à une de ces transformées qui n'ait plus qu'une pareille racine; car alors toutes les suivantes n'en auront plus qu'une seule au-dessus de l'unité, comme nous l'avons démontré dans le numéro cité.

Avant d'être parvenu à cette transformée, il arrivera souvent que la simple substitution des nombres naturels ne suffira pas pour faire trouver les valeurs entières approchées dont on aura besoin, parce que l'équation aura des racines qui différeront entre elles par des quantités moindres que l'unité. Dans ce cas donc il semble qu'il faudrait avoir recours à la méthode générale que nous avons donnée dans le Chapitre I; mais, ayant déjà employé cette méthode pour trouver les premières valeurs approchées des racines x de l'équation primitive, on pourra se dispenser de faire un nouveau calcul à chaque équation transformée; c'est ce qu'il est bon de développer.

79. En faisant usage de la méthode dont nous parlons, on trouvera d'abord les limites entre lesquelles chaque racine réelle de l'équation proposée sera renfermée, en sorte qu'entre deux limites trouvées il n'y ait qu'une seule racine (n° 13).

Soient λ et Λ les limites de la racine cherchée; l'expression

$$x = \frac{\rho t + \varpi}{\rho' t + \varpi'}$$

donne

$$t = \frac{\varpi' x - \varpi}{\rho - \rho' x};$$

donc la valeur de t sera renfermée entre les limites

$$\frac{\varpi' \lambda - \varpi}{\rho - \rho' \lambda}, \quad \frac{\varpi' \Lambda - \varpi}{\rho - \rho' \Lambda};$$

par conséquent, si ces dernières limites diffèrent l'une de l'autre moins que de l'unité, on aura sur-le-champ la valeur entière approchée de t; mais, si elles diffèrent l'une de l'autre d'une quantité égale ou plus grande que l'unité, alors ce sera une marque que la racine cherchée t différera des autres racines de l'équation transformée en t par des quantités égales ou plus grandes que l'unité; de sorte qu'on sera sûr de pouvoir trouver la valeur entière approchée de cette racine par la simple substitution des nombres naturels à la place de t; et la même chose aura lieu à plus forte raison dans les transformées suivantes.

80. La formule

$$t = \frac{\varpi' x - \varpi}{\rho - \rho' x}$$

peut être aussi très-utile pour réduire en fraction continue toute quantité x qui sera renfermée entre les limites données, au moins pour trouver les termes de cette fraction qui pourront être donnés par ces limites; car, nommant comme ci-dessus λ et Λ les deux limites de x, on aura

$$\frac{\varpi'\lambda - \varpi}{\rho - \rho'\lambda} \quad \text{et} \quad \frac{\varpi'\Lambda - \varpi}{\rho - \rho'\Lambda}$$

pour celles de t; de sorte que, tant que la différence entre ces dernières limites ne sera pas plus grande que l'unité, on pourra trouver exactement la valeur entière de t; ainsi, prenant $\frac{1}{0}$ et $\frac{p}{1}$ (p étant la valeur entière approchée de x) pour les deux premières fractions, on pourra pousser la suite des fractions convergentes et par conséquent la fraction continue jusqu'à ce que les limites dont nous parlons diffèrent entre elles d'une quantité plus grande que l'unité; alors il faudra s'arrêter, parce que les limites données λ et Λ ne comporteront pas une plus grande exactitude dans la valeur de x.

Par ce moyen, on n'aura jamais à craindre de se tromper en poussant la fraction continue plus loin qu'on ne doit, comme cela arriverait facilement si, pour avoir cette fraction, on se contentait de prendre l'un des nombres λ ou Λ, et d'y pratiquer la même opération dont on se sert pour trouver la plus grande commune mesure, conformément à la manière usitée de réduire les fractions ordinaires en fractions continues.

Pour pouvoir employer cette méthode en toute sûreté, il faudrait faire la même opération sur les deux nombres λ et Λ, et n'admettre ensuite que la partie de la fraction continue qui proviendrait également des deux opérations; mais la méthode précédente paraît plus commode et plus simple.

81. Voyons maintenant d'autres moyens pour simplifier encore la recherche des valeurs entières approchées dans les différentes équations transformées. Soit

$$t^n - at^{n-1} + bt^{n-2} - \ldots = 0$$

une quelconque de ces équations, dans laquelle il s'agit de trouver la valeur entière approchée de t, que nous désignerons en général par k; cette équation, étant dérivée de l'équation proposée en x, sera du même degré que celle-ci, et aura par conséquent le même nombre de racines, que nous supposons égal à n.

Nous avons trouvé en général (n° 79)

$$t = \frac{\varpi' x - \varpi}{\rho - \rho' x},$$

ce qui se réduit à

$$t = \frac{\varpi'}{\rho'} \cdot \frac{x - \frac{\varpi}{\varpi'}}{\frac{\rho}{\rho'} - x} = \frac{\varpi'}{\rho'} \cdot \left(\frac{\frac{\rho}{\rho'} - \frac{\varpi}{\varpi'}}{\frac{\rho}{\rho'} - x} - 1 \right);$$

mais

$$\frac{\rho}{\rho'} - \frac{\varpi}{\varpi'} = \pm \frac{1}{\rho' \varpi'},$$

le signe supérieur étant pour le cas où le quantième de la fraction $\frac{\rho}{\rho'}$ est pair, et l'inférieur pour celui où ce quantième est impair; donc on aura

$$t = \pm \frac{1}{\rho'^2 \left(\frac{\rho}{\rho'} - x \right)} - \frac{\varpi'}{\rho'}.$$

Donc, si l'on dénote par x la racine cherchée, et par $x', x'', \ldots$ les autres racines de l'équation en x qui sont au nombre de n, et qu'on dénote de même par $t, t', t'', \ldots$ les valeurs correspondantes de t, on aura

$$t = \pm \frac{1}{\rho'^2\left(\frac{\rho}{\rho'} - x\right)} - \frac{\varpi'}{\rho'},$$

$$t' = \pm \frac{1}{\rho'^2\left(\frac{\rho}{\rho'} - x'\right)} - \frac{\varpi'}{\rho'},$$

$$t'' = \pm \frac{1}{\rho'^2\left(\frac{\rho}{\rho'} - x''\right)} - \frac{\varpi'}{\rho'},$$

$$\ldots\ldots\ldots\ldots\ldots\ldots\ldots$$

Mais l'équation en t donne

$$a = t + t' + t'' + \ldots;$$

donc, substituant les valeurs de $t', t'', \ldots$ que nous venons de trouver, et qui sont au nombre de $n - 1$, on aura

$$a = t - \frac{(n-1)\varpi'}{\rho'} \pm \frac{1}{\rho'^2}\left(\frac{1}{\frac{\rho}{\rho'} - x'} + \frac{1}{\frac{\rho}{\rho'} - x''} + \frac{1}{\frac{\rho}{\rho'} - x'''} + \ldots\right).$$

Or nous avons trouvé (n° 73)

$$\frac{\rho}{\rho'} = x \pm \frac{1}{\rho'(\rho' t + \varpi')},$$

ou bien, en faisant $\rho' t + \varpi' = \psi\rho'$,

$$\frac{\rho}{\rho'} = x \pm \frac{1}{\psi\rho'^2},$$

où l'on remarquera que, $\rho' t + \varpi'$ étant renfermé entre les limites σ' et Σ' qui sont l'une et l'autre plus grandes que ρ' (n° 72), la quantité ψ sera nécessairement plus grande que l'unité. Donc, faisant cette substitution dans la formule précédente, on aura

$$t = a + \frac{(n-1)\varpi'}{\rho'} \mp \left(\frac{1}{\rho'^2(x - x') \pm \frac{1}{\psi}} + \frac{1}{\rho'^2(x - x'') \pm \frac{1}{\psi}} + \ldots\right).$$

Mais les quantités $x - x'$, $x - x''$, ... sont données, et la quantité ρ' va toujours en augmentant; donc, puisque la fraction $\frac{1}{\psi}$ est toujours moindre que l'unité, il est clair que chacune des quantités

$$\frac{1}{\rho'^2(x - x') \pm \frac{1}{\psi}}, \quad \frac{1}{\rho'^2(x - x'') \pm \frac{1}{\psi}}, \quad \ldots$$

ira nécessairement en diminuant; et que par conséquent la somme de ces quantités qui sont au nombre de $n - 1$ ira en diminuant aussi, de sorte qu'elle deviendra nécessairement moindre que $\frac{1}{2}$.

Donc on parviendra nécessairement à une équation transformée telle que sa racine t sera, à $\frac{1}{2}$ près, égale à

$$a + \frac{(n - 1)\varpi'}{\rho'}$$

(a étant le coefficient du second terme pris négativement), c'est-à-dire que cette racine sera contenue entre les limites

$$a + \frac{(n - 1)\varpi'}{\rho'} + \frac{1}{2} \quad \text{et} \quad a + \frac{(n - 1)\varpi'}{\rho'} - \frac{1}{2},$$

et la même chose aura lieu à plus forte raison pour toutes les transformées suivantes.

Donc, dès qu'on sera parvenu à une pareille transformée, il n'y aura qu'à prendre le nombre entier qui approchera le plus de la quantité

$$a + \frac{(n - 1)\varpi'}{\rho'},$$

c'est-à-dire celui qui sera contenu entre les mêmes limites

$$a + \frac{(n - 1)\varpi'}{\rho'} + \frac{1}{2} \quad \text{et} \quad a + \frac{(n - 1)\varpi'}{\rho'} - \frac{1}{2},$$

et ce nombre sera nécessairement un des deux consécutifs entre lesquels se trouvera la vraie valeur de t; de sorte qu'il pourra être pris en toute sûreté pour la valeur approchée k (n° 77). Ainsi l'on pourra continuer l'approximation aussi loin qu'on voudra sans le moindre tâtonnement.

82. Puisque
$$a = t + t' + t'' + \ldots,$$

en substituant les valeurs de t, t', ... (n° 81), on aura

$$a = \pm \frac{1}{\rho'^2}\left(\frac{1}{\frac{\rho}{\rho'} - x} + \frac{1}{\frac{\rho}{\rho'} - x'} + \frac{1}{\frac{\rho}{\rho'} - x''} + \ldots\right) - \frac{n\varpi'}{\rho}.$$

Or soit
$$x^n - Ax^{n-1} + Bx^{n-2} - \ldots = 0$$

l'équation proposée; qu'on fasse le premier membre de cette équation égal à X, et il est facile de voir par la théorie des équations que la quantité $\frac{1}{X}\frac{dX}{dx}$ deviendra, en y mettant $\frac{\rho}{\rho'}$ à la place de x, après la différentiation,

$$\frac{1}{\frac{\rho}{\rho'} - x} + \frac{1}{\frac{\rho}{\rho'} - x'} + \frac{1}{\frac{\rho}{\rho'} - x''} + \ldots,$$

à cause que x, x', x'', ... sont les différentes racines de l'équation $X = 0$. Donc on aura

$$a = \pm \frac{1}{\rho'^2 X}\frac{dX}{dx} - \frac{n\varpi'}{\rho'},$$

et par conséquent la quantité

$$a + \frac{(n-1)\varpi'}{\rho'}$$

deviendra

$$\pm \frac{1}{\rho'^2 X}\frac{dX}{dx} - \frac{\varpi'}{\rho'}.$$

Donc, si l'on fait

$$R = \frac{n\rho^{n-1} - (n-1)A\rho^{n-2}\rho' + (n-2)B\rho^{n-3}\rho'^2 - \ldots}{\rho^n - A\rho^{n-1}\rho' + B\rho^{n-2}\rho'^2 - \ldots},$$

la quantité dont il s'agit sera

$$\frac{\pm R - \varpi'}{\rho'};$$

par conséquent les limites dont nous avons parlé dans le numéro précédent seront

$$\frac{\pm R - \varpi'}{\rho'} + \frac{1}{2} \quad \text{et} \quad \frac{\pm R - \varpi'}{\rho'} - \frac{1}{2}.$$

Ainsi l'on pourra trouver ces limites indépendamment de l'équation transformée en t, et par le seul moyen de l'équation proposée en x, ce qui pourra servir à abréger le calcul.

83. Il reste maintenant à voir comment on pourra reconnaître si la racine t est renfermée entre les limites dont il s'agit; or cela est facile dès qu'on connaît les deux nombres entiers consécutifs θ, $\theta + 1$ entre lesquels se trouve cette racine : car, soient $\lambda + \frac{1}{2}$ et $\lambda - \frac{1}{2}$ les deux limites données, il est clair que, pour que t se trouve entre ces limites, il faudra que λ tombe entre les mêmes nombres θ, $\theta + 1$, et même plus près de celui de ces deux nombres dont t approchera davantage. On examinera donc : 1° si λ tombe entre θ et $\theta + 1$; 2° cela étant, on prendra celui de ces deux nombres dont λ approche davantage pour la valeur approchée de t, que nous nommerons k, et faisant $t = k + \frac{1}{\omega}$, on verra si l'équation transformée en ω a une racine positive ou négative plus grande que 2; si cette seconde condition a lieu, on sera assuré que la racine t tombera réellement entre les limites $\lambda + \frac{1}{2}$ et $\lambda - \frac{1}{2}$, et l'on pourra poursuivre le calcul comme nous l'avons dit dans le n° 81.

84. On pourrait s'y prendre encore de la manière suivante, pour s'assurer si la racine t tombe entre les limites $\lambda + \frac{1}{2}$ et $\lambda - \frac{1}{2}$. Il est facile de voir par le n° 81 que la difficulté se réduit à savoir si la somme des quantités

$$\frac{1}{\frac{\rho}{\rho'} - x'}, \quad \frac{1}{\frac{\rho}{\rho'} - x''}, \quad \ldots,$$

divisée par ρ'^2, est moindre que $\frac{1}{2}$; ainsi il ne s'agira que de trouver une quantité qui soit plus grande que cette somme, et de voir ensuite si cette quantité est moindre que $\frac{\rho'^2}{2}$.

Or soient x, x', x'', ... les racines réelles de l'équation proposée, que nous supposerons au nombre de μ, et

$$\xi+\psi\sqrt{-1},\quad \xi-\psi\sqrt{-1},\quad \xi'+\psi'\sqrt{-1},\quad \xi'-\psi'\sqrt{-1},\quad \ldots$$

les racines imaginaires, que nous supposerons au nombre de 2ν, en sorte que $\mu+2\nu=n$; comme la fraction $\frac{\rho}{\rho'}$ diffère de la racine x d'une quantité moindre que $\frac{1}{\rho'^2}$ (n° 73), il est clair que si Δ est une quantité égale ou moindre que la plus petite des différences entre les racines réelles de la même équation, chacune des quantités réelles

$$\frac{1}{\frac{\rho}{\rho'}-x'},\quad \frac{1}{\frac{\rho}{\rho'}-x''},\quad \ldots$$

sera nécessairement moindre que

$$\frac{1}{\Delta\pm\frac{1}{\rho'^2}},$$

et par conséquent la somme de ces quantités qui sont au nombre de $\mu-1$ sera moindre que

$$\frac{\mu-1}{\Delta\pm\frac{1}{\rho'^2}}.$$

Considérons ensuite les quantités imaginaires, lesquelles seront deux à deux de la forme

$$\frac{1}{\frac{\rho}{\rho'}-\xi-\psi\sqrt{-1}},\quad \frac{1}{\frac{\rho}{\rho'}-\xi+\psi\sqrt{-1}},$$

de sorte qu'on aura ν quantités de la forme

$$\frac{2\left(\frac{\rho}{\rho'}-\xi\right)}{\left(\frac{\rho}{\rho'}-\xi\right)^2+\psi^2};$$

or je remarque que, quels que soient les nombres $\frac{\rho}{\rho'}$, ξ et ψ, la quantité

$$\frac{2\left(\frac{\rho}{\rho'}-\xi\right)}{\left(\frac{\rho}{\rho'}-\xi\right)^2+\psi^2}$$

sera toujours moindre que $\frac{1}{\psi}$; en effet, si l'on considère la quantité

$$\frac{2y}{y^2+\psi^2},$$

et qu'on fasse, ce qui est toujours possible, $y=\psi\,\text{tang}\,\varphi$, elle deviendra

$$\frac{2\sin\varphi\cos\varphi}{\psi}=\frac{\sin 2\varphi}{\psi};$$

or, la plus grande valeur de $\sin 2\varphi$ est l'unité; donc, etc.

Donc, si l'on dénote par Π une quantité égale ou moindre que la plus petite des quantités ψ, ψ', ..., la quantité $\frac{\nu}{\Pi}$ sera nécessairement plus grande que la somme des quantités imaginaires dont nous parlons.

Donc, en général, la quantité

$$\frac{\mu-1}{\Delta\pm\frac{1}{\rho'^2}}+\frac{\nu}{\Pi}$$

sera plus grande que la somme de toutes les quantités

$$\frac{1}{\frac{\rho}{\rho'}-x'},\quad \frac{1}{\frac{\rho}{\rho'}-x''},\quad \cdots.$$

Donc, si l'on a

$$\frac{\mu-1}{\rho'^2\Delta-1}+\frac{\nu}{\rho'^2\Pi}=\text{ou}<\frac{1}{2},$$

Δ et Π étant prises positivement, on sera sûr que la racine t tombera entre les limites proposées.

Or, pour avoir les nombres Δ et Π, lorsqu'on ne connaît pas d'avance les racines de l'équation proposée, il n'y aura qu'à chercher dans l'équation des différences (D) du n° 8 la limite l des racines positives et la limite $-h$ des racines négatives, et l'on pourra prendre pour Δ un nombre quelconque $=$ ou $< \frac{1}{\sqrt{l}}$, et pour Π un nombre quelconque $=$ ou $< \frac{2}{\sqrt{h}}$; cela suit évidemment de ce que nous avons démontré dans l'endroit cité.

85. Si l'on avait

$$\frac{\mu - 1}{\Delta - 1} + \frac{\nu}{\Pi} < \frac{1}{2},$$

alors la condition requise aurait lieu dès le commencement de la série; de sorte qu'on pourrait approcher de la valeur de x sans aucun tâtonnement; voici le procédé du calcul.

Ayant trouvé la première valeur entière approchée de x, qu'on pourra prendre plus petite ou plus grande que x à volonté, et nommant cette valeur p, on aura les deux premières fractions $\frac{1}{0}$, $\frac{p}{1}$.

1° On fera donc

$$\varpi = 1, \quad \varpi' = 0, \quad \rho = p, \quad \rho' = 1,$$

et, substituant ces valeurs dans l'expression de R (n° 82), on prendra le nombre entier qui approchera le plus de

$$\frac{-R - \varpi'}{\rho'},$$

c'est-à-dire de $-$ R, lequel étant nommé k, on aura la fraction

$$\frac{k\rho + \varpi}{k\rho' + \varpi'} = \frac{kp + 1}{k}.$$

2° On fera

$$\varpi = p, \quad \varpi' = 1, \quad \rho = kp + 1, \quad \rho' = k,$$

et, substituant dans R, on prendra le nombre entier qui approchera le plus de $\frac{R-\varpi'}{\rho'}$, c'est-à-dire de $\frac{R-1}{k}$, et, ce nombre étant nommé k', on aura la fraction

$$\frac{k'\rho+\varpi}{k'\rho'+\varpi'}=\frac{k'(kp+1)+p}{k'k+1}.$$

3° On fera

$$\varpi=kp+1,\quad \varpi'=k,\quad \rho=k'(kp+1)+p,\quad \rho'=k'k+1,$$

et l'on prendra la valeur entière la plus approchée de

$$\frac{-R-\varpi'}{\rho'} \text{ ou } \frac{-R-k'}{kk'+1},$$

laquelle étant nommée k'', on aura la fraction

$$\frac{k''\rho+\varpi}{k''\rho'+\varpi'}=\ldots,$$

et ainsi de suite.

De cette manière, la valeur de x sera exprimée par la fraction continue

$$p+\cfrac{1}{k+\cfrac{1}{k'+\cfrac{1}{k''+\ldots}}},$$

ou par les fractions convergentes

$$\frac{1}{0},\quad \frac{p}{1},\quad \frac{kp+1}{k},\quad \frac{k'(kp+1)+p}{k'k+1},\quad \ldots.$$

86. Si l'on n'a pas d'abord

$$\frac{\mu-1}{\Delta-1}+\frac{\nu}{\Pi}<\frac{1}{2},$$

il n'y aura qu'à chercher la fraction continue par la méthode ordinaire jusqu'à ce que l'on arrive à une fraction dont le dénominateur ρ' soit tel que l'on ait

$$\frac{\mu-1}{\rho'^2\Delta-1}+\frac{\nu}{\rho'^2\Pi}<\frac{1}{2}.$$

ou bien jusqu'à ce que l'on parvienne à une transformée qui soit dans le cas du n° 83.

Au reste, comme, en augmentant toutes les racines d'une équation dans une raison quelconque, on augmente aussi dans la même raison les différences entre ces racines, il est clair que si, dans l'équation proposée, on met $\frac{x}{f}$ à la place de x, ce qui en augmentera les racines en raison de $1:f$, les nombres Δ et Π, qui conviendront à la nouvelle équation, en seront augmentés dans la même raison, et par conséquent deviendront $f\Delta$ et $f\Pi$; donc on pourra faire en sorte que la condition du n° 85 soit vérifiée en donnant à f une valeur telle que

$$\frac{\mu-1}{f\Delta-1}+\frac{\nu}{f\Pi}= \text{ ou } < \frac{1}{2}.$$

Alors on pourra toujours se servir de la méthode du numéro cité pour approcher sans tâtonnement de la valeur cherchée de x; il faudra seulement diviser ensuite cette valeur par f pour avoir la véritable racine de l'équation proposée; il est vrai que, de cette manière, on n'aura plus cette racine exprimée par une simple fraction continue, mais on pourra néanmoins en approcher aussi près qu'on voudra, ce qui suffit pour l'usage ordinaire.

87. Soit l'équation proposée

$$x^n - A = 0,$$

en sorte que l'on demande la racine $n^{\text{ième}}$ du nombre A.

1° Soit n pair et $=2m$; l'équation aura, comme on sait, deux racines réelles, $+\sqrt[n]{A}$ et $-\sqrt[n]{A}$, et $n-2$ racines imaginaires qui seront exprimées ainsi

$$\left(\cos\frac{sc}{n} \pm \sin\frac{sc}{n}\sqrt{-1}\right)\sqrt[n]{A},$$

c étant la circonférence ou l'angle de 360 degrés, et s étant successivement égal à 1, 2, 3, ..., jusqu'à $m-1$; donc on aura dans ce cas (nº 84) $\mu = 2$, $\nu = m - 1$, et l'on pourra prendre

$$\Delta = 2\sqrt[n]{A}, \quad \Pi = \sin\frac{c}{n} \times \sqrt[n]{A},$$

à cause que $\sin\frac{c}{n}$ est le plus petit de tous les $\sin\frac{sc}{n}$; donc la condition du nº 85 aura lieu si

$$\frac{1}{2\sqrt[n]{A} - 1} + \frac{m - 1}{\sin\frac{c}{n} \times \sqrt[n]{A}} = \text{ou} < \frac{1}{2};$$

donc elle aura lieu sûrement toutes les fois qu'on aura

$$A = \text{ou} > \left(\frac{n}{\sin\frac{360^\circ}{n}}\right)^n.$$

2º Soit n impair et $= 2m + 1$: l'équation n'aura qu'une seule racine réelle $\sqrt[n]{A}$, et elle en aura $2m$ imaginaires de la forme

$$\left(\cos\frac{sc}{n} \pm \sin\frac{sc}{n}\sqrt{-1}\right)\sqrt[n]{A},$$

en faisant successivement $s = 1, 2, \ldots$ jusqu'à m; donc on aura dans ce cas $\mu = 1$, $\nu = m$, et, comme le plus petit des $\sin\frac{sc}{n}$ est $\sin\frac{mc}{n}$ ou $\sin\frac{180^\circ}{n}$, à cause de $n = 2m + 1$, on pourra prendre

$$\Pi = \sin\frac{180^\circ}{n} \times \sqrt[n]{A};$$

de sorte que la condition du numéro cité aura lieu si

$$\frac{m}{\sin\frac{180^\circ}{n} \times \sqrt[n]{A}} = \text{ou} < \frac{1}{2},$$

c'est-à-dire si l'on a

$$A = \text{ou} > \left(\frac{n - 1}{\sin\frac{180^\circ}{n}}\right)^n.$$

Donc, lorsque le nombre A ne sera pas au-dessous des limites que nous venons de trouver, on pourra toujours, en faisant usage de la méthode du n° 85, trouver directement et sans tâtonnement la racine $n^{\text{ième}}$ de ce nombre; et, s'il est plus petit que ces limites, on pourra toujours le rendre plus grand en le multipliant par un nombre quelconque qui soit une puissance exacte du même exposant n; en sorte qu'après avoir trouvé la racine de ce nombre composé, il n'y aura plus qu'à la diviser par celle de son multiplicateur pour avoir la racine cherchée de A.

Quant à la valeur de R (n° 83), elle sera, pour l'équation $x^n - A = 0$,

$$R = \frac{n\rho^{n-1}}{\rho^n - A\rho'^n}.$$

88. Puisque le cas de $n = 2$ peut se résoudre par la méthode de l'article II ci-dessus, nous en ferons abstraction ici. Soient donc

1° $n = 4$, on aura $\sin\frac{360°}{4} = 1$,

donc

$$A = \text{ou} > 4^4;$$

2° $n = 6$, on aura $\sin\frac{360°}{6} = \frac{\sqrt{3}}{2}$,

donc

$$A = \text{ou} > 3^3.4^6;$$

3° $n = 8$, on aura $\sin\frac{360°}{8} = \frac{\sqrt{2}}{2}$,

donc

$$A = \text{ou} > 2^4.4^8;$$

et ainsi de suite.

De même, si l'on fait

1° $n = 3$, on aura $\sin\frac{180°}{3} = \frac{\sqrt{3}}{2}$,

donc

$$A = \text{ou} > \frac{4^3}{3\sqrt{3}};$$

2° $n = 5$, on aura $\sin\frac{180°}{5} = \sin 36°$,

et, faisant le calcul par les logarithmes, on trouvera

$$A = \text{ou} > 14595,$$

et ainsi de suite.

89. Supposons, par exemple, qu'on demande la racine cubique de 17; puisque 17 est $> \frac{4^3}{3\sqrt{3}}$, à cause de $3\sqrt{3} > 4$, on pourra employer d'abord la méthode du n° 85. On aura donc ici, à cause de $n = 3$ et $A = 17$ (n° 87),

$$R = \frac{3\rho^2}{\rho^3 - 17\rho'^3}.$$

Or, le nombre entier le plus proche de $\sqrt[3]{17}$ est 2 ou 3, de sorte qu'on pourra faire à volonté $p = 2$ ou $p = 3$.

Faisons $p = 2$, et les premières fractions seront $\frac{1}{0}$, $\frac{2}{1}$; donc :

1° $\qquad \varpi = 1, \quad \varpi' = 0, \quad \rho = 2, \quad \rho' = 1;$

donc

$$R = \frac{3.4}{8 - 17} = -\frac{4}{3},$$

et le nombre entier qui approche le plus de

$$\frac{-R - \varpi'}{\rho'} = \frac{4}{3}$$

sera 1; donc $k = 1$, ce qui donne la fraction

$$\frac{kp + 1}{k} = \frac{3}{1}.$$

2° $\qquad \varpi = 2, \quad \varpi' = 1, \quad \rho = 3, \quad \rho' = 1;$

donc

$$R = \frac{3.9}{10} \quad \text{et} \quad \frac{R - \varpi'}{\rho'} = \frac{17}{10};$$

le nombre entier qui approche le plus de $\frac{17}{10}$ étant 2, on fera $k' = 2$, ce qui donnera la fraction

$$\frac{k'\rho + \varpi}{k'\rho' + \varpi'} = \frac{8}{3}.$$

3° $\varpi = 2, \quad \varpi' = 1, \quad \rho = 8, \quad \rho' = 3;$

donc

$$R = \frac{3.8^2}{8^3 - 17.3^3} = \frac{192}{53}$$

et

$$\frac{-R - \varpi'}{\rho'} = -\frac{241}{159},$$

le nombre entier qui approchera le plus de cette fraction sera -2; donc $k'' = -2$, et la fraction $\frac{k''\rho + \varpi}{k''\rho' + \varpi'}$ sera $\frac{-13}{-5}$; etc.

De cette manière on aura les fractions convergentes vers $\sqrt[3]{17}$

$$\frac{1}{0}, \quad \frac{2}{1}, \quad \frac{3}{1}, \quad \frac{8}{3}, \quad \frac{-13}{-5}, \quad \ldots,$$

et la fraction continue sera

$$2 + \cfrac{1}{1 + \cfrac{1}{2 + \cfrac{1}{-2 + \ldots}}}$$

NOTES

SUR

LA THÉORIE DES ÉQUATIONS ALGÉBRIQUES.

NOTE I.

SUR LA DÉMONSTRATION DU THÉORÈME I.

Les deux théorèmes du Chapitre I sont la base de toute la théorie des équations et doivent être démontrés d'une manière rigoureuse, et sans rien emprunter de cette même théorie. La démonstration que j'ai donnée du premier théorème (n° 1) est tirée de la considération des facteurs de l'équation, et pourrait laisser des doutes relativement aux facteurs imaginaires. Il est vrai qu'en supposant connu le théorème sur la forme des racines imaginaires, on est sûr que le produit de deux facteurs imaginaires correspondants est toujours une quantité essentiellement positive, quelque valeur qu'on donne à x, d'où il suit que la différence des signes dans les résultats des substitutions de p et q à la place de x ne peut venir que des racines réelles. Mais on doit observer que la démonstration rigoureuse de ce théorème dépend elle-même du théorème qu'il s'agit de démontrer, de sorte qu'on ne peut l'employer dans la démonstration de celui-ci. Pour éviter toute difficulté, j'ai cherché à démontrer ce théorème par la nature même de l'équation, indépendamment d'aucune de ses propriétés.

Représentons, en général, l'équation proposée par

$$P - Q = o,$$

P étant la somme de tous les termes qui ont le signe $+$, et $-$ Q la somme de tous ceux qui ont le signe $-$. Supposons d'abord que les deux nombres p et q soient positifs et que q soit plus grand que p; si, en faisant $x = p$, on a $P - Q < o$, et, en faisant $x = q$, on a $P - Q > o$, il est clair que dans le premier cas P sera $< Q$, et que dans le second P sera $> Q$. Or, par la forme des quantités P et Q, qui ne contiennent que des termes positifs et des puissances entières et positives, il est évident que ces quantités augmentent nécessairement à mesure que x augmente et que, en faisant augmenter x par tous les degrés insensibles depuis p jusqu'à q, elles augmenteront aussi par des degrés insensibles, mais de manière que P augmentera plus que Q, puisque de plus petite qu'elle était elle devient la plus grande. Donc il y aura nécessairement un terme entre les deux valeurs p et q, où P égalera Q, comme deux mobiles qu'on suppose parcourir une même ligne dans le même sens, et qui, partant à la fois de deux points différents, arrivent en même temps à deux autres points, mais de manière que celui qui était d'abord en arrière se trouve ensuite plus avancé que l'autre, doivent nécessairement se rencontrer dans leur chemin. Cette valeur de x, qui rendra P égal à Q, sera donc une des racines de l'équation et tombera entre les valeurs p et q. De même, si, en faisant $x = p$, on avait $P - Q > o$, et, en faisant $x = q$, on avait $P - Q < o$, on aurait dans le premier cas $Q < P$, et dans le second $Q > P$; et, en faisant augmenter x depuis p jusqu'à q, la quantité Q augmentera plus que la quantité P et l'égalera dans un point entre p et q.

Si les deux nombres p et q étaient négatifs ou un des deux seulement, alors, prenant un nombre positif r tel que $r + p$ et $r + q$ soient des nombres positifs, il n'y aurait qu'à transformer l'équation par la substitution de $y - r$ à la place de x; on aurait ainsi une transformée en y, dans laquelle les substitutions de $r + p$ et de $r + q$ à la place de l'inconnue y donneraient par l'hypothèse des résultats de signes contraires, puisque ces résultats sont les mêmes que ceux qui viendraient des substitutions de p et de q à la place de x dans la proposée. Or, les nombres $r+p$ et $r+q$ étant supposés positifs, on pourra reprendre le raisonnement précédent, et l'on prouvera que l'équation en y aura nécessairement une racine comprise entre les nombres $r+p$ et $r+q$; par conséquent, à cause de $x=y-r$, l'équation en x aura aussi une racine entre p et q.

NOTE II.

SUR LA DÉMONSTRATION DU THÉORÈME II.

La démonstration de ce théorème (n° 5) suppose ces deux propositions, que toute équation peut se décomposer en autant de facteurs simples réels qu'elle a de racines réelles, et que le facteur restant, si le nombre de ces racines est moindre que l'exposant du degré de l'équation, est tel qu'il ne peut jamais devenir négatif, quelque valeur qu'on donne à l'inconnue. La première proposition a été longtemps admise par les analystes comme un résultat de la formation des équations, et d'Alembert est, je crois, le premier qui ait fait sentir la nécessité de la démontrer rigoureusement. A l'égard de la seconde, on pourrait la regarder comme une conséquence de la première; mais, pour ne rien laisser à désirer sur la rigueur, il est bon de la démontrer aussi en particulier.

Représentons, en général, par $(x^m \ldots)$ un polynôme quelconque en x du degré m, tel que

$$x^m - Ax^{m-1} + Bx^{m-2} - Cx^{m-3} + \ldots \pm V.$$

Si l'on change x en a, il deviendra $(a^m \ldots)$, et il est facile de voir que la différence $(x^m \ldots) - (a^m \ldots)$ de ces deux polynômes semblables sera divisible par $x - a$, car chaque terme du polynôme $(x^m \ldots)$, comme Nx^n, donnera dans la différence les termes $N(x^n - a^n)$; or on a, en général, tant que n est un nombre entier positif,

$$x^n - a^n = (x - a)(x^{n-1} + ax^{n-2} + a^2x^{n-3} + \ldots + a^{n-1});$$

donc, réunissant tous les quotients et les ordonnant suivant les puissances de x, on aura

$$(x^m\ldots)-(a^m\ldots)=(x-a)(x^{m-1}\ldots),$$

$(x^{m-1}\ldots)$ étant un polynôme en x du degré inférieur $m-1$. Ainsi on aura, quelle que soit la quantité a,

$$(x^m\ldots)=(x-a)(x^{m-1}\ldots)+(a^m\ldots).$$

De la même manière, en prenant une autre quantité quelconque b, on pourra réduire le polynôme $(x^{m-1}\ldots)$ à cette forme,

$$(x^{m-1}\ldots)=(x-b)(x^{m-2}\ldots)+(b^{m-1}\ldots).$$

$(x^{m-2}\ldots)$ étant un autre polynôme du degré inférieur $m-2$, et ainsi de suite.

Maintenant je remarque que, si l'on a l'équation $(x^m\ldots)=0$, et que a soit une des racines de cette équation, c'est-à-dire une valeur de x qui y satisfasse, on aura aussi $(a^m\ldots)=0$; donc le polynôme $(x^m\ldots)$ sera alors réductible à la forme

$$(x-a)(x^{m-1}\ldots),$$

et par conséquent divisible exactement par $x-a$.

Si, outre la quantité a, il y a une autre quantité b qui satisfasse à la même équation $(x^m\ldots)=0$, il faudra que cette quantité, étant prise pour x, fasse évanouir l'autre facteur $(x^{m-1}\ldots)$ et soit, par conséquent, telle que l'on ait $(b^{m-1}\ldots)=0$. Donc le polynôme $(x^{m-1}\ldots)$ sera réductible à la forme $(x-b)(x^{m-2}\ldots)$, et, par conséquent, on aura

$$(x^m\ldots)=(x-a)(x-b)(x^{m-2}\ldots);$$

de sorte que le premier polynôme $(x^m\ldots)$ sera exactement divisible par $x-a$ et par $x-b$, et ainsi de suite.

Si donc l'équation $(x^m\ldots)=0$ n'a qu'un nombre n moindre que m de racines réelles $a, b, c, \ldots$, on aura d'abord

$$(x^m\ldots)=(x-a)(x-b)(x-c)\ldots(x^{m-n}\ldots),$$

et le polynôme $(x^{m-n}\dots)$ ne sera plus résoluble en facteurs simples réels. Donc, quelque valeur qu'on donne à x, ce polynôme ne pourra jamais avoir une valeur négative; car, s'il y avait une valeur de x qui pût le rendre négatif, comme d'un autre côté on peut toujours prendre x assez grand pour que le premier terme surpasse la somme de tous les autres, il s'ensuivrait qu'il y aurait deux valeurs qui, étant substituées pour x, donneraient des résultats de signe différent, et que, par conséquent, par le théorème I, il y aurait une valeur intermédiaire h qui pourrait rendre $(x^{m-n}\dots) = 0$, et qui serait ainsi une racine réelle de cette équation; donc on aurait alors

$$(x^{m-n}\dots) = (x-h)(x^{m-n-1}\dots),$$

et le polynôme $(x^{m}\dots)$ aurait encore le facteur réel $x-h$, ce qui est contre l'hypothèse. Ce polynôme $(x^{m-n}\dots)$ sera donc nécessairement d'un degré pair, et son dernier terme sera toujours positif (n° 3); et le polynôme $(x^{m}\dots)$ aura, par conséquent, son dernier terme positif ou négatif, suivant que le nombre des racines positives a, b, ... sera pair ou impair.

Non-seulement le polynôme $(x^{m-n}\dots)$ aura toujours une valeur positive lorsque l'équation $(x^{m-n}\dots) = 0$ n'a aucune racine réelle, mais encore quand elle aura des racines réelles doubles ou quadruples, et en général multiples, suivant un nombre pair; car alors le polynôme aura des facteurs de la forme $(x-g)^{2r}$, $2r$ étant un nombre pair, et il est visible que cette quantité est toujours positive, quelque valeur réelle qu'on donne à x. D'où il s'ensuit que le théorème II a encore lieu pour les racines égales, triples, quintuples, etc. Mais, comme on a des méthodes particulières pour les racines égales, il suffit de considérer les racines inégales et d'avoir une méthode pour les trouver.

Au reste, l'esprit du calcul algébrique, qui est indépendant des valeurs particulières qu'on peut donner aux quantités, fait qu'on peut regarder tout polynôme $(x^{m}\dots)$ comme formé du produit d'autant de facteurs simples $x-a$, $x-b$, $x-c$, ... qu'il y a d'unités dans l'exposant m du degré de ce polynôme, quelles que puissent être d'ailleurs les quantités $a, b, c, \ldots$, ce qui donne cette équation identique

$$x^m - Ax^{m-1} + Bx^{m-2} - \ldots \pm V = (x-a)(x-b)(x-c)\ldots,$$

laquelle doit toujours avoir lieu indépendamment de la valeur de x.

C'est uniquement dans cette transformation des polynômes que consiste la théorie des équations. On a trouvé différentes relations entre les quantités $a, b, c, \ldots$ des facteurs et les coefficients A, B, C, ... du polynôme, et ce sont ces relations qui constituent les propriétés générales des équations (*voir* la Note X).

Les facteurs qu'on suppose aux polynômes qui ne peuvent jamais acquérir une valeur négative sont appelés *imaginaires*, et les quantités $a, b, c, \ldots$ de ces facteurs sont les racines imaginaires des équations formées en égalant ces polynômes à zéro; d'où l'on voit que le nombre de ces racines est toujours nécessairement pair, et que leur produit, qui se trouve égal au dernier terme du polynôme, est toujours positif.

NOTE III.

SUR L'ÉQUATION QUE DONNENT LES DIFFÉRENCES ENTRE LES RACINES D'UNE ÉQUATION DONNÉE, PRISES DEUX A DEUX.

La recherche de cette équation, qui est l'objet du problème du n° 8, deviendrait très-pénible si l'on y employait la voie de l'élimination, qui se présente naturellement; mais, par les formules que j'y donne, elle n'a d'autre difficulté que la longueur du calcul. Tout se réduit à calculer un certain nombre de termes de trois séries dont la loi est assez simple.

1. La première série, celle des quantités A_1, A_2, A_3, ..., n'est autre chose que la série connue pour avoir les sommes des puissances des racines par les coefficients de l'équation donnée, et on en verra la démonstration dans la Note VI. La troisième série, celle des quantités a, b, c, ... qui forment les coefficients de l'équation cherchée, est l'inverse de la précédente; elle donne ces coefficients par le moyen des sommes des puissances des racines qu'on a par la seconde série a_1, a_2, a_3, ... Je n'avais trouvé que par induction la loi des termes de celle-ci; mais on peut la démontrer d'une manière générale.

Pour cela, il n'y a qu'à considérer la quantité

$$(x-\alpha)^s+(x-\beta)^s+(x-\gamma)^s+\ldots,$$

qui, étant développée suivant les puissances de x, devient

$$mx^s - sA_1x^{s-1}+\frac{s(s-1)}{2}A_2x^{s-2}-\frac{s(s-1)(s-2)}{2.3}A_3x^{s-3}+\ldots.$$

Comme ces deux expressions sont identiques, on y peut faire x tout ce qu'on voudra. Qu'on suppose donc successivement $x = \alpha, \beta, \gamma, \ldots$, et qu'on ajoute ensemble les résultats de ces substitutions, on aura

$$(\alpha-\beta)^s+(\alpha-\gamma)^s+\ldots+(\beta-\alpha)^s+(\beta-\gamma)^s+\ldots+(\gamma-\alpha)^s+(\gamma-\beta)^s+\ldots$$
$$= m\mathrm{A}_s - s\mathrm{A}_1\mathrm{A}_{s-1} + \frac{s(s-1)}{2}\mathrm{A}_2\mathrm{A}_{s-2} - \frac{s(s-1)(s-2)}{2.3}\mathrm{A}_3\mathrm{A}_{s-3}+\ldots,$$

ce qui est évident, puisque, par la notation qu'on a employée, on a, en général,

$$\mathrm{A}_s = \alpha^s + \beta^s + \gamma^s + \ldots.$$

Lorsque s est un nombre impair, il est facile de voir que le premier membre de cette équation devient nul par la destruction mutuelle de tous les termes, et le second membre devient nul aussi de lui-même en remarquant que l'on doit avoir $\mathrm{A}_0 = \alpha^0 + \beta^0 + \gamma^0 + \ldots = m$, nombre des racines.

Mais, lorsque s est un nombre quelconque pair $= 2\mu$, le premier membre devient égal à $2a_\mu$, suivant la notation des termes de la seconde série; ainsi on aura

$$2a_\mu = m\mathrm{A}_{2\mu} - 2\mu\mathrm{A}_1\mathrm{A}_{2\mu-1} + \frac{2\mu(2\mu-1)}{2}\mathrm{A}_2\mathrm{A}_{2\mu-2} - \frac{2\mu(2\mu-1)(2\mu-2)}{2.3}\mathrm{A}_3\mathrm{A}_{2\mu-3}+\ldots.$$

Comme les termes de cette série se trouvent les mêmes de part et d'autre du terme du milieu, qui contient $\mathrm{A}_\mu\mathrm{A}_\mu$, en réunissant les termes égaux et divisant par 2, on aura la formule générale de la valeur de a_μ que j'ai donnée dans l'endroit cité.

2. On pourrait, de la même manière, trouver des formules pour les sommes des racines prises deux à deux; car, en considérant la quantité

$$(x+\alpha)^s + (x+\beta)^s + (x+\gamma)^s + \ldots,$$

on aura, par le développement, cette expression identique

$$mx^s + s\mathrm{A}_1x^{s-1} + \frac{s(s-1)}{2}\mathrm{A}_2x^{s-2} + \frac{s(s-1)(s-2)}{2.3}\mathrm{A}_3x^{s-3}+\ldots.$$

Donc, faisant successivement $x = \alpha, \beta, \gamma, \ldots$, et ajoutant ensemble les résultats, on aura

$$2^s(\alpha^s + \beta^s + \gamma^s + \ldots) + 2(\alpha+\beta)^s + 2(\alpha+\gamma)^s + 2(\beta+\gamma)^s + \ldots$$
$$= m A_s + s A_1 A_{s-1} + \frac{s(s-1)}{2} A_2 A_{s-2} + \frac{s(s-1)(s-2)}{2.3} A_3 A_{s-3} + \ldots.$$

Donc, si l'on dénote en général par a_s la somme des puissances $s^{\text{ièmes}}$ des racines ajoutées deux à deux, on aura, à cause de $\alpha^s + \beta^s + \gamma^s + \ldots = A_s$, cette expression de $2a_s$

$$2a_s = (m - 2^s) A_s + s A_1 A_{s-1} + \frac{s(s-1)}{2} A_2 A_{s-2} + \frac{s(s-1)(s-2)}{2.3} A_3 A_{s-3} + \ldots.$$

Comme s est supposé un nombre entier, il est clair que les termes également éloignés des deux extrêmes seront égaux; or le dernier terme sera $A_s A_0$, mais $A_0 = m$; donc, réunissant le dernier au premier, l'avant-dernier au second, et ainsi de suite, et divisant par 2, on aura, lorsque s est un nombre impair,

$$a_s = (m - 2^{s-1}) A_s + s A_1 A_{s-1} + \frac{s(s-1)}{2} A_2 A_{s-2} + \ldots$$
$$+ \frac{s(s-1)(s-2)\ldots\frac{s+3}{2}}{1.2.3\ldots\frac{s-1}{2}} A_{\frac{s-1}{2}} A_{\frac{s+1}{2}},$$

et, lorsque s est un nombre pair,

$$a_s = (m - 2^{s-1}) A_s + s A_1 A_{s-1} + \frac{s(s-1)}{2} A_2 A_{s-2} + \ldots$$
$$+ \frac{s(s-1)(s-2)\ldots\left(\frac{s}{2}+1\right)}{1.2.3\ldots\frac{s}{2}} \frac{A_{\frac{s}{2}}^2}{2}.$$

Si l'on détermine par cette formule les termes de la série $a_1, a_2, a_3, \ldots$, et qu'on emploie ces valeurs dans les expressions des quantités $a, b, c, \ldots$ de la troisième série, on aura les coefficients de l'équation, dont les racines seront les n sommes $\alpha+\beta$, $\alpha+\gamma$, $\beta+\gamma$, ... des racines de l'équation donnée, prises deux à deux. Cette équation peut être utile dans plusieurs occasions.

3. Je dois, au reste, observer ici que Waring avait déjà remarqué dans ses *Miscellanea analytica*, imprimés en 1762, l'usage de l'équation dont les racines seraient

$$\frac{1}{\alpha-\beta},\quad \frac{1}{\alpha-\gamma},\quad \frac{1}{\beta-\gamma},\quad \ldots$$

pour trouver les limites des racines réelles de l'équation dont les racines sont α, β, γ, ... Mais je ne connaissais pas cet Ouvrage lorsque je composai mon premier Mémoire sur la résolution des équations numériques; d'ailleurs, cette remarque, n'étant présentée dans l'Ouvrage de Waring que d'une manière isolée, serait peut-être restée longtemps stérile sans les recherches dont elle était accompagnée dans ce Mémoire.

Je dois ajouter que le même auteur a aussi remarqué avant moi les caractères qu'on peut tirer des signes de l'équation dont les racines sont les carrés des différences entre les racines d'une équation donnée, pour juger des racines imaginaires de cette équation. Il avait dit simplement dans l'Ouvrage cité que, si cette équation des différences n'a que des signes alternatifs, l'équation primitive a nécessairement toutes ses racines réelles; autrement elle en a d'imaginaires; mais il a donné ensuite sans démonstration, dans les *Transactions philosophiques* de l'année 1763, les conditions qui résultent des équations des différences du quatrième et du cinquième degré pour que les équations de ces degrés aient ou toutes leurs racines réelles, ou deux ou quatre racines imaginaires, ce que personne n'avait encore fait pour le cinquième degré.

Dans le second Mémoire, je m'étais contenté de donner les équations des différences pour le deuxième, le troisième et le quatrième degré; la longueur du calcul m'avait empêché de donner celle du cinquième degré; mais, comme elle peut être utile dans quelques occasions, je vais la rapporter ici, d'après Waring.

4. Soit donc l'équation du cinquième degré

$$x^5 + Bx^3 - Cx^2 + Dx - E = 0;$$

l'équation des différences sera

$$v^{10} - av^9 + bv^8 - cv^7 + dv^6 - ev^5 + fv^4 - gv^3 + hv^2 - iv + k = 0,$$

dans laquelle

$$a = -10B,$$

$$b = 39B^2 + 10D,$$

$$c = -80B^3 - 50BD - 25C^2,$$

$$d = 95B^4 + 124B^2D - 95D^2 + 92BC^2 + 200CE,$$

$$e = -66B^5 + 360BD^2 - 196B^3D - 118B^2C^2 - 260C^2D - 625E^2 - 400BCE,$$

$$\begin{aligned} f = {} & 25B^6 + 40D^3 - 53C^4 + 52B^3C^2 - 522B^2D^2 + 194B^4D + 708BC^2D \\ & + 240B^2CE + 1750BE^2 - 950CDE, \end{aligned}$$

$$\begin{aligned} g = {} & -4B^7 - 106B^5D + 80BD^3 + 308B^3D^2 + 102BC^4 + 7B^4C^2 - 570C^2D^2 \\ & - 612B^2C^2D - 700C^3E + 3750DE^2 - 2500B^2E^2 - 80B^3CE + 2150BCDE, \end{aligned}$$

$$\begin{aligned} h = {} & 400D^4 - 360B^2D^3 - 15B^4D^2 + 24B^6D - 8B^5C^2 - 45B^2C^4 - 270C^4D \\ & + 140B^3C^2D + 960BC^2D^2 + 1875C^2E^2 + 1000CD^2E - 5000BDE^2 \\ & + 1750B^3E^2 + 40B^4CE + 600BC^3E - 1650B^2CDE, \end{aligned}$$

$$\begin{aligned} i = {} & -36B^5D^2 + 224B^3D^3 - 320BD^4 - 4B^3C^4 - 27C^6 + 40C^2D^3 - 434B^2C^2D^2 \\ & + 24B^4C^2D + 198BC^4D - 5000D^2E^2 + 450C^3DE + 6250CE^3 - 675B^4E^2 \\ & + 3750B^2DE^2 - 3000BC^2E^2 - 60B^2C^3E - 200BCD^2E + 330B^3CDE, \end{aligned}$$

$$\begin{aligned} k = {} & 3125E^4 - 3750BCE^3 \\ & + (2000BD^2 + 2250C^2D - 900B^3D + 825B^2C^2 + 108B^5)E^2 \\ & + (-1600CD^3 - 560B^2CD^2 - 16B^3C^3 + 630BC^3D + 72B^4CD - 108C^5)E \\ & + 256D^5 - 128B^2D^4 + 144BC^2D^3 + 16B^4D^3 - 27C^4D^2 - 4B^3C^2D^2. \end{aligned}$$

La réalité de toutes les racines de l'équation du cinquième degré exige donc que la valeur de chacune des quantités a, b, c, ... soit positive, ce qui donne, comme l'on voit, dix conditions; mais il est possible que quelques-unes de ces conditions se trouvent renfermées dans le système des autres, ce qui en diminuerait le nombre, comme nous l'avons vu pour le quatrième degré. Si toutes ces conditions n'ont pas lieu à la fois, alors l'équation aura nécessairement deux ou quatre racines imaginaires, suivant que la quantité k aura une valeur négative ou positive. Mais, si cette quantité était nulle, l'équation aurait deux racines égales; elle en aurait trois égales si la quantité i était nulle en même temps, et ainsi du reste.

NOTE IV.

SUR LA MANIÈRE DE TROUVER UNE LIMITE PLUS PETITE QUE LA PLUS PETITE DIFFÉRENCE ENTRE LES RACINES D'UNE ÉQUATION DONNÉE.

La détermination de cette limite est nécessaire pour pouvoir former une suite de nombres dont la substitution successive fasse connaître d'une manière certaine toutes les racines réelles de l'équation proposée (nº 6). Le moyen le plus direct d'y parvenir est de calculer, comme nous l'avons proposé, l'équation même dont les racines seraient les différences entre celles de l'équation donnée, et de déterminer ensuite, par les méthodes connues, la limite de la plus petite racine de cette équation. Mais, pour peu que le degré de l'équation proposée soit élevé, celui de l'équation des différences monte si haut, qu'on est effrayé de la longueur du calcul nécessaire pour trouver la valeur de tous les termes de cette équation, puisque, le degré de la proposée étant m, on a $\frac{m(m-1)}{2}$ coefficients à calculer, et que, pour employer les séries du nº 8, il faudrait en tout calculer $2m(m-1)$ termes.

Comme cet inconvénient pourrait rendre la méthode générale presque impraticable dans les degrés un peu élevés, je me suis longtemps occupé des moyens de l'affranchir de la recherche de l'équation des différences, et j'ai reconnu en effet que, sans calculer en entier cette équation, on pouvait néanmoins trouver une limite moindre que la plus petite de ses racines, ce qui est le but principal du calcul de cette même équation.

1. En effet, soit l'équation proposée en x

$$x^m - Ax^{m-1} + Bx^{m-2} - Cx^{m-3} + \ldots = 0,$$

que je représenterai, pour plus de simplicité, par

$$X = 0;$$

qu'on en déduise cette équation en u du degré $m-1$ (n° 8)

$$Y + Zu + Vu^2 + \ldots + u^{m-1} = 0,$$

dans laquelle

$$Y = mx^{m-1} - (m-1)Ax^{m-2} + (m-2)Bx^{m-3} - \ldots,$$

$$Z = \frac{m(m-1)}{2}x^{m-2} - \frac{(m-1)(m-2)}{2}Ax^{m-3} + \ldots,$$

$$V = \frac{m(m-1)(m-2)}{2.3}x^{m-3} - \ldots,$$

savoir,

$$Y = X', \quad Z = \frac{X''}{2}, \quad V = \frac{X'''}{2.3}, \quad \ldots,$$

X', X'', X''', ... étant les fonctions dérivées de X ou les coefficients différentiels $\frac{dX}{dx}$, $\frac{d^2X}{dx^2}$, $\frac{d^3X}{dx^3}$, ...

On a vu dans le problème du n° 8 que, si l'on substitue dans cette équation en u, à la place de x, une quelconque des racines de l'équation $X = 0$, elle aura alors pour racines les différences entre cette racine et toutes les autres racines de la même équation. Donc, si l'on y substitue successivement les m racines de l'équation $X = 0$, on aura m équations en u dont les racines seront toutes les différences possibles entre les racines de l'équation proposée ; par conséquent, il ne s'agira que de trouver une quantité plus petite que la plus petite racine de chacune de ces m équations.

Donc, si l'on fait $u = \frac{1}{i}$, ce qui changera l'équation en u en celle-ci

$$Y + \frac{Z}{i} + \frac{V}{i^2} + \ldots + \frac{1}{i^{m-1}} = 0,$$

ou bien, en multipliant par i^{m-1} et divisant par Y,

$$i^{m-1} + \frac{Z}{Y}i^{m-2} + \frac{V}{Y}i^{m-3} + \ldots + \frac{1}{Y} = 0,$$

tout se réduira à trouver une limite plus grande que la plus grande des racines de cette dernière équation, en supposant qu'on y substitue successivement pour x chacune des m racines de l'équation proposée; car, cette limite étant trouvée, si on la nomme L, il est visible que $\frac{1}{L}$ sera la limite cherchée plus petite que chacune des m racines.

2. Or on sait (nº 12) que le plus grand coefficient des termes négatifs d'une équation, pris positivement et augmenté d'une unité, est plus grand que la plus grande de ses racines positives. Ainsi, pour avoir la limite L, il n'y aurait qu'à trouver la plus grande valeur négative qui pourrait résulter de la substitution des racines de l'équation $X = o$ à la place de x dans les coefficients $\frac{Z}{Y}$, $\frac{V}{Y}$, ... de l'équation en i, ou une quantité plus grande que cette valeur.

Si ces coefficients ne contenaient que des puissances de x sans dénominateur, on pourrait résoudre la question en substituant à la place de x, dans les termes positifs, une limite plus petite que la plus petite des valeurs positives de x, et, dans les termes négatifs, une limite plus grande que la plus grande de ces valeurs; car il est visible qu'on aurait, par ce moyen, des quantités négatives plus grandes que les valeurs négatives que chaque coefficient pourrait recevoir par la substitution de chacune des racines positives de la proposée en x; et, pour avoir égard aux racines négatives de la même équation, il n'y aurait qu'à changer dans les expressions des mêmes coefficients x en $-x$, et substituer ensuite dans les termes positifs une valeur de x plus petite que la plus petite racine négative de cette équation, prise positivement, et dans les termes négatifs une valeur de x plus grande que la plus grande de ces racines.

La plus grande des quantités négatives trouvées de cette manière, prise positivement et augmentée de l'unité, pourrait sans scrupule être employée pour la limite cherchée L.

Toute la difficulté vient donc du dénominateur Y, qui contient aussi l'inconnue x. J'avais proposé autrefois de prendre pour Y une valeur plus petite que chacune de celles qui pourraient résulter de la substitution des racines de l'équation $X = 0$ à la place de x; mais la difficulté était d'avoir cette limite, et il ne paraît pas possible de la trouver autrement que par l'équation même dont les différentes valeurs de Y seraient racines. Pour avoir cette équation, on ferait $Y = y$, et l'on éliminerait x au moyen de l'équation $X = 0$ et de celle-ci, $y - Y = 0$; l'équation résultante en y serait du $m^{\text{ième}}$ degré, et la limite plus petite que la plus petite de ses racines serait la quantité qu'on pourrait prendre pour Y; mais cette équation en y peut encore être fort longue à calculer, soit qu'on la déduise de l'élimination, soit qu'on veuille la chercher directement par la nature même de ses racines.

3. J'ai fait réflexion, depuis, qu'on pouvait toujours éliminer l'inconnue x du polynôme Y en le multipliant par un polynôme convenable du même degré $m - 1$, et en faisant disparaître, au moyen de l'équation $X = 0$, toutes les puissances de x plus hautes que x^{m-1}.

En effet, si l'on prend un polynôme tel que

$$x^{m-1} - a x^{m-2} + b x^{m-3} - c x^{m-4} + \ldots,$$

que nous nommerons ξ pour abréger, et dans lequel les coefficients a, b, c, ... soient arbitraires, et qu'on multiplie le polynôme Y par celui-ci, on aura un polynôme du degré $2m - 2$. Or, l'équation $X = 0$ donne d'abord la valeur de x^m, et avec cette valeur on pourra former, en multipliant successivement par x et substituant à mesure la valeur de x^m, toutes les puissances de x supérieures à x^{m-1} jusqu'à x^{2m-2}. On substituera donc ces valeurs dans le polynôme $Y\xi$, et il s'abaissera à la puissance $m - 1$; on fera alors disparaître tous les termes qui contiennent x, en égalant à zéro chacun de leurs coefficients, ce qui donnera $m - 1$ équations linéaires en a, b, c, ..., lesquelles serviront à déterminer ces inconnues dont le nombre est aussi $m - 1$; nommant K le terme ou les termes restants et tout connus, on aura $Y\xi = K$, et par conséquent $Y = \frac{K}{\xi}$.

L'équation en i deviendra, par cette substitution,

$$i^{m-1} + \frac{Z\xi}{K} i^{m-2} + \frac{V\xi}{K} i^{m-3} + \ldots + \frac{\xi}{K} = 0;$$

et, comme les coefficients $\frac{Z\xi}{K}$, $\frac{V\xi}{K}$, ... ne contiennent plus que des puissances de x sans dénominateur, on pourra y appliquer la méthode proposée ci-dessus et trouver une limite L plus grande que la plus grande des valeurs de i.

On pourra réduire aussi les polynômes $Z\xi$, $V\xi$, ... à ne contenir que des puissances de x moindres que x^{m-1} par les mêmes substitutions des valeurs de x^m et des puissances supérieures à x^m. Cette réduction n'est pas absolument nécessaire, et l'on peut sans inconvénient employer les polynômes tels qu'ils résultent de la multiplication de Z, V, ... par ξ; mais elle est utile pour simplifier le calcul et avoir une limite L plus approchée.

4. Il est bon de remarquer encore que, comme les valeurs de u qui représentent les différences entre les racines de l'équation proposée peuvent être également positives et négatives, les valeurs de i pourront l'être aussi, puisque nous avons fait $u = \frac{1}{i}$; d'où il s'ensuit que la limite des valeurs positives de i le sera aussi des valeurs négatives prises positivement, et réciproquement celle des plus grandes valeurs négatives prises positivement le deviendra des plus grandes positives.

On pourra donc, dans l'équation en i, prendre également i positif ou négatif, et par conséquent prendre le second, le quatrième, le sixième, etc. termes de l'équation en i avec des signes contraires, si, de cette manière, il en résulte pour L une limite moindre.

5. Ayant ainsi trouvé la limite L, on aura $\frac{1}{L}$ pour la limite plus petite que la plus petite différence entre les racines de l'équation proposée, et l'on pourra faire $\Delta = \frac{1}{L}$ (n° 6) pour avoir la suite Δ, 2Δ, 3Δ, ... des nombres dont la substitution successive fera connaître sûrement

toutes les racines réelles de la même équation et donnera leurs premières limites.

Si la quantité K était nulle, on aurait pour L une quantité infinie, et la limite $\frac{1}{L}$ deviendrait zéro, ce qui indiquerait l'égalité de deux ou plusieurs racines dans l'équation proposée. En effet, s'il y a deux racines égales, il est clair qu'il y aura une des valeurs de u qui sera nulle; donc le dernier terme Y de l'équation en u deviendra nul en y substituant pour x une des racines de l'équation $X = 0$; donc cette équation aura lieu en même temps que l'équation $Y = 0$, c'est-à-dire $X' = 0$ ou $\frac{dX}{dx} = 0$, ce qui revient à ce que l'on sait depuis longtemps. Donc l'équation résultante de celle-ci par l'élimination de x aura lieu aussi. Or, il est facile de voir que cette équation n'est autre chose que l'équation $K = 0$; car, puisque le produit $Y\xi$ devient $= K$ par le moyen de l'équation $X = 0$, on aura $Y = \frac{K}{\xi}$, et, par conséquent, l'équation $Y = 0$ donnera $K = 0$.

Lorsqu'on sera assuré par là que l'équation en x a des racines égales, on les trouvera en cherchant le commun diviseur des équations $X = 0$ et $Y = 0$ (nº 15); ensuite l'équation en i donnée ci-dessus, étant multipliée par K et divisée par $Z\xi$, deviendra, à cause de $K = 0$,

$$i^{m-2} + \frac{V}{Z} i^{m-3} + \ldots + \frac{1}{Z} = 0,$$

à laquelle on pourra appliquer la même méthode pour trouver une limite plus grande que les valeurs de i, et ainsi de suite.

Au reste, comme, avant d'entreprendre la résolution d'une équation par quelque méthode que ce soit, il est toujours nécessaire de s'assurer si elle a des racines égales, parce que ces racines peuvent se déterminer à part d'une manière rigoureuse, on voit que le calcul de la quantité K est indispensable lorsqu'on ne calcule pas l'équation des différences, car l'équation $K = 0$ est proprement celle que l'on trouve par les méthodes ordinaires lorsqu'on cherche les conditions de l'égalité des racines. Ainsi, à cet égard, la méthode que nous proposons n'allonge point le calcul nécessaire pour la résolution des équations.

6. La quantité K étant connue, tout se réduit à chercher une quantité égale ou plus grande que la plus grande valeur négative des quantités $\frac{Z\xi}{K}$, $\frac{V\xi}{K}$, ..., $\frac{\xi}{K}$, coefficients de l'équation en i; pour cela, on substituera à la place de x une quantité plus petite que la plus petite des racines positives de l'équation $X = o$ dans les termes positifs de ces coefficients, et une quantité plus grande que la plus grande de ces racines dans les termes négatifs; ensuite, ayant changé dans ces mêmes coefficients x en $-x$, on substituera de même dans les termes positifs une quantité plus petite que la plus petite des racines négatives, et dans les termes négatifs une quantité plus grande que la plus grande des racines négatives de la même équation, en prenant ces racines positivement. Le plus grand résultat négatif qu'on aura de cette manière, étant pris positivement et augmenté de l'unité, donnera la valeur de la limite L que l'on cherche.

Pour avoir ces quantités plus grandes et plus petites que les racines de l'équation $X = o$, on pourrait prendre tout de suite le plus grand coefficient des termes négatifs de cette équation, augmenté de l'unité, pour la quantité plus grande que ses racines positives; ensuite, après avoir échangé dans la même équation x en $\frac{1}{x}$ et fait disparaître par la multiplication les puissances négatives de x, on prendrait de même le plus grand coefficient des termes qui seraient de signe différent du premier, et l'unité divisée par ce coefficient augmenté de l'unité serait la quantité plus petite que les mêmes racines. A l'égard des racines négatives, on changerait dans l'équation x en $-x$ pour les rendre positives, et l'on trouverait de la même manière les quantités plus grandes et plus petites que ces racines.

Mais, quoique les limites qu'on trouvera par cette méthode soient toujours exactes, elles peuvent néanmoins être trop éloignées entre elles, ce qui aurait l'inconvénient de donner pour la limite L une quantité trop grande, et par conséquent pour la différence Δ des termes de la suite une quantité trop petite : d'où résulterait un trop grand nombre de substitutions successives à faire dans l'équation proposée pour en découvrir toutes les racines (n° 6).

7. Il est donc utile d'avoir des limites plus resserrées, et l'on pourra les trouver par la méthode exposée dans le n° 12. Suivant l'esprit de cette méthode, il ne s'agira que de chercher d'abord une valeur de x qui rende positives les valeurs des fonctions X, X′, X″, ..., ce qui n'est pas difficile en commençant par la dernière, où x n'est qu'à la première dimension, et remontant successivement à celles qui précèdent. Cette valeur sera la limite plus grande que toutes les racines positives de l'équation $X = 0$. Pour avoir ensuite une limite plus petite que ces racines, on transformera la fonction X en y substituant $\frac{1}{x}$ à la place de x, et la multipliant par x^m pour faire disparaître les puissances négatives; et, si le terme où est x^m se trouve négatif, on changera tous les signes pour le rendre positif. On prendra cette nouvelle fonction pour X, et, en ayant déduit les fonctions X′, X″, ..., on cherchera de nouveau la valeur de x qui rendra toutes ces fonctions positives. L'unité divisée par cette valeur donnera une limite plus petite que toutes les racines positives de la même équation $X = 0$. Enfin on changera dans ces deux séries les fonctions x en $-x$, en changeant en même temps tous les signes, si la plus haute puissance de x se trouve affectée du signe $-$; et les valeurs de x qui les rendront toutes positives seront les limites plus grandes et plus petites que les racines négatives de la même équation prises positivement.

8. Pour donner un exemple de la méthode que nous venons d'exposer, nous l'appliquerons à l'équation

$$x^3 - 7x + 7 = 0,$$

que nous avons résolue dans le n° 27.

On aura donc ici

$$X = x^3 - 7x + 7,$$

et les fonctions dérivées seront

$$X' = 3x^2 - 7, \quad X'' = 6x, \quad X''' = 6, \quad X^{\text{IV}} = 0;$$

donc

$$Y = X' = 3x^2 - 7, \quad Z = \frac{X''}{2} = 3x, \quad V = \frac{X'''}{2.3} = 1,$$

et l'équation en u sera du second degré.

On prendra pour ξ le polynôme indéterminé du second degré

$$x^2 + ax + b,$$

et, en le multipliant par le polynôme Y, on aura

$$Y\xi = 3x^4 + 3ax^3 + (3b - 7)x^2 - 7ax - 7b.$$

Mais l'équation $X = 0$ donne

$$x^3 = 7x - 7;$$

donc

$$x^4 = 7x^2 - 7x.$$

Faisant ces substitutions, on aura

$$Y\xi = (3b + 14)x^2 + (14a - 21)x - 21a - 7b.$$

On fera donc

$$3b + 14 = 0, \quad 14a - 21 = 0, \quad -21a - 7b = K,$$

d'où l'on tire

$$a = \frac{3}{2}, \quad b = -\frac{14}{3} \quad \text{et} \quad K = \frac{7}{6}.$$

Ainsi, puisque la quantité K n'est pas nulle, on en conclura d'abord que l'équation n'a pas de racines égales.

Maintenant on aura

$$\xi = x^2 + \frac{3x}{2} - \frac{14}{3},$$

et de là, en multipliant par $Z = 3x$ et substituant pour x^3 sa valeur,

$$Z\xi = \frac{9x^2}{2} + 7x - 21;$$

de sorte que les deux coefficients de l'équation en i seront

$$\frac{27x^2 + 42x - 126}{7}, \quad \frac{6x^2 + 9x - 28}{7};$$

et il ne s'agira plus que de trouver une quantité égale ou plus grande que la plus grande valeur négative que ces coefficients puissent avoir sans connaître les valeurs de x; or c'est à quoi on peut parvenir par le moyen des limites de ces valeurs.

9. Pour cela, on commencera par chercher des limites plus grandes et plus petites que les valeurs de x, tant positives que négatives. Je remarque d'abord que, le plus grand coefficient des termes négatifs dans l'équation en x étant 7, on pourrait prendre 8 pour la limite plus grande que les racines positives; mais on peut trouver une limite moindre par la considération des fonctions X, X′, X″, savoir,

$$x^3 - 7x + 7, \quad 3x^2 - 7, \quad 6x,$$

en cherchant une valeur de x qui les rende toutes positives; on trouve que $x = 2$ satisfait à ces conditions, de sorte que 2 sera une limite plus grande que les racines positives.

Si l'on change dans ces mêmes fonctions x en $-x$, en changeant en même temps les signes, s'il est nécessaire, pour que le premier terme soit toujours positif, on a celles-ci

$$x^3 - 7x - 7, \quad 3x^2 - 7, \quad 6x;$$

et l'on voit que, pour les rendre toutes positives, il faut faire en nombres entiers $x = 4$; mais, en nombres fractionnaires, il suffit de $x = 3 + \frac{1}{10}$: ainsi $\frac{31}{10}$ sera une limite plus grande que les racines négatives prises positivement.

On transformera maintenant la fonction x par la substitution de $\frac{1}{x}$ à la place de x, et, l'ayant multipliée par x^3 pour faire disparaître les puissances négatives, on aura, après avoir divisé par 7, coefficient du premier terme, cette fonction transformée

$$x^3 - x^2 + \frac{1}{7},$$

dont les deux fonctions dérivées seront

$$3x^2 - 2x, \quad 6x - 2,$$

qu'il faudra rendre positives pour une valeur supposée de x. Or on trouve que 1 satisfait à ces conditions; mais on peut y satisfaire par un nombre moindre, comme $\frac{3}{4}$. Ainsi $\frac{4}{3}$ sera une limite plus petite que les racines positives.

Enfin, en changeant dans ces mêmes fonctions x en $-x$ et changeant en même temps tous les signes de la première et de la troisième pour rendre les premiers termes positifs, on a celles-ci

$$x^3 + x^2 - \frac{1}{7}, \quad 3x^2 + 2x, \quad 6x + 2,$$

et l'on trouvera aisément qu'elles deviennent toutes positives en faisant $x = \frac{1}{3}$; d'où il s'ensuit que 3 sera une limite moindre que les racines négatives prises positivement.

On a donc, pour les limites des racines positives, les nombres $\frac{4}{3}$ et 2, et, pour celles des racines négatives prises positivement, les nombres 3 et $\frac{31}{10}$.

On substituera donc d'abord, à la place de x, $\frac{4}{3}$ dans les termes positifs et 2 dans les termes négatifs des deux quantités

$$\frac{27x^2 + 42x - 126}{7}, \quad \frac{6x^2 + 9x - 28}{7},$$

et l'on trouvera les résultats $-\frac{22}{7}$ et $-\frac{16}{21}$; comme le premier de ces deux résultats est le plus grand, il est bon de voir si, en changeant tous les signes de la première quantité, ce qui la réduit à

$$\frac{-27x^2-42x+126}{7},$$

et substituant de même $\frac{4}{3}$ dans les termes positifs et 2 dans les termes négatifs, au lieu de x, on aurait un résultat moindre; mais on trouve celui-ci $-\frac{174}{7}$, qui est au contraire plus grand, et par conséquent inutile.

On changera maintenant dans ces mêmes quantités x en $-x$, ce qui les changera en celles-ci

$$\frac{27x^2-42x-126}{7}, \quad \frac{6x^2-9x-28}{7},$$

et l'on y substituera 3, à la place de x, dans les termes positifs, et $\frac{31}{10}$ dans les termes négatifs; il viendra ces résultats $-\frac{66}{35}$ et $-\frac{19}{70}$; et, comme le résultat de la première quantité est moindre que l'un de ceux que nous avons déjà trouvés, il est inutile d'en chercher un autre en changeant les signes de cette quantité.

Puisque $-\frac{22}{7}$ est le plus grand résultat négatif, on aura

$$L=\frac{22}{7}+1, \quad \text{et par conséquent} \quad \Delta=\frac{1}{L}=\frac{7}{29}$$

pour la limite cherchée, moindre que la plus petite différence entre les racines de l'équation proposée.

Nous avons trouvé par l'équation même des différences $\Delta=\frac{1}{3}$ (nº 27); d'où l'on voit que la méthode précédente donne à la vérité une limite un peu plus petite, mais que la différence est peu considérable.

Au reste, quoique pour une équation du troisième degré il n'y ait guère rien à gagner par cette méthode sur la longueur du calcul, il n'en sera pas de même pour les équations des degrés supérieurs, car le nombre des opérations que cette méthode exige n'augmente que comme le degré de l'équation, au lieu que celui des opérations nécessaires pour calculer l'équation des différences et en déduire la limite cherchée augmente comme les carrés de ce même degré.

NOTE V.

SUR LA MÉTHODE D'APPROXIMATION DONNÉE PAR NEWTON.

Comme la méthode de Newton pour la résolution approchée des équations numériques est la plus connue et la plus usitée, à cause de sa simplicité, il est important d'apprécier le degré d'exactitude dont elle est susceptible; voici comment on peut y parvenir.

1. Soit l'équation générale du degré m

$$x^m - Ax^{m-1} + Bx^{m-2} - \ldots = 0$$

dont on cherche une racine. La méthode dont il s'agit demande qu'on connaisse d'avance une valeur approchée de la racine cherchée; en désignant cette valeur par a, on fera $x = a + p$, et l'on aura par cette substitution une équation transformée en p qui, à commencer par les derniers termes, sera de la forme

$$X + Yp + Zp^2 + Vp^3 + \ldots + p^m,$$

où les quantités X, Y, Z, ... seront des fonctions de a, qu'on trouvera tout de suite par les formules du n° 8, en changeant x en a; ainsi l'on aura

$$X = a^m - Aa^{m-1} + Ba^{m-2} - Ca^{m-3} + \ldots,$$
$$Y = ma^{m-1} - (m-1)Aa^{m-2} + (m-2)Ba^{m-3} - \ldots,$$
$$\ldots\ldots\ldots\ldots\ldots\ldots\ldots\ldots\ldots\ldots\ldots\ldots$$

Comme p doit être, par l'hypothèse, une quantité assez petite, étant la différence entre la vraie racine et la valeur supposée de cette racine, les puissances p^2, p^3, ... seront de fort petites quantités auprès de p; par conséquent, les termes affectés de ces puissances seront eux-mêmes nécessairement très-petits à l'égard des premiers termes $X + Yp$, puisque les coefficients Z, V, ... ne peuvent jamais devenir fort grands, étant des fonctions sans dénominateur; ainsi, en réduisant toute l'équation à ces deux termes, on en tirera une valeur approchée de p qui sera $= -\frac{X}{Y}$. Appelons b cette valeur approchée de p, on pourra faire par la même raison, dans l'équation en p, la substitution de $b + q$ à la place de p, et négliger ensuite dans la transformée en q les termes qui contiendront le carré et les puissances plus hautes de q; cette transformée, étant ainsi réduite aux deux premiers termes de la forme $(X) + (Y)q$, donnera sur-le-champ $q = -\frac{(X)}{(Y)}$. Cette quantité étant nommée c, on substituera $c + r$ à la place de q dans la dernière transformée, et l'on en aura une nouvelle en r, d'où l'on tirera de même la valeur de r, et ainsi de suite.

De cette manière, on aura les approximations a, $a + b$, $a + b + c$, ... vers la vraie valeur de la racine cherchée.

2. Voilà la méthode telle que Newton l'a donnée dans la *Méthode des fluxions;* mais il est bon de remarquer qu'on peut se dispenser de faire continuellement de nouvelles transformées, car, puisque la transformée en p est le résultat de la substitution de $a + p$ au lieu de x dans l'équation en x, et que la transformée en q est le résultat de la substitution de $b + q$ au lieu de p dans la transformée en p, il s'ensuit que cette transformée en q sera le résultat de la substitution immédiate de $a + b + q$ à la place de x dans la même équation en x; par conséquent, elle ne sera autre chose que la première transformée en p, en y changeant p en q et a en $a + b$; d'où il s'ensuit qu'ayant trouvé l'expression générale de p en a, on aura celle de q en y substituant $a + b$ au lieu de a; et par la même raison on aura la valeur de r en substituant $a + b + c$ au lieu de a, et ainsi de suite.

Donc, en général, si dans l'expression de p en a on substitue pour a

un terme quelconque de la suite convergente vers la racine cherchée, on aura la quantité qu'il faudra ajouter à ce terme pour avoir le terme suivant.

La méthode qui résulte de cette considération est, comme l'on voit, plus simple que celle de Newton; c'est celle que Raphson a donnée dans l'Ouvrage intitulé *Analysis æquationum universalis*, imprimé à Londres en 1690 et réimprimé en 1697. Comme la méthode de Newton avait déjà paru dans l'édition anglaise de l'*Algèbre* de Wallis en 1685, et qu'elle a été ensuite expliquée en détail dans l'édition latine de 1793, on peut être surpris que Raphson n'en ait pas fait mention dans son Ouvrage, ce qui porterait à croire qu'il la regardait comme entièrement différente de la sienne; c'est pourquoi j'ai cru qu'il n'était pas inutile de faire remarquer que ces deux méthodes ne sont au fond que la même présentée différemment.

3. Maintenant il est clair que la bonté de la méthode dont il s'agit dépend de cette condition que, si a est une valeur approchée d'une des racines de l'équation proposée, $a+p$ sera une valeur plus approchée de la même racine; c'est donc ce qu'il faut examiner.

Soient α, β, γ, ... les m racines de l'équation

$$x^m - Ax^{m-1} + Bx^{m-2} - \ldots = 0;$$

cette équation, comme on l'a vu dans la Note II, peut toujours se mettre sous la forme

$$(x-\alpha)(x-\beta)(x-\gamma)\ldots = 0.$$

Mettons $a+p$ à la place de x, et développons les termes suivant les puissances de p; on trouvera, pour les deux premiers termes $X+Yp$, ces valeurs de X et Y

$$X = (a-\alpha)(a-\beta)(a-\gamma)\ldots,$$
$$Y = (a-\beta)(a-\gamma)\ldots + (a-\alpha)(a-\gamma)\ldots + (a-\alpha)(a-\beta)\ldots + \ldots,$$

d'où l'on tire

$$\frac{Y}{X} = \frac{1}{a-\alpha} + \frac{1}{a-\beta} + \frac{1}{a-\gamma} + \ldots,$$

et par conséquent

$$p = -\frac{1}{\frac{1}{a-\alpha}+\frac{1}{a-\beta}+\frac{1}{a-\gamma}+\ldots} = \frac{1}{\frac{1}{\alpha-a}+\frac{1}{\beta-a}+\frac{1}{\gamma-a}+\ldots}$$

Supposons que α soit la racine que l'on cherche et que a soit une valeur approchée en plus ou en moins, $\alpha - a$ sera le défaut ou l'excès de la valeur a sur la véritable α, et $\alpha - a - p$ sera le défaut ou l'excès de la valeur corrigée $a + p$; et il faudra, pour la bonté de la méthode, que la quantité $\alpha - a - p$ soit toujours plus petite que la quantité $\alpha - a$, abstraction faite des signes de ces quantités, et, par conséquent, que la quantité $\frac{1}{\alpha - a - p}$ soit toujours plus grande que $\frac{1}{\alpha - a}$, abstraction faite des signes.

4. Faisons, pour abréger,

$$R = \frac{1}{\beta - a} + \frac{1}{\gamma - a} + \ldots;$$

on aura, par la formule trouvée ci-dessus, pour la valeur de p,

$$\alpha - a - p = \alpha - a - \frac{1}{\frac{1}{\alpha - a} + R} = \frac{R(\alpha - a)}{\frac{1}{\alpha - a} + R};$$

donc

$$\frac{1}{\alpha - a - p} = \frac{\frac{1}{\alpha - a} + R}{R(\alpha - a)} = \frac{1}{\alpha - a} + \frac{1}{(\alpha - a)^2 R}.$$

D'où je conclus que, si la valeur de R est du même signe que celle de $\alpha - a$, la valeur de $\alpha - a - p$ sera encore du même signe, et que la condition dont il s'agit aura nécessairement lieu.

Mais, si les deux quantités $\alpha - a$ et R sont de signes contraires, alors, pour que la condition ait lieu, abstraction faite des signes, il faudra que l'on ait

$$\frac{1}{(\alpha - a - p)^2} > \frac{1}{(\alpha - a)^2};$$

or, de l'équation précédente on tire

$$\frac{1}{(\alpha - a - p)^2} = \frac{1}{(\alpha - a)^2} + \frac{2}{(\alpha - a)^3 R} + \frac{1}{(\alpha - a)^4 R^2};$$

donc il faudra que

$$\frac{2}{(\alpha - a)^3 R} + \frac{1}{(\alpha - a)^4 R^2}$$

soit une quantité positive et, par conséquent, que l'on ait la condition

$$2(\alpha - a) R + 1 > 0.$$

Comme la valeur de R dépend des autres racines β, γ, ... qui sont inconnues, il est difficile, peut-être même impossible, de trouver *a priori* un caractère pour juger si la condition dont il s'agit est remplie ou non.

Il est aisé d'ailleurs de former *a posteriori* des équations où cette condition n'aura point lieu, en prenant les racines β, γ, ... de manière que quelques-unes des différences $\beta - a$, $\gamma - a$, ... soient fort petites et de signes différents; et, si β et γ, par exemple, sont imaginaires et de la forme $\varpi + \rho\sqrt{-1}$ et $\varpi - \rho\sqrt{-1}$, il n'y aura qu'à prendre ϖ peu différent de a et ρ fort petit. Alors la valeur corrigée $a + p$, au lieu d'être plus près de la vraie valeur de la racine α que la valeur de a, s'en éloignera au contraire davantage.

5. Il n'y a donc que le premier cas où l'on puisse établir un caractère certain pour le succès de la méthode; car il est visible que, si la quantité a est à la fois plus petite que chacune des racines α, β, γ, ... de l'équation proposée ou plus grande que chacune de ces racines, en regardant, comme on le doit, les quantités négatives comme plus petites que les positives et les plus grandes négatives comme plus petites que les moins grandes, alors la quantité R sera nécessairement de même signe que la quantité $\alpha - a$; et si, parmi ces racines, il y en a d'imaginaires de la forme $\varpi + \rho\sqrt{-1}$, $\varpi - \rho\sqrt{-1}$, il en résultera

dans R les termes

$$\frac{1}{\varpi - a + \rho\sqrt{-1}} + \frac{1}{\varpi - a - \rho\sqrt{-1}},$$

qui se réduisent à

$$\frac{2(\varpi - a)}{(\varpi - a)^2 + \rho^2},$$

quantité qui sera aussi de même signe que $\alpha - a$, si a est en même temps plus petit ou plus grand que ϖ.

D'où l'on peut conclure, en général, que l'usage de la méthode dont il s'agit n'est sûr que lorsque la valeur approchée a est à la fois ou plus grande ou plus petite que chacune des racines réelles de l'équation et que chacune des parties réelles des racines imaginaires, et que, par conséquent, cette méthode ne peut être employée sans scrupule que pour trouver la plus grande ou la plus petite racine d'une équation qui n'a que des racines réelles, ou qui en a d'imaginaires, mais dont les parties réelles sont moindres que la plus grande racine réelle ou plus grandes que la plus petite de ces racines.

Pour que les valeurs corrigées successivement approchent toutes de plus en plus de la vraie valeur de la racine, il faudra prendre pour première valeur approchée une quantité plus grande que la plus grande des racines si c'est celle-ci qu'on cherche, ou plus petite que la plus petite racine si l'on cherche la plus petite; alors toutes les valeurs corrigées successivement seront aussi plus grandes que la plus grande ou plus petites que la plus petite des racines, et la condition nécessaire pour la convergence aura constamment lieu pour toutes ces valeurs, puisque R et $\alpha - a$ seront toujours de même signe, en prenant pour a chacune de ces mêmes valeurs.

6. Lorsque toutes les racines de l'équation sont réelles, il est facile de reconnaître si la première valeur approchée a est plus grande ou plus petite que chacune des racines; car, en mettant l'équation sous la forme

$$(x-\alpha)(x-\beta)(x-\gamma)\ldots = 0,$$

et substituant $a+p$ pour x, elle deviendra

$$(p+a-\alpha)(p+a-\beta)(p+a-\gamma)\ldots=0,$$

où $a-\alpha$, $a-\beta$, $a-\gamma$, ... seront, dans le premier cas, des quantités positives, et, dans le second, toutes négatives; donc, dans le premier cas, on aura une transformée en p dont tous les termes seront positifs, et, dans le second cas, cette transformée aura ses termes alternativement positifs et négatifs.

Réciproquement, si les termes de la transformée en p sont tous positifs, il est évident qu'il n'y aura alors aucune valeur positive de p qui puisse satisfaire à l'équation; par conséquent, les valeurs réelles de p seront nécessairement négatives; donc, les racines de l'équation en p étant $\alpha-a$, $\beta-a$, $\gamma-a$, ..., il faudra que ces quantités soient toutes négatives ou imaginaires; donc la quantité a sera nécessairement plus grande que chacune des racines réelles de l'équation, quand même elle aurait des racines imaginaires.

On prouvera de la même manière que, si les termes de la transformée en p sont alternativement positifs et négatifs, la quantité a sera nécessairement plus petite que chacune des racines réelles, soit qu'il y ait des imaginaires ou non.

7. Mais, dans le cas où l'équation a des racines imaginaires, on ne pourra pas s'assurer de la même manière que la quantité a sera en même temps plus grande ou plus petite que chacune des parties réelles de ces racines; je ne vois pas même qu'on puisse s'en assurer autrement que par le moyen de l'équation dont ces parties réelles seraient racines. Or, si

$$\beta=\varpi+\rho\sqrt{-1} \quad \text{et} \quad \gamma=\varpi-\rho\sqrt{-1},$$

on a

$$\varpi=\frac{\beta+\gamma}{2};$$

ainsi l'équation dont ϖ sera une des racines ne peut être que celle qui aura pour racines les demi-sommes des racines de la proposée, prises deux à deux, et qui, par la théorie des combinaisons, montera au degré $\frac{m(m-1)}{2}$.

Ayant formé cette équation par les formules que nous avons indiquées plus haut (Note III), on y substituera $a+z$ à la place de l'inconnue; et, si la transformée a tous ses termes positifs ou alternativement positifs et négatifs, on sera assuré que le nombre a sera plus grand ou plus petit que chacune des valeurs de ϖ, et par conséquent aussi que chacune des parties réelles des racines imaginaires.

8. Newton n'a appliqué sa méthode qu'à l'équation

$$x^3 - 2x - 5 = 0,$$

que nous avons résolue (n° 25). Il suppose d'abord, dans le Chapitre IV, $a = 2$, et, substituant $2+p$ à la place de x, il a la transformée

$$0 = -1 + 10p + 6p^2 + p^3,$$

d'où il tire $p = \frac{1}{10} = 0,1$; il fait ensuite $p = 0,1 + q$, il a la nouvelle transformée

$$0 = 0,061 + 11,23q + 6,3q^2 + q^3,$$

d'où il tire $q = -\frac{0,061}{11,23} = -0,0054\ldots$; il continue en faisant $q = -0,0054 + r$, il vient la transformée

$$0 = 0,000541708 + 11,16196r + 6,3r^2 + r^3,$$

d'où il déduit $r = \frac{-0,000541708}{11,16196} = -0,00004853\ldots$, et ainsi de suite.

Ainsi les valeurs convergentes de x sont

$$2,\quad 2,1,\quad 2,0946,\quad 2,09455147,$$

dont la dernière est exacte à la dernière décimale près (numéro cité).

Dans ce cas, la série est, comme l'on voit, très-convergente. On peut, en effet, s'assurer *a priori*, par ce que nous avons démontré, que cela doit être ainsi.

Car nous avons vu (numéro cité) que les deux autres racines de cette équation sont imaginaires, et qu'en les représentant par $\varpi \pm \rho\sqrt{-1}$ on a à très-peu près

$$\rho^2 = \frac{160}{4.31} = \frac{40}{31} \quad \text{et} \quad \varpi = -\frac{15}{8\rho^2 + 4} = -\frac{15.31}{4.111} = -\frac{465}{444};$$

donc, puisque, outre la racine α que l'on cherche, il n'y a que ces deux racines imaginaires, on aura dans ce cas

$$R = \frac{2(\varpi - a)}{(\varpi - a)^2 + \rho^2}.$$

Or, a étant $= 2$, on a

$$\varpi - a = -\frac{1353}{444};$$

mais, α étant à très-peu près 2,0945..., on a

$$\alpha - a = 0{,}0945\ldots;$$

d'où l'on voit d'abord que R et $\alpha - a$ sont de signes différents, et qu'ainsi, pour que la première correction de a soit juste, il faut que la condition

$$2(\alpha - a)R + 1 > 0$$

ait lieu. Or on trouve

$$R = -0{,}6575 \quad \text{et de là} \quad 2(\alpha - a)R = -0{,}1244;$$

de sorte que la condition dont il s'agit est amplement satisfaite. Ainsi on est assuré que la première valeur corrigée 2, 1 approchera davantage de la vraie valeur de la racine. En prenant cette valeur pour a, on a

$$\alpha - a = -0{,}0055\ldots;$$

donc, $\alpha - a$ et R étant maintenant de même signe, les corrections suivantes approcheront toutes de plus en plus de la vraie valeur de la racine cherchée.

NOTE VI.

SUR LA MÉTHODE D'APPROXIMATION TIRÉE DES SÉRIES RÉCURRENTES.

1. Reprenons l'équation

$$x^m - Ax^{m-1} + Bx^{m-2} - Cx^{m-3} + \ldots = 0,$$

dont on a désigné les racines par α, β, γ, ...; on aura (Note II), par la nature de ces racines, l'équation identique

$$x^m - Ax^{m-1} + Bx^{m-2} - Cx^{m-3} + \ldots = (x-\alpha)(x-\beta)(x-\gamma)(x-\delta)\ldots,$$

laquelle doit avoir lieu, quelle que soit la valeur de x.

L'identité de l'équation subsistera donc encore en mettant $x+i$ au lieu de x, quelles que soient les valeurs de x et i; donc aussi, si après la substitution on développe suivant les puissances de i, les termes affectés de i^2, ... fourniront d'autres équations identiques; ce seront les équations que nous avons appelées *dérivées* dans la *Théorie des fonctions*.

La première de ces équations dérivées sera

$$\begin{aligned} &mx^{m-1} - (m-1)Ax^{m-2} + (m-2)Bx^{m-3} - \ldots \\ &\quad = (x-\beta)(x-\gamma)\ldots + (x-\alpha)(x-\gamma)\ldots + (x-\alpha)(x-\beta)\ldots + \ldots. \end{aligned}$$

Divisons cette équation par l'équation identique ci-dessus; on aura

$$\frac{mx^{m-1} - (m-1)Ax^{m-2} + (m-2)Bx^{m-3} - \ldots}{x^m - Ax^{m-1} + Bx^{m-2} - Cx^{m-3} + \ldots} = \frac{1}{x-\alpha} + \frac{1}{x-\beta} + \frac{1}{x-\gamma} + \ldots,$$

équation qui doit être aussi identique, quelle que soit la valeur de x. Donc elle le sera encore si l'on en développe les deux membres en séries qui procèdent suivant les puissances positives ou négatives de x.

2. Développons d'abord suivant les puissances négatives; la fraction qui forme le premier membre deviendra

$$\frac{P}{x}+\frac{Q}{x^2}+\frac{R}{x^3}+\frac{S}{x^4}+\ldots,$$

et, pour trouver les valeurs des coefficients P, Q, R, ..., il n'y a qu'à multiplier par le dénominateur $x^m - Ax^{m-1}+\ldots$, et comparer ensuite les termes avec ceux du numérateur $mx^{m-1}-(m-1)Ax^{m-2}+\ldots$; on aura ainsi

$$\begin{aligned}
P &= m,\\
Q &= AP-(m-1)A,\\
R &= AQ-BP+(m-2)B,\\
S &= AR-BQ+CP-(m-3)C,\\
&\ldots\ldots\ldots\ldots\ldots\ldots,
\end{aligned}$$

où l'on voit que la suite des quantités P, Q, R, ... devient après le $m^{\text{ième}}$ terme une suite récurrente, dont l'échelle de relation est A, $-$B, C, $-$D, ...

Développant de même les fractions qui forment le second membre, il deviendra

$$\frac{m}{x}+(\alpha+\beta+\gamma+\ldots)\frac{1}{x^2}+(\alpha^2+\beta^2+\gamma^2+\ldots)\frac{1}{x^3}+(\alpha^3+\beta^3+\gamma^3+\ldots)\frac{1}{x^4}+\ldots.$$

Maintenant, la comparaison des termes semblables des deux membres de l'équation donne

$$\begin{aligned}
P &= m,\\
Q &= \alpha+\beta+\gamma+\ldots,\\
R &= \alpha^2+\beta^2+\gamma^2+\ldots,\\
S &= \alpha^3+\beta^3+\gamma^3+\ldots,\\
&\ldots\ldots\ldots\ldots\ldots\ldots,
\end{aligned}$$

et, en général, un terme quelconque, dont le quantième sera μ à compter de Q, sera égal à

$$\alpha^\mu+\beta^\mu+\gamma^\mu+\ldots.$$

C'est l'expression du terme général de la série.

On a par là la démonstration la plus simple de la loi donnée par Newton pour la somme des puissances des racines. Mais les formules précédentes sont surtout utiles pour approcher de la valeur de la plus grande des racines α, β, γ, ... En effet, il est clair que, si toutes ces racines sont réelles et que α soit par exemple la plus grande des racines, soit qu'elle soit positive ou négative, la puissance α^μ surpassera d'autant plus les puissances semblables des autres racines, et même la somme de ces puissances, que l'exposant μ sera plus grand; d'où il s'ensuit que, si T et V sont des termes consécutifs de la série P, Q, R, ..., on aura à très-peu près $\alpha = \frac{V}{T}$, et cette valeur de la racine α sera d'autant plus approchée que les termes dont il s'agit seront plus éloignés du commencement de la série.

3. Si parmi les racines β, γ, ... il y en avait d'imaginaires, on aurait, par exemple,

$$\beta = \varpi + \rho\sqrt{-1}, \quad \gamma = \varpi - \rho\sqrt{-1};$$

alors, faisant $\sqrt{\varpi^2 + \rho^2} = \Pi$ et $\frac{\rho}{\varpi} = \tang\varphi$, on aurait

$$\beta = \Pi(\cos\varphi + \sin\varphi\sqrt{-1}), \quad \gamma = \Pi(\cos\varphi - \sin\varphi\sqrt{-1});$$

donc, par le théorème connu,

$$\beta^\mu = \Pi^\mu(\cos\mu\varphi + \sin\mu\varphi\sqrt{-1}),$$

$$\gamma^\mu = \Pi^\mu(\cos\mu\varphi - \sin\mu\varphi\sqrt{-1}),$$

et par conséquent

$$\beta^\mu + \gamma^\mu = 2\Pi^\mu\cos\mu\varphi.$$

Ainsi, pourvu que la racine α soit en même temps plus grande que Π ou $\sqrt{\varpi^2 + \rho^2}$, c'est-à-dire plus grande que $\sqrt{\beta\gamma}$, la puissance α^μ surpassera aussi la somme de pareilles puissances de β et γ.

Donc la méthode ne sera en défaut, à cause des racines imaginaires, qu'autant qu'il s'en trouvera dans lesquelles le produit réel des deux racines correspondantes sera plus grand que le carré de la plus grande des racines réelles; et, dans ce cas, la série, au lieu de s'approcher et de se confondre à la fin avec une série géométrique, s'en éloignera continuellement.

4. Cette méthode rentre évidemment dans celle que Daniel Bernoulli a déduite de la considération des suites récurrentes, et qu'Euler a exposée en détail dans son *Introduction*. Dans celle-ci, on donne à la fraction génératrice de la série, pour numérateur, un polynôme quelconque d'un degré moindre que le dénominateur, ce qui rend les m premiers termes de la série entièrement arbitraires. Cette fraction se décompose dans les fractions simples

$$\frac{a}{x-\alpha}+\frac{b}{x-\beta}+\frac{c}{x-\gamma}, \quad \ldots,$$

d'où résulte, pour les termes de la série, cette expression générale

$$a\alpha^\mu + b\beta^\mu + c\gamma^\mu + \ldots,$$

laquelle donne également, lorsque la racine α est beaucoup plus grande que chacune des autres, $\frac{V}{T}$ pour la valeur approchée de α, quelle que soit la valeur du coefficient a. Mais l'indétermination des premiers termes de la série, au lieu d'être un avantage de cette méthode, est plutôt un inconvénient; car s'il arrive que les deux racines α, β soient égales, alors les deux termes $a\alpha^\mu + b\beta^\mu$ prennent en général la forme

$$(a' + b'\mu)\alpha^\mu,$$

et, si les trois racines α, β, γ sont égales, les trois termes $a\alpha^\mu + b\beta^\mu + c\gamma^\mu$ prennent la forme

$$(a' + b'\mu + c'\mu^2)\alpha^\mu,$$

et ainsi de suite; d'où il est aisé de voir que, lorsque la plus grande racine α est une racine double ou triple, etc., la série converge bien moins rapidement vers une série géométrique. En prenant pour numérateur la fonction prime du dénominateur, ainsi que nous l'avons fait ci-dessus, tous les coefficients a, b, c, ... deviennent égaux à l'unité, et, dans le cas des racines égales α et β, les deux termes $\alpha^\mu + \beta^\mu$ deviennent simplement $2\alpha^\mu$, et ainsi des autres; de sorte que les racines égales n'influent en rien sur la convergence de la série.

5. Pour donner un exemple de ce que nous venons de dire, je prendrai celui de l'article 346 de l'*Introduction* d'Euler. L'équation à résoudre est

$$x^3 - 3x^2 + 4 = 0;$$

Euler prend 0, 1 et 3 pour les trois premiers termes, et il forme par l'échelle de relation, 3, 0, -4, la série récurrente

$$1,\ 3,\ 9,\ 23,\ 57,\ 135,\ 313,\ 711,\ \ldots,$$

dans laquelle il observe que le quotient de chaque terme, divisé par le précédent, est toujours plus grand que 2, racine double, et en même temps la plus grande.

Si l'on emploie les formules données ci-dessus, en faisant

$$m = 3,\quad A = 3,\quad B = 0,\quad C = 4,$$

tous les termes P, Q, R, ... se trouvent multiples de 3; de sorte que, rejetant ce facteur pour plus de simplicité, on trouve par la même échelle de relation, mais en partant des termes 1, 1, 3, la série

$$1,\ 1,\ 3,\ 5,\ 11,\ 21,\ 43,\ 85,\ 171,\ 341,\ \ldots,$$

où l'on voit que le quotient de chaque terme, divisé par celui qui le précède, converge très-rapidement vers la racine double 2.

6. Nous avons développé plus haut l'équation identique

$$\frac{mx^{m-1} - \ldots}{x^m - Ax^{m-1} + \ldots} = \frac{1}{x-\alpha} + \frac{1}{x-\beta} + \ldots$$

suivant les puissances négatives de x; développons-la maintenant suivant les puissances positives. Pour cela, soient

$$a - bx + cx^2 - dx^3 + \ldots$$

les derniers termes du polynôme

$$x^m - Ax^{m-1} + Bx^{m-2} - \ldots;$$

on mettra le premier membre de l'équation identique sous la forme

$$\frac{-b + 2cx - 3dx^2 + 4ex^3 - \ldots}{a - bx + cx^2 - dx^3 + ex^4 - \ldots},$$

et le développement de cette fraction suivant les puissances croissantes de x sera de la forme

$$-P' - Q'x - R'x^2 - S'x^3 - \ldots;$$

en multipliant par le dénominateur et comparant les termes, on trouvera

$$\begin{aligned} aP' &= b, \\ aQ' &= bP' - 2c, \\ aR' &= bQ' - cP' + 3d, \\ aS' &= bR' - cQ' + dP' - 4e, \\ &\ldots\ldots\ldots\ldots, \end{aligned}$$

ce qui donne une série récurrente dont l'échelle est

$$\frac{b}{a}, \quad -\frac{c}{a}, \quad \frac{d}{a}, \quad \ldots.$$

Le second membre de la même équation, étant développé pareillement suivant les puissances croissantes de x, donnera la série

$$-\left(\frac{1}{\alpha} + \frac{1}{\beta} + \frac{1}{\gamma} + \ldots\right) - \left(\frac{1}{\alpha^2} + \frac{1}{\beta^2} + \frac{1}{\gamma^2} + \ldots\right)x - \left(\frac{1}{\alpha^3} + \frac{1}{\beta^3} + \frac{1}{\gamma^3} + \ldots\right)x^2 - \ldots,$$

de sorte qu'on aura par la comparaison

$$\begin{aligned} &\frac{1}{\alpha} + \frac{1}{\beta} + \frac{1}{\gamma} + \ldots = P', \\ &\frac{1}{\alpha^2} + \frac{1}{\beta^2} + \frac{1}{\gamma^2} + \ldots = Q', \\ &\frac{1}{\alpha^3} + \frac{1}{\beta^3} + \frac{1}{\gamma^3} + \ldots = R', \\ &\ldots\ldots\ldots\ldots \end{aligned}$$

Ces formules renferment la loi des sommes des puissances réciproques des racines.

Il est évident que, si α est la plus petite racine, soit positive ou négative, les puissances $\frac{1}{\alpha^\mu}$ surpasseront d'autant plus la somme des pareilles puissances des autres racines, que α sera plus petite que chacune des autres racines β, γ, ... Par conséquent, si T′ et V′ sont deux termes consécutifs de la série P′, Q′, R′, ..., le quotient $\frac{T'}{V'}$ approchera d'autant plus de la valeur de la plus petite racine réelle de l'équation, que ces termes seront plus éloignés du commencement de la série. Ainsi cette série servira à trouver la plus petite racine, comme la première P, Q, R, ... sert à trouver la plus grande; et, à l'égard des racines imaginaires, on prouvera de la même manière qu'elles n'empêcheront pas l'approximation vers la plus petite racine réelle, pourvu que le carré de cette racine soit en même temps plus petit que chacun des produits réels des racines imaginaires correspondantes.

7. On pourrait donc employer cette méthode d'approximation pour chacune des racines réelles d'une équation quelconque si l'on connaissait d'avance une valeur approchée a de cette racine, telle que la différence entre cette valeur et la vraie valeur de la racine fût moindre en quantité, c'est-à-dire abstraction faite des signes, que la différence entre la même valeur et chacune des autres racines réelles, et en même temps moindre que la racine carrée de chacun des produits des racines imaginaires correspondantes, s'il y en a, diminuées de la même valeur; car alors, en nommant a la valeur approchée de la racine cherchée et faisant $x = a + p$, on aura une transformée en p, dont la plus petite racine pourra se déterminer par la méthode précédente, et cette racine, jointe à la première valeur approchée, donnera la racine cherchée. Mais on ne saurait trouver les premières valeurs qu'en faisant usage des méthodes que nous avons données, et, ces valeurs étant une fois connues, il est bien plus exact d'employer la méthode d'approximation du Chapitre III; aussi ne suis-je entré dans

ce détail sur la méthode d'approximation tirée des séries récurrentes que pour ne rien laisser à désirer sur le sujet dont il s'agit.

8. Si l'on veut appliquer la méthode précédente à l'exemple de Newton, on prendra d'abord la transformée (Note précédente)

$$p^3 + 6p^2 + 10p - 1;$$

et, comme on sait que la racine réelle est moindre que 0,1, il s'ensuit que le produit des deux autres racines, qu'on sait être imaginaires, sera $> \frac{1}{0,1} > 10$, puisque le dernier terme 1 est le produit des trois racines; ainsi l'on est assuré que le carré de la racine cherchée est beaucoup moindre que le produit des deux racines imaginaires. On formera donc la série récurrente par le moyen de la fraction $\frac{10 + 12p + 3p^2}{1 - 10p - 6p^2 - p^3}$, et l'on aura les termes

$$10,\quad 112,\quad 1183,\quad 12512,\quad 132330,\quad \ldots,$$

qu'on peut continuer aussi loin qu'on veut par l'échelle de relation 10, 6, 1; chacun de ces termes, divisé par le suivant, donnera les fractions

$$\frac{10}{112},\quad \frac{112}{1183},\quad \frac{1183}{12512},\quad \ldots,$$

qui, étant réduites en décimales, deviennent

$$0{,}089,\quad 0{,}09467,\quad 0{,}094549,\quad 0{,}0945515,\quad \ldots.$$

Or, nous avons vu dans la Note précédente que la méthode de Newton donne pour la valeur de p la série convergente

$$0{,}1,\quad 0{,}946,\quad 0{,}09455147,\quad \ldots,$$

d'où l'on peut juger de l'accord des deux méthodes. En effet, nous ferons voir plus bas que ces méthodes, quoique fondées sur des principes différents, reviennent à peu près au même dans le fond et donnent des résultats semblables.

NOTE VII.

SUR LA MÉTHODE DE FONTAINE, POUR LA RÉSOLUTION DES ÉQUATIONS.

Comme on ne fait point usage de cette méthode, qui est d'ailleurs peu connue, je pourrais me dispenser d'en parler ici; mais le nom de l'Auteur et la manière dont il l'a annoncée m'engagent à en donner une idée abrégée et à examiner les principes sur lesquels elle est fondée. *Je la donne,* dit-il, *pour l'analyse en entier que l'on cherche si inutilement depuis l'origine de l'Algèbre.* (*Voir* les *Mémoires de l'Académie des Sciences* pour l'année 1747, p. 665.)

1. Cette méthode a deux parties. Dans la première, l'Auteur considère les équations comme composées de facteurs simples, réels ou imaginaires de la forme $x \pm a$, $x \pm a \pm b\sqrt{-1}$, et contenant un certain nombre de quantités réelles positives et inégales, a, b, c, ... Il parcourt toutes les combinaisons possibles des différents facteurs qu'on peut former de cette manière, et il cherche, pour chaque système de facteurs, dans les coefficients de l'équation, les conditions qui sont propres à ce système et qui peuvent le distinguer de tous les autres. Il forme ainsi des Tables qui contiennent tous les différents systèmes de facteurs et les conditions qui leur appartiennent, de manière qu'une équation quelconque étant proposée, dont les coefficients sont donnés en nombres, on puisse tout de suite reconnaître quel est le système de facteurs dont elle peut être composée. Ainsi l'on saura sur-le-champ combien elle a de racines réelles inégales ou égales, positives ou négatives, et combien elle en a d'imaginaires, avec la forme de chacune des imaginaires.

2. Pour donner une idée plus nette de ce que je viens de dire à ceux qui ne sont pas à portée de consulter le Recueil des Mémoires de Fontaine, je vais rapporter ici la Table des équations du second degré, avec un précis de la méthode par laquelle l'Auteur l'a construite; ensuite je ferai quelques remarques sur cette méthode.

Dans les formules suivantes, les lettres m, n et a, b désignent des nombres ou des quantités quelconques positives, et l'on suppose que a est toujours une quantité plus grande que b.

$$x^2+mx+n=\begin{cases}(x+a)(x+a)\ldots\ldots & m^2-4n=0\\ (x+a+a\sqrt{-1})(x+a-a\sqrt{-1})\ldots & m^2-2n=0\\ (x+a)(x+b)\ldots\ldots & m^2-4n>0\\ (x+a+b\sqrt{-1})(x+a-b\sqrt{-1})\ldots & \begin{cases}m^2-4n<0\\ m^2-2n>0\end{cases}\\ (x+b+a\sqrt{-1})(x+b-a\sqrt{-1})\ldots & m^2-2n<0,\end{cases}$$

$$x^2+mx-n=\ (x+a)(x-b),$$

$$x^2-mx+n=\begin{cases}(x-a)(x-a)\ldots\ldots & m^2-4n=0\\ (x-a+a\sqrt{-1})(x-a-a\sqrt{-1})\ldots & m^2-2n=0\\ (x-a)(x-b)\ldots\ldots & m^2-4n>0\\ (x-a+b\sqrt{-1})(x-a-b\sqrt{-1})\ldots & \begin{cases}m^2-4n<0\\ m^2-2n>0\end{cases}\\ (x-b+a\sqrt{-1})(x-b-a\sqrt{-1})\ldots & m^2-2n<0,\end{cases}$$

$$x^2-mx-n=\ (x-a)(x+b),$$

$$x^2+n\ =\ (x+a\sqrt{-1})(x-a\sqrt{-1}),$$

$$x^2-n\ =\ (x+a)(x-a).$$

On voit d'abord dans cette Table toutes les combinaisons possibles des différents facteurs, qui ne peuvent être ici que

$$x\pm a,\quad x\pm b,\quad \text{ou}\quad x\pm a\pm a\sqrt{-1},\quad x\pm a\pm b\sqrt{-1}\quad \text{et}\quad x\pm b\pm a\sqrt{-1}.$$

Pour savoir à quelle forme d'équations chaque combinaison pouvait se rapporter, on a développé les produits et on les a comparés aux équations, en faisant attention que la quantité a doit être plus grande que b. Jusque-là la méthode n'a de difficulté que la longueur du calcul, et tout l'art consiste à trouver les caractères ou conditions propres à chaque combinaison.

Ces conditions sont de deux sortes : les unes sont données par des équations déterminées, comme

$$m^2 - 4n = 0 \quad \text{ou} \quad m^2 - 2n = 0;$$

ce sont celles qui ont lieu lorsqu'on suppose que la quantité b devient nulle ou devient égale à a. Elles ne sont pas difficiles à trouver, car, comme ces suppositions détruisent une des deux indéterminées a, b, en faisant la comparaison des termes résultant du produit des facteurs avec ceux de l'équation, on a une équation de plus qu'il n'y a d'indéterminées, de sorte que, par l'élimination, on parvient nécessairement à une équation de condition; c'est ainsi que les facteurs égaux $(x+a)(x+a)$ donnent la condition

$$m^2 - 4n = 0,$$

et que les facteurs $(x + a + a\sqrt{-1})(x + a - a\sqrt{-1})$ donnent

$$m^2 - 2n = 0.$$

Les autres conditions dérivent de celles-ci, en changeant le signe d'égalité dans celui de majorité ou de minorité. Elles résultent de cette considération que, si une fonction des coefficients m et n est nulle lorsque $a = b$ ou $b = 0$, elle sera plus grande ou plus petite que zéro lorsque a sera plus grand que b ou b plus grand que zéro.

Ainsi, comme le système $(x+a)(x+a)$ peut résulter de celui-ci

$$(x+a)(x+b),$$

en faisant $b = a$, ou de celui-ci

$$(x + a + b\sqrt{-1})(x + a - b\sqrt{-1}),$$

en faisant $b = 0$, la fonction $m^2 - 4n$, qui est nulle pour ce système-là, ne le sera plus dans ces deux-ci, et l'on trouve que cette fonction est positive pour le système $(x+a)(x+b)$ et négative pour le système $(x+a+b\sqrt{-1})(x+a-b\sqrt{-1})$.

L'Auteur suppose comme un principe général que la fonction qui est nulle dans le cas de la coïncidence de deux systèmes sera toujours plus grande que zéro dans l'un et moindre que zéro dans l'autre, et il détermine par un exemple particulier celui des systèmes où elle est positive et celui où elle est négative; mais cette proposition ne peut pas être admise sans démonstration, et il y a même de fortes raisons de douter qu'elle soit vraie en général.

Dans les cas dont il s'agit, on en peut prouver la vérité, car le système $(x+a)(x+b)$, étant développé, donne

$$x^2+(a+b)x+ab;$$

donc $m=a+b$, $n=ab$, et par conséquent

$$m^2-4n=(a-b)^2,$$

quantité toujours positive. De même, le système

$$(x+a+b\sqrt{-1})(x+a-b\sqrt{-1})=x^2+2ax+a^2+b^2$$

donne $m=2a$, $n=a^2+b^2$, et

$$m^2-4n=-4b^2,$$

quantité toujours négative. On peut démontrer de la même manière les autres conditions pour les différents systèmes des équations du second degré.

3. L'Auteur a appliqué les mêmes principes et la même méthode aux équations du troisième et du quatrième degré, et il a donné pour ces degrés des Tables semblables à celle que nous venons de rapporter. (*Voir* le Recueil de ses Mémoires, imprimé en 1764.)

L'étendue de ces Tables augmente en proportion du nombre des combinaisons des différents facteurs, et la recherche des conditions propres à chaque combinaison ou système devient d'autant plus difficile, qu'il arrive souvent que les conditions qui résultent de l'égalité de quelques-unes des quantités a, b, c, ..., qui sont censées former une série décroissante, ont lieu pour plus d'un système à la fois, et qu'il est alors nécessaire de trouver des conditions pour distinguer ces mêmes systèmes entre eux.

L'Auteur ne donne aucune règle générale sur cet objet; il se contente d'essayer successivement les fonctions les plus simples des coefficients m, n, p, ... de l'équation, jusqu'à ce qu'il en trouve une qui soit nulle dans le cas commun à deux systèmes, et qui soit plus grande que zéro dans l'un et plus petite que zéro dans l'autre.

C'est ainsi, par exemple, que, ayant trouvé pour l'équation

$$x^3 + mx^2 + nx + p = 0$$

que les deux systèmes

$$(x+a)(x+b)(x+b) \quad \text{et} \quad (x+a)(x+a)(x+b)$$

ont la même équation de condition

$$4(m^2 - 3n)(-3mp + n^2) - (mn - 9p)^2 = 0,$$

il cherche une fonction de la forme

$$Am^2 + Bn, \quad \text{ou} \quad Am^3 + Bmn + Cp, \quad \text{ou} \quad \ldots$$

telle qu'elle soit $= 0$ dans le cas commun de $a = b$, et qu'elle soit > 0 pour le premier système et < 0 pour le second; il trouve celle-ci

$$2m^3 - 9mn + 27p,$$

qui satisfait à ces deux conditions.

Quoique l'Auteur soit parvenu à trouver ces fonctions pour tous les cas des équations du troisième et du quatrième degré, on peut douter qu'il soit possible de les trouver en général dans les équations des degrés supérieurs; du moins il n'est pas démontré qu'il existe toujours nécessairement des fonctions qui aient ces propriétés; ainsi la théorie peut être aussi en défaut de ce côté.

4. Au reste, on peut trouver directement les conditions précédentes, car, si l'on suppose que l'équation

$$x^3+mx^2+nx+p=0$$

ait un facteur double $(x+\alpha)^2$, il n'y aura qu'à diviser le polynôme x^3+mx^2+nx+p par $x^2+2\alpha x+\alpha^2$; on trouvera le quotient $x+m-2\alpha$ et le reste

$$(n-\alpha^2-2m\alpha+4\alpha^2)x+p+2\alpha^3-m\alpha^2;$$

alors il faudra faire séparément

$$3\alpha^2-2m\alpha+n=0,$$

$$2\alpha^3-m\alpha^2+p=0,$$

d'où l'on tire

$$\alpha=\frac{mn-9p}{2m^2-6n}.$$

Cette valeur, substituée dans la première équation, donne

$$(mn-9p)^2+4(m^2-3n)(3mp-n^2)=0,$$

ce qui est la condition commune aux deux systèmes.

Maintenant, comme le quotient $x+m-2\alpha$ forme le facteur inégal de l'équation, on fera

$\alpha=b,\quad m-2\alpha=a$ pour le système $(x+a)(x+b)(x+b)$,

$\alpha=a,\quad m-2\alpha=b$ pour le système $(x+a)(x+a)(x+b)$;

donc, puisque par l'hypothèse $a>b$, on aura

$m-2\alpha>\alpha$ ou $m-3\alpha>0$ pour le premier système,

$m-3\alpha<0$ pour le second système.

Mais, en substituant la valeur de α, on a

$$m - 3\alpha = \frac{2m^3 - 9mn + 27p}{m^2 - 3n};$$

d'un autre côté, il est facile de s'assurer que, pour les deux systèmes, on a

$$m^2 - 3n > 0,$$

car le système $(x+a)(x+b)(x+b)$ donne

$$m = a + 2b, \quad n = 2ab + b^2,$$

comme il résulte du développement; donc

$$m^2 - 3n = a^2 - 2ab + b^2 = (a-b)^2;$$

et, comme pour l'autre système il n'y a qu'à changer a en b, on aura de même

$$m^2 - 3n = (a-b)^2.$$

Donc les conditions pour les deux systèmes seront simplement

$$2m^3 - 9mn + 27p > 0 \quad \text{pour le premier,}$$

$$2m^3 - 9mn + 27p < 0 \quad \text{pour le second,}$$

comme Fontaine l'a trouvé.

5. Mais les conditions mêmes qui résultent de l'égalité de quelques-unes des quantités $a, b, c, \ldots$ ne sont pas toujours particulières aux systèmes dans lesquels ces égalités ont lieu, comme Fontaine le suppose, ce qui détruit un des principaux fondements de sa théorie.

Par exemple, il trouve dans le troisième degré que, pour l'équation

$$x^3 + mx^2 - nx - p = 0,$$

la condition

$$2m^3 - mn - p = 0$$

est particulière au système

$$(x-a)(x+a+b\sqrt{-1})(x+a-b\sqrt{-1})$$

et doit le distinguer de tous les autres. Mais j'ai reconnu que cette condition a lieu aussi pour tout système de la forme

$$(x+a)(x-b)(x+c),$$

qui se rapporte à la même formule d'équation, lorsque $a+c=2b$, ce qu'on peut aussi prouver *a priori*.

Ainsi, si l'on a l'équation

$$x^3+2x^2-5x-6=0,$$

comme elle satisfait à la condition dont il s'agit, puisque, en faisant $m=2$, $n=5$, $p=6$, on a

$$2.8-2.5-6=0,$$

on pourrait conclure de la Table de la page 546 du Recueil des Mémoires de Fontaine que cette équation a trois facteurs de la forme

$$(x-a)(x+a+b\sqrt{-1})(x+a-b\sqrt{-1}),$$

et que par conséquent elle a deux racines imaginaires, tandis qu'elle a au contraire les trois facteurs réels

$$(x+3)(x-2)(x+1).$$

On doit dire la même chose de la condition

$$2^4.3^4n^4q+2^2.3^5n^3p^2+2^7.3^2.5^2n^2q^2 \\ +2^4.3^2.5.7np^2q-3^3.7^3p^4+2^8.5^4q^3=0,$$

que Fontaine trouve (p. 568) pour le caractère commun des deux systèmes

$$(x+a)(x-b)(x-b+c\sqrt{-1})(x-b-c\sqrt{-1}),$$
$$(x+a)(x-c)(x-c+b\sqrt{-1})(x-c-b\sqrt{-1})$$

appartenant à la formule

$$x^4-nx^2+px-q=0.$$

Cette condition n'est pas particulière à ces deux systèmes; elle a lieu aussi dans tout système de la forme

$$(x+a)(x-b)(x-c)(x-d)$$

appartenant à la même formule d'équations (p. 552), pourvu que l'on ait $b+d=2c$; c'est ce qu'on peut trouver *a priori*, mais ce détail nous mènerait trop loin.

6. On peut conclure de ces observations qu'il n'est pas toujours possible de trouver les conditions qui distinguent chaque système de facteurs de tous les autres, en ne considérant dans les quantités a, b, c, ... qui entrent dans ces facteurs d'autres rapports que ceux d'égalité ou d'inégalité, suivant la théorie de Fontaine. Mais, quand on le pourrait, le travail pour les trouver dans les degrés au-dessus du quatrième serait immense et ne serait pas même utile pour la résolution numérique des équations, comme nous allons le montrer en examinant la seconde partie de la méthode.

7. Dès qu'on aura trouvé, comme l'Auteur le suppose, la forme de chaque facteur de l'équation proposée, il n'y aura plus qu'à déterminer les valeurs des quantités a, b, c, ... qui entrent dans ces facteurs, et qu'on sait être toutes positives et inégales; et voici comment il s'y prend. Il développe les produits des facteurs, et, les comparant à l'équation proposée, il a autant d'équations qu'il y a d'indéterminées a, b, c, ...; il élimine toutes ces quantités, hors deux qu'il se propose de déterminer : il a ainsi deux équations entre ces deux quantités; il fait la plus grande de ces quantités $= R\alpha$ et la plus petite $= R\beta$, et, éliminant R, il a une équation homogène en α et β, dans laquelle il substitue $x\varphi + y$ pour α et $z\varphi + u$ pour β.

Il suppose d'abord $x=1$, $y=0$, $z=0$, $u=1$; il a une équation en φ, dans laquelle il fait successivement $\varphi = 1, 2, 3, \ldots$ jusqu'à ce qu'il trouve deux résultats de signe contraire; alors il fait $\varphi = A$, A étant le plus petit des deux nombres qui ont donné des résultats de signe contraire; donc

$$\alpha = \text{A}, \quad \beta = 1.$$

Il fait ensuite $x = \text{A}$, $y = 1$, $z = 1$, $u = 0$, et, dans l'équation résultante en φ, il cherche de même deux substitutions qui donnent des résultats de signe contraire; nommant B le plus petit des deux nombres, il fait $\varphi = \text{B}$; donc

$$\alpha = \text{AB} + 1, \quad \beta = \text{B}.$$

Il continue de la même manière en faisant x égal à la dernière valeur de α, y à l'avant-dernière, z à la dernière valeur de β et u à l'avant-dernière.

Substituant ensuite successivement ces valeurs de α et β dans l'expression rationnelle de R qui résulte des deux équations, on a celles de a et b, d'autant plus exactement que les opérations sur α et β ont été poussées plus loin.

Pour en donner un exemple, je vais rapporter celui que l'on trouve dans les *Mémoires de l'Académie* de 1747, p. 672.

Soit l'équation

$$x^2 - 3x + 1 = 0;$$

comme elle se rapporte à la formule $x^2 - mx + n$, en faisant $m = 3$, $n = 1$, si l'on examine les conditions relatives à cette formule dans la Table donnée ci-dessus, on trouve que celle-ci

$$m^2 - 4n > 0$$

a lieu; d'où l'on conclut que les deux facteurs sont de la forme

$$(x - a)(x - b).$$

On a donc, en développant, $a + b = 3$ et $ab = 1$.

Soient $a = \text{R}\alpha$, $b = \text{R}\beta$; on aura $\text{R}(\alpha + \beta) = 3$, $\text{R}^2\alpha\beta = 1$; donc

$$\text{R} = \frac{3}{\alpha + \beta} \quad \text{et} \quad 9\alpha\beta = (\alpha + \beta)^2,$$

savoir

$$\alpha^2 - 7\alpha\beta + \beta^2 = 0,$$

où l'on fera $\alpha = x\varphi + y$ et $\beta = z\varphi + u$.

Soient :

1° $x = 1$, $y = 0$, $z = 0$, $u = 1$; donc $\alpha = \varphi$, $\beta = 1$; substituant ces valeurs, on a

$$\varphi^2 - 7\varphi + 1 = 0;$$

faisant $\varphi = 1, 2, \ldots$ jusqu'à $\varphi = 6$, on a des résultats négatifs; mais $\varphi = 7$ donne le résultat 1, donc $\varphi = 6$; donc

$$\alpha = 6, \quad \beta = 1, \quad R = \frac{3}{7}.$$

2° $x = 6$, $y = 1$, $z = 1$, $u = 0$; donc $\alpha = 6\varphi + 1$, $\beta = \varphi$, et l'on a l'équation

$$5\varphi^2 - 5\varphi - 1 = 0.$$

Ici $\varphi = 1$ donne le résultat -1, $\varphi = 2$ donne 9; donc $\varphi = 1$, et de là

$$\alpha = 7, \quad \beta = 1, \quad R = \frac{3}{8}.$$

3° $x = 7$, $y = 6$, $z = 1$, $u = 1$; donc $\alpha = 7\varphi + 6$, $\beta = \varphi + 1$, et, substituant, on a l'équation

$$\varphi^2 - 5\varphi - 5 = 0.$$

Faisant $\varphi = 1, 2, \ldots$ jusqu'à $\varphi = 5$, on a des résultats négatifs; mais $\varphi = 6$ donne le résultat 1, donc $\varphi = 5$; et de là

$$\alpha = 41, \quad \beta = 6, \quad R = \frac{3}{47},$$

et ainsi de suite.

8. Telle est la méthode d'approximation que Fontaine a donnée sans démonstration dans son Mémoire de 1747 et qu'il a redonnée de même dans le Recueil de ses Mémoires. Elle suppose, comme l'on voit, que l'on peut toujours, par la substitution des nombres 1, 2, 3, ... au lieu de φ dans les différentes équations en φ, trouver deux nombres qui donnent des résultats de signe différent, ce qui, par ce que nous avons démontré dans le Chapitre I (n° 5 et suiv.), n'a lieu qu'autant que ces

équations ont des racines positives dont la moindre différence est plus grande que l'unité. D'après cette considération, il est facile de trouver des exemples où la méthode de Fontaine sera en défaut.

Soit, par exemple, l'équation

$$x^3 - 2x^2 - 23x + 60 = 0,$$

qui se rapporte à la formule $x^3 - mx^2 - nx + p$, en faisant $m = 2$, $n = 23$, $p = 60$. La Table de la page 547 du Recueil des Mémoires de Fontaine donne ces trois conditions

$$4(m^2 + 3n^2)(n^2 + 3mp) - (-mn + 9p)^2 > 0, \quad mn - p < 0, \quad m^2 - n < 0$$

pour le système

$$(x + a)(x - b)(x - c),$$

lesquelles se trouvant remplies ici, il s'ensuit que ce système est celui de l'équation proposée.

Pour trouver les trois quantités positives et inégales a, b, c, ..., on comparera le produit des facteurs

$$x^3 + (a - b - c)x^2 + (-ab - ac + bc)x + abc$$

avec l'équation donnée; on aura ces trois équations

$$a - b - c = -2, \quad -ab - ac + bc = -23, \quad abc = 60.$$

Éliminant c, on aura $c = a - b + 2$, et les deux autres équations deviendront

$$a^2 - ab + b^2 + 2(a - b) = 23,$$
$$(a - b)ab + 2ab = 60;$$

et, faisant $a = R\alpha$, $b = R\beta$, on aura

$$R^2(\alpha^2 - \alpha\beta + \beta^2) + 2R(\alpha - \beta) = 23,$$
$$R^3(\alpha - \beta)\alpha\beta + 2R^2\alpha\beta = 60.$$

Enfin, éliminant R, on aura une équation homogène du sixième degré en α et β, réductible à cette forme

$$[20(\alpha^2 + \beta^2) - 41\alpha\beta][15(\alpha^2 + \beta^2) - 34\alpha\beta][12(\alpha^2 + \beta^2) + 25\alpha\beta] = 0.$$

Maintenant on fera, suivant Fontaine, $\alpha = x\varphi + y$, $\beta = z\varphi + u$, et l'on supposera dans la première opération $x = 1$, $y = 0$, $z = 0$, $u = 1$, ce qui donne

$$\alpha = \varphi, \quad \beta = 1;$$

l'équation sera donc

$$[20(\varphi^2 + 1) - 41\varphi][15(\varphi^2 + 1) - 34\varphi][12(\varphi^2 + 1) + 25\varphi] = 0,$$

et il faudra faire successivement $\varphi = 1, 2, 3, \ldots$ jusqu'à ce que l'on trouve deux valeurs de φ qui donnent des résultats de signe contraire, ce qui n'arrivera jamais, les résultats étant toujours positifs, comme il est facile de s'en convaincre par la simple inspection de l'équation. Ainsi la méthode sera en défaut dès la première opération.

Il est aisé de voir qu'on ne peut avoir des résultats négatifs qu'en donnant à φ une valeur intermédiaire entre 1 et 2. Par exemple, en faisant $\varphi = \frac{3}{2}$, on trouve le résultat $-\frac{7 \cdot 9 \cdot 153}{16}$; mais cela est contraire à l'esprit de la méthode de Fontaine, qui suppose que α et β sont toujours des nombres entiers. D'ailleurs, si l'on voulait admettre pour φ des nombres fractionnaires, il serait bien plus simple d'opérer immédiatement sur l'équation proposée, en cherchant deux valeurs de l'inconnue qui donnent des résultats de signe contraire; mais la connaissance de la forme des facteurs, qui est l'objet des Tables de Fontaine, devient inutile pour cette recherche, et la difficulté du problème demeure en son entier.

Nous remarquerons encore que, puisque dans la première opération on fait $\varphi = \frac{\alpha}{\beta} = \frac{a}{b}$, l'équation en φ sera toujours, généralement parlant, d'un degré plus haut que l'équation proposée, car, si a et b sont deux racines réelles, les racines de l'équation en φ seront tous les quotients qu'on peut former en divisant une racine par l'autre; de sorte que, si m est le degré de la proposée, $m(m-1)$ sera celui de l'équation en φ, laquelle sera d'ailleurs nécessairement du genre des réciproques.

Mais si, a étant une racine réelle, b était la partie réelle de deux racines imaginaires, alors $\frac{a}{b}$ serait le quotient d'une racine divisée par la demi-somme de deux autres racines, et l'équation en φ serait du degré $\frac{m(m-1)(m-2)}{2}$.

9. Au reste, comme l'équation en α et β que l'on trouve par le procédé de Fontaine est nécessairement une équation homogène, elle n'a, à proprement parler, qu'une seule inconnue $\frac{\alpha}{\beta}$, et la substitution de $x\varphi+y$ à la place de α et de $z\varphi+u$ à la place de β revient à substituer immédiatement $\frac{x\varphi+y}{z\varphi+u}$ à la place de l'inconnue de cette équation; or cette formule est l'expression générale des fractions convergentes qui résultent d'une fraction continue, dans laquelle φ représente successivement les dénominateurs de cette fraction, et $\frac{y}{u}$, $\frac{x}{z}$ sont les deux fractions successives qui précèdent la fraction $\frac{x\varphi+y}{z\varphi+u}$, comme il résulte de la théorie connue des fractions continues. Ainsi il paraît que Fontaine a cherché à exprimer le rapport entre les quantités α et β, qui est le même que celui entre les quantités a et b, par les fractions convergentes dépendantes des fractions continues; mais la difficulté consiste à déterminer les valeurs de φ lorsque la fraction $\frac{a}{b}$ n'est donnée que par une équation. [*Voir* ci-dessus l'Article IV (n° 78).]

Je me suis un peu étendu sur l'analyse de la méthode de Fontaine, parce que je ne connais jusqu'à présent que deux Auteurs qui en aient parlé, d'Alembert dans l'*Encyclopédie,* au mot *Équation,* et Condorcet dans l'*Histoire de l'Académie des Sciences* pour les années 1771 et 1772, et que l'un et l'autre se sont contentés de jeter des doutes sur cette méthode sans donner les moyens de l'apprécier.

NOTE VIII.

SUR LES LIMITES DES RACINES DES ÉQUATIONS ET SUR LES CARACTÈRES DE LA RÉALITÉ DE TOUTES LEURS RACINES.

La recherche des limites des racines est le premier problème qui se présente dans la théorie des équations, après celui de leur résolution générale. Comme cette résolution est bornée jusqu'ici au quatrième degré, et comme il est démontré par la considération des fonctions des racines que, si elle est possible au delà de ce degré, ce ne peut être qu'en résolvant des équations d'un degré beaucoup plus élevé, ce qui donnerait des expressions intraitables par leur complication, on peut dire que c'est du problème des limites que dépend maintenant tout l'art de résoudre les équations. En effet, dès qu'on a trouvé des limites particulières pour chaque racine, on peut les resserrer par des substitutions successives et approcher ainsi de la valeur de la racine autant que l'on veut.

1. On a senti avant la fin du XVIIe siècle la nécessité de s'occuper de ce problème, et, dès qu'on eut trouvé que l'équation formée en multipliant chaque terme d'une équation donnée par l'exposant de son inconnue renferme les conditions de l'égalité des racines de la proposée, on découvrit bientôt que les racines de cette même équation ainsi formée étaient les limites de celles de l'équation primitive. On sait que Hudde est l'auteur de la première de ces deux importantes découvertes, et je crois que la seconde est due à Rolle, qui l'a donnée dans son *Algèbre,* imprimée en 1690, et qui en a fait la base de sa méthode des *cascades.* Suivant cette méthode, les limites des racines

d'une équation dépendent d'une équation d'un degré inférieur d'une unité, et les limites des racines de celles-ci dépendent de même d'une autre équation d'un degré moindre d'une unité, et ainsi de suite ; de sorte que, pour parvenir aux limites des racines de l'équation proposée, il faut résoudre des équations différentes et successives, qui vont toujours en baissant d'un degré. (*Voir* l'*Analyse démontrée* de Reyneau, où cette méthode est exposée avec beaucoup de détail.) Mais la longueur du calcul qu'elle demande et l'incertitude qui naît des racines imaginaires l'ont fait abandonner depuis longtemps, et l'on aurait peut-être été obligé de renoncer à avoir une méthode générale pour résoudre les équations si l'on n'avait pas trouvé, pour déterminer les limites des racines un moyen indépendant de la résolution de toute équation, comme on l'a vu dans le Chapitre I et dans la Note IV.

La considération des maxima et minima des lignes paraboliques a conduit Stirling à une méthode pour déterminer le nombre et les limites des racines réelles du troisième et du quatrième degré, laquelle a été généralisée par Euler dans son *Calcul différentiel*. Cette méthode revient à celle de Rolle dans le fond; mais elle embrasse également les racines réelles et les racines imaginaires, et pourrait fournir des formules générales pour distinguer ces racines dans les équations du cinquième degré, au moyen des racines du quatrième.

La même considération a fait trouver à De Gua une méthode pour déterminer les caractères de la réalité de toutes les racines d'une équation quelconque. (*Mémoires de l'Académie des Sciences,* année 1741.)

Nous avons vu que ce problème peut se résoudre aussi par le moyen de l'équation dont les racines sont les carrés des différences entre les racines de l'équation donnée; mais cette solution est fondée sur la forme même des racines imaginaires, au lieu que la théorie de De Gua est indépendante de cette forme, et sa méthode a de plus l'avantage de n'exiger que le calcul d'équations de degrés inférieurs à celui de l'équation proposée.

Comme ces différentes méthodes sont intéressantes par elles-mêmes, et encore plus par l'usage dont elles peuvent être dans plusieurs occasions, j'ai cru qu'on serait bien aise de les trouver ici réunies et déduites d'une même théorie, fondée uniquement sur les premiers principes de l'analyse des équations.

2. Soit en général $F(x)$ une fonction rationnelle et sans diviseur, telle que

$$x^m + Ax^{m-1} + Bx^{m-2} + Cx^{m-3} + \ldots + V;$$

si l'on nomme α, β, γ, ... les racines réelles de l'équation

$$F(x) = 0,$$

c'est-à-dire les valeurs de x qui peuvent satisfaire à cette équation, on aura l'équation identique

$$F(x) = (x-\alpha)(x-\beta)(x-\gamma)\ldots \times f(x),$$

$f(x)$ étant une pareille fonction de x, mais d'un degré moindre que m, et qui ne pourra jamais devenir nulle ni négative, quelque valeur qu'on donne à x (Note II).

Cette équation devant avoir lieu quelle que soit la valeur de x, elle aura lieu aussi en mettant $x+i$ à la place de x, quelle que soit la valeur de i; donc, développant les fonctions suivant les puissances de i, il faudra que tous les termes affectés d'une même puissance de i se détruisent mutuellement, ce qui donnera encore autant d'équations identiques qu'on pourra trouver ainsi par le développement actuel. Mais, comme ces nouvelles équations ne sont autre chose que celles que nous avons appelées *dérivées* dans la *Théorie des fonctions*, nous emploierons ici, pour plus de simplicité, la notation et l'algorithme de cette théorie, et l'application que nous allons en faire aux équations fournira un nouvel exemple de son usage dans l'Algèbre, dont elle n'est proprement qu'une branche.

3. Désignons, pour abréger, par $\varphi(x)$ la fonction

$$(x-\alpha)(x-\beta)(x-\gamma)(x-\delta)\ldots;$$

on aura l'équation identique

$$F(x) = \varphi(x) \times f(x),$$

d'où l'on tirera sur-le-champ l'équation dérivée

$$F'(x) = \varphi'(x) \times f(x) + \varphi(x) \times f'(x),$$

et l'on trouvera

$$\begin{aligned}\varphi'(x) = \ & (x-\beta)(x-\gamma)(x-\delta)\ldots + (x-\alpha)(x-\gamma)(x-\delta)\ldots \\ & + (x-\alpha)(x-\beta)(x-\delta)\ldots + (x-\alpha)(x-\beta)(x-\gamma)\ldots \\ & + \ldots\ldots\ldots\ldots\ldots\ldots\ldots\ldots\ldots\ldots\end{aligned}$$

Supposons que les racines α, β, γ, ... soient rangées par ordre de grandeur, en commençant par les plus grandes positives et finissant par les plus grandes négatives. Il est facile de voir, par la nature de la fonction $\varphi'(x)$, qu'en faisant $x = \alpha$ on aura $\varphi'(x) > 0$, qu'en faisant $x = \beta$ on aura $\varphi'(x) < 0$, qu'en faisant $x = \gamma$ on aura $\varphi'(x) > 0$, et ainsi de suite. D'un autre côté, en faisant $x = \alpha, \beta, \gamma, \ldots$, on a toujours $\varphi(x) = 0$ et $f(x) > 0$, par la nature de ces fonctions. Donc

$x = \alpha$	donnera	$F'(x) > 0$,
$x = \beta$	»	$F'(x) < 0$,
$x = \gamma$	»	$F'(x) > 0$,

et ainsi de suite.

Or, en prenant la fonction dérivée du polynôme $F(x)$, on a

$$F'(x) = mx^{m-1} + (m-1)Ax^{m-2} + (m-2)Bx^{m-3} + \ldots + T;$$

donc l'équation $F'(x) = 0$, qui est du degré $m-1$, aura nécessairement des racines réelles qui tomberont entre les valeurs des racines α et β, β et γ, γ et δ, ... (Note I).

4. Désignons par α_1, β_1, γ_1, ... les racines réelles de l'équation $F'(x) = 0$, et l'on démontrera de la même manière que

$x = \alpha_1$	donnera	$F''(x) > 0$,
$x = \beta_1$	»	$F''(x) < 0$,
$x = \gamma_1$	»	$F''(x) > 0$,

et ainsi de suite.

D'où il s'ensuit que l'équation $F''(x) = 0$, dans laquelle

$$F''(x) = m(m-1)x^{m-2} + (m-1)(m-2)Ax^{m-3} + (m-2)(m-3)Bx^{m-4} + \ldots + 2S,$$

aura aussi des racines réelles qui tomberont entre les valeurs des racines α_1 et β_1, β_1 et γ_1, ..., et ainsi de suite.

Il résulte de ces formules différentes conséquences que nous allons développer.

Si l'équation primitive $F(x) = 0$ a deux racines égales, l'équation dérivée $F'(x) = 0$ aura une racine qui, devant tomber entre ces deux, leur sera encore égale; par conséquent, le facteur qui contiendra cette racine sera un diviseur commun des deux polynômes $F(x)$ et $F'(x)$, ce qui est d'ailleurs évident, parce que le polynôme $F(x)$ contenant le facteur carré $(x-\alpha)^2$, le polynôme $F'(x)$ contiendra encore le facteur simple $x-\alpha$. Ainsi l'équation $F'(x) = 0$ renferme la condition pour qu'une des racines de l'équation $F(x) = 0$ soit double.

On prouvera de la même manière que, si l'équation $F(x) = 0$ a trois racines égales, le facteur qui contiendra cette racine sera un diviseur commun des trois polynômes $F(x)$, $F'(x)$ et $F''(x)$, et que les deux équations $F'(x) = 0$, $F''(x) = 0$ contiennent les conditions pour que l'équation $F(x) = 0$ ait trois racines égales, et ainsi de suite, ce qui donne les théorèmes connus sur les racines égales.

5. Considérons d'abord les racines réelles de l'équation $F(x) = 0$, en tant qu'elles peuvent être positives et négatives, et supposons qu'elle en ait un nombre p de positives et un nombre q de négatives. Donc l'équation $F'(x) = 0$ aura nécessairement $p-1$ racines réelles positives, $q-1$ racines réelles négatives, et de plus une racine réelle qui pourra être positive ou négative, car, puisque entre deux racines consécutives de l'équation $F(x) = 0$ il en tombe nécessairement une de l'équation $F'(x) = 0$, il en tombera $p-1$ positives entre les p positives, $q-1$ négatives entre les q négatives, et une entre la plus petite positive et la première négative, qui pourra être positive ou négative.

Donc, si l'équation $F(x) = 0$ a plus de racines positives que l'équation $F'(x) = 0$, elle ne peut en avoir qu'une de plus, et, si elle a plus de racines négatives que celle-ci, elle n'en peut avoir qu'une de plus.

Or, comme toute équation a toujours un nombre pair ou impair de racines positives, suivant que son dernier terme est positif ou négatif (Note II), il s'ensuit que, si les derniers termes sans x des équations $F(x) = 0$, $F'(x) = 0$ sont de même signe, l'équation $F(x) = 0$ ne pourra pas avoir une racine positive de plus que l'équation $F'(x) = 0$; donc, dans ce cas, elle ne pourra avoir qu'une racine négative de plus que cette dernière équation, et par conséquent aussi elle ne pourra avoir une racine positive de plus que celle-ci que dans le cas où les derniers termes des mêmes équations seront de signe différen .

Donc, en général, l'équation $F(x) = 0$ ne pourra avoir qu'une racine positive ou négative de plus que l'équation $F'(x) = 0$, suivant que leurs derniers termes sont de signe différent ou de même signe. Par la même raison, l'équation $F'(x) = 0$ ne pourra avoir qu'une racine positive ou négative de plus que l'équation $F''(x) = 0$, suivant que leurs derniers termes seront de signe différent ou de même signe, et ainsi de suite.

Or on voit, par les formules ci-dessus, que le dernier terme de l'équation $F(x) = 0$ est V, que le dernier terme de l'équation $F'(x) = 0$ est T, que le dernier terme de l'équation $F''(x) = 0$ est 2S, et ainsi de suite; de sorte que, en prenant ces équations à rebours,

La $(m-1)^{\text{ième}}$	aura pour dernier terme	$2.3\ldots(m-1)\,A$,
La $(m-2)^{\text{ième}}$	»	$2.3\ldots(m-2)\,B$,
La $(m-3)^{\text{ième}}$	»	$2.3\ldots(m-3)\,C$,

et ainsi de suite. Mais la $(m-1)^{\text{ième}}$ équation, ou $F^{(m-1)}(x) = 0$, devient

$$2.3.4\ldots mx + 1.2.3\ldots(m-1)\,A = 0;$$

qui a, comme l'on voit, la racine positive ou négative $-\frac{A}{m}$, suivant que A est négatif ou positif. Donc la $(m-2)^{\text{ième}}$ équation ne pourra avoir une racine positive ou négative de plus que celle-ci qu'autant que B sera de différent ou de même signe que A. De même, la $(m-3)^{\text{ième}}$

équation ne pourra avoir une racine positive ou négative de plus que la $(m-2)^{\text{ième}}$ qu'autant que C sera de différent ou de même signe que B, et ainsi de suite.

D'où l'on peut conclure que l'équation $F(x)=0$, ou

$$x^m + Ax^{m-1} + Bx^{m-2} + Cx^{m-3} + \ldots + V = 0,$$

ne peut avoir plus de racines positives ou négatives qu'il y a dans cette équation de termes consécutifs de différent ou de même signe, c'est-à-dire que de variations ou de permanences de signe; par conséquent, si l'équation a toutes ses racines réelles, elle aura précisément autant de racines positives que de variations et autant de négatives que de permanences.

C'est là le fameux théorème de Descartes, que les Anglais attribuent à Harriot, et dont on a différentes démonstrations données par De Gua dans les *Mémoires de Paris*, par Segner et Æpinus dans ceux de Berlin, par Kæstner dans le *Commentaire sur l'Arithmétique* de Newton, etc. J'ai rapporté la précédente parce qu'elle découle naturellement de notre analyse; cependant la plus simple de ces démonstrations est celle que Segner a donnée dans les *Mémoires de Berlin* de l'année 1756. Elle consiste simplement à faire voir qu'en multipliant une équation quelconque par $x-a$ on augmente d'une unité le nombre des variations de signe, et qu'en la multipliant par $x+a$ on augmente aussi d'une unité le nombre des permanences, quelle que soit la valeur des coefficients de l'équation.

6. Nous allons considérer maintenant les racines de l'équation $F(x)=0$ comme réelles ou imaginaires.

Soient, comme ci-dessus, α, β, γ, ... les racines réelles de l'équation $F(x)=0$, et α_1, β_1, γ_1, ... les racines réelles de l'équation $F'(x)=0$, ces racines étant rangées par ordre de grandeur. Je dis que des racines α, β, γ, ... il ne peut y en avoir qu'une qui soit plus grande que α_1, qu'une qui tombe entre α_1 et β_1, qu'une qui tombe entre β_1 et γ_1, et ainsi de suite, et enfin une seule plus petite que la plus petite des quantités α_1, β_1, γ_1, ...; car, si α et β, par exemple, étaient à la fois plus grandes que α_1, comme entre les deux racines α et β il doit tomber nécessairement une racine de l'équation $F'(x) = 0$, cette racine serait alors plus grande que α_1; donc α_1 ne serait plus la plus grande des racines de $F'(x) = 0$, comme on le suppose. De même, si deux racines β et γ tombaient à la fois entre les deux α_1 et β_1, comme entre β et γ il doit nécessairement tomber une racine de l'équation $F'(x) = 0$, cette racine tomberait aussi entre α_1 et β_1, contre l'hypothèse, puisque celles-ci sont supposées se suivre relativement à leur grandeur, et ainsi de suite. Enfin, si plusieurs des racines α, β, γ, ... se trouvaient plus petites que la plus petite des racines α_1, β_1, γ_1, ..., comme il tomberait nécessairement entre elles des racines de l'équation $F'(x) = 0$, ces racines seraient donc encore plus petites que la plus petite des mêmes racines α_1, β_1, γ_1, ..., ce qui ne se peut.

Or, puisqu'on a en général

$$F(x) = (x-\alpha)(x-\beta)(x-\gamma)\ldots \times f(x),$$

il est clair qu'en substituant α_1 au lieu de x, si aucune des racines α, β, γ, ... n'est plus grande que α_1, la valeur de $F(x)$ sera positive, et, si la seule racine α est plus grande que α_1, la valeur de $F(x)$ deviendra négative, puisque dans le premier cas tous les facteurs simples seront positifs, et que dans le second il n'y en aura qu'un de négatif, le polynôme $f(x)$ conservant toujours une valeur positive.

Supposons ensuite qu'on substitue β_1 au lieu de x, et, si aucune des racines α, β, γ, ... ne tombe entre α_1 et β_1, cette substitution donnera une valeur de $F(x)$ de même signe que la substitution de α_1; mais elle donnera une valeur de signe contraire si une des racines tombe entre α_1 et β_1. Car il est visible que tout produit, comme $(\alpha_1 - \alpha)(\beta_1 - \alpha)$, est toujours nécessairement positif tant que la quantité α est à la fois plus grande ou plus petite que chacune des quantités α_1, β_1, qu'au contraire il est nécessairement négatif si la quantité α se trouve entre les deux quantités α_1 et β_1, c'est-à-dire plus grande que l'une d'entre elles et plus petite que l'autre. Or la substitution de α_1 au lieu de x dans $F(x)$ donne

$$(\alpha_1-\alpha)(\alpha_1-\beta)(\alpha_1-\gamma)\ldots\times f(\alpha_1),$$

et la substitution de β_1 au lieu de x dans la même fonction donne

$$(\beta_1-\alpha)(\beta_1-\beta)(\beta_1-\gamma)\ldots\times f(\beta_1);$$

donc le produit de ces deux quantités, savoir la valeur de $F(\alpha_1)\times F(\beta_1)$, sera de la forme

$$(\alpha_1-\alpha)(\beta_1-\alpha)(\alpha_1-\beta)(\beta_1-\beta)(\alpha_1-\gamma)(\beta_1-\gamma)\ldots\times f(\alpha_1)\times f(\beta_1).$$

Donc ce produit sera positif si aucune des quantités α, β, γ, ... ne tombe entre les quantités α_1, β_1, et il sera négatif si une seule des quantités α, β, γ, ... tombe entre les quantités α_1, β_1, puisque les quantités $f(\alpha_1)$ et $f(\beta_1)$ sont toujours essentiellement positives; par conséquent, les valeurs de $F(\alpha_1)$ et de $F(\beta_1)$ seront de même signe dans le premier cas et de signe différent dans le second.

On démontrera de la même manière que la substitution de γ_1 au lieu de x dans $F(x)$ donnera un résultat de même signe ou de signe contraire à celui de la substitution de β_1, suivant qu'aucune des racines α, β, γ, ... ne tombera entre α_1 et γ_1 ou qu'il en tombera une, et ainsi de suite.

Enfin, si l'on désigne par υ_1 la dernière en grandeur des racines α_1, β_1, γ_1, ..., on trouvera, par l'expression de $F(x)$ en facteurs, que le résultat de la substitution de υ_1 au lieu de x dans $F(x)$ sera positif ou négatif, suivant qu'aucune des racines α, β, γ, ... ne sera plus petite que υ_1 ou qu'il y en aura une plus petite que υ_1, le nombre de ces racines étant pair, et que, lorsque ce nombre sera impair, le même résultat sera au contraire positif ou négatif, suivant qu'une des mêmes racines sera plus petite que υ_1 ou qu'aucune d'elles ne sera moindre que υ_1. Or, comme le nombre des racines imaginaires est toujours pair, le nombre des racines réelles α, β, γ, ... de l'équation $F(x)=0$ sera nécessairement pair ou impair, suivant que le nombre total des racines, c'est-à-dire le degré m de l'équation, sera lui-même pair ou impair.

7. On pourra donc toujours juger de la nature des racines d'une équation quelconque de degré m, $F(x) = 0$, par celles de l'équation dérivée $F'(x) = 0$, qui est toujours d'un degré moindre d'une unité, car, ayant les racines réelles $\alpha_1, \beta_1, \gamma_1, \ldots, \upsilon_1$ de celle-ci, qu'on suppose rangées par ordre de grandeur, il n'y aura qu'à les substituer successivement au lieu de x dans l'équation proposée; et l'on en conclura:

1° Qu'elle aura ou n'aura pas une racine plus grande que α_1, selon que $F(\alpha_1)$ sera $<$ ou >0;

2° Qu'elle aura ou n'aura pas une racine comprise entre α_1 et β_1, selon que $F(\beta_1)$ sera de signe différent ou de même signe que $F(\alpha_1)$;

3° Qu'elle aura ou n'aura pas une racine comprise entre β_1 et γ_1, selon que $F(\gamma_1)$ sera de signe différent ou de même signe que $F(\beta_1)$, et ainsi de suite;

4° Et qu'enfin elle aura ou n'aura pas une racine plus petite que υ_1, selon que υ_1 sera positif ou négatif dans le cas de m impair, et négatif ou positif dans le cas de m pair.

Ainsi l'on connaîtra par ces règles non-seulement le nombre des racines réelles de la proposée, mais encore leurs limites, et, si l'on veut compléter ces limites à l'égard des racines plus grandes que α_1 ou plus petites que υ_1, il n'y aurait qu'à chercher encore, par les méthodes du Chapitre IV (n° 12), les limites des racines positives et des racines de l'équation proposée.

Nous remarquerons ici, à l'occasion des règles données dans cet endroit d'après Newton et Maclaurin pour trouver ces limites, que Rolle les connaissait déjà, comme on le voit par les Chapitres V et VI du second Livre de son *Algèbre*.

8. Nous avons supposé jusqu'ici que l'équation proposée pouvait avoir des racines imaginaires mêlées avec les réelles; examinons présentement ce qui doit résulter de la supposition que toutes ses racines soient réelles.

Il est d'abord évident que l'équation $F(x) = 0$ du degré m aura m racines réelles et que l'équation dérivée $F'(x) = 0$ du degré $m-1$ aura aussi nécessairement $m-1$ racines réelles, puisque, entre deux racines réelles consécutives de l'équation $F(x) = 0$, il tombe toujours une racine réelle de l'équation $F'(x) = 0$. Par la même raison, la seconde équation dérivée $F''(x) = 0$ aura aussi nécessairement toutes ses racines réelles, et ainsi de suite.

Ainsi la première condition pour qu'une équation ait toutes ses racines réelles est que ses équations dérivées aient aussi toutes leurs racines réelles; mais celles-ci pourraient avoir toutes leurs racines réelles sans que l'équation primitive en eût aucune.

Supposons donc que les $m-1$ racines $\alpha_1, \beta_1, \gamma_1, \ldots$ de l'équation $F'(x) = 0$ soient toutes réelles, et voyons quelles sont les conditions nécessaires pour que les m racines $\alpha, \beta, \gamma, \ldots$ de l'équation $F(x) = 0$ soient aussi nécessairement réelles. Puisque nous avons démontré, en général, que les racines réelles de l'équation $F(x) = 0$ ne peuvent tomber plus d'une à la fois dans chaque intervalle entre deux racines consécutives de l'équation $F'(x) = 0$, et qu'il ne peut y en avoir aussi qu'une plus grande et une plus petite que la plus grande et la plus petite de cette équation, il est encore évident que, lorsque ses racines sont toutes réelles et au nombre de m, elles doivent nécessairement être telles que α soit plus grande que α_1, que β tombe entre α_1 et β_1, que γ tombe entre β_1 et γ_1, et ainsi de suite. Au contraire, si elles n'étaient pas toutes réelles, comme le nombre des réelles ne pourrait alors surpasser $m-2$ et serait par conséquent moindre que celui des racines α_1, β_1, γ_1, ..., il est visible que la même disposition ne pourrait plus avoir lieu et qu'il y aurait nécessairement quelque intervalle entre ces dernières racines dans lequel il ne tomberait aucune de celles de l'équation $F(x) = 0$, ou au moins qu'aucune de celles-ci ne serait plus grande ou plus petite que la plus grande ou la plus petite des racines α_1, β_1, γ_1, ...

Donc, par ce qui a été démontré ci-dessus, si l'on substitue successivement au lieu de x dans $F(x)$ toutes les racines $\alpha_1, \beta_1, \gamma_1, \ldots$, on aura nécessairement dans le premier cas

$$F(\alpha_1) < o, \quad F(\beta_1) > o, \quad F(\gamma_1) < o, \quad \ldots,$$

et, dans le second cas, il y aura une ou plusieurs de ces conditions qui n'auront pas lieu.

D'un autre côté, en substituant successivement les mêmes racines α_1, β_1, γ_1, ... dans la seconde fonction dérivée $F''(x)$, on aura toujours, comme on l'a vu plus haut,

$$F''(\alpha_1) > o, \quad F''(\beta_1) < o, \quad F''(\gamma_1) > o, \quad \ldots.$$

Donc, en combinant ces conditions avec les précédentes, on en conclura que, lorsque les racines de l'équation donnée $F(x) = o$ sont toutes réelles, les quantités

$$F(\alpha_1) \times F''(\alpha_1), \quad F(\beta_1) \times F''(\beta_1), \quad F(\gamma_1) \times F''(\gamma_1), \quad \ldots$$

seront toutes négatives, et qu'au contraire il y en aura nécessairement de positives si l'équation donnée a des racines imaginaires.

On aurait le même résultat si l'on considérait les quotients

$$\frac{F(\alpha_1)}{F''(\alpha_1)}, \quad \frac{F(\beta_1)}{F''(\beta_1)}, \quad \ldots,$$

et en général des fonctions de la forme

$$M[F(\alpha_1)]^\mu [F''(\alpha_1)]^\nu, \quad M[F(\beta_1)]^\mu [F''(\beta_1)]^\nu, \quad \ldots,$$

M étant un coefficient positif ou une fonction quelconque essentiellement positive, et μ, ν des nombres entiers impairs positifs ou négatifs.

Or, si l'on fait

$$F(x) \times F''(x) = y, \quad \text{ou, en général,} \quad M[F(x)]^\mu \times [F''(x)]^\nu = y,$$

et qu'on élimine ensuite x au moyen de l'équation

$$F'(x) = o,$$

dont les racines sont $\alpha_1, \beta_1, \gamma_1, \ldots$, on aura une équation en y du même degré que cette équation, et dont les racines seront les valeurs de y qui résulteraient de la substitution successive des racines $\alpha_1, \beta_1, \gamma_1, \ldots$ à la place de x. Donc, si ces valeurs sont toutes négatives, l'équation en y n'aura que des racines négatives, et, par conséquent, tous ses termes auront le signe $+$. Et réciproquement, si tous les termes de cette équation ont le signe $+$, elle n'aura que des racines négatives, et les valeurs de y seront toutes négatives.

9. On peut conclure de là que les caractères de la réalité des racines de l'équation $F(x) = 0$ sont que l'équation dérivée

$$F'(x) = 0$$

ait toutes ses racines réelles, et que l'équation en y résultante de l'élimination de x au moyen de cette dernière équation et de l'équation

$$F(x) \times F'(x) = y \quad \text{ou} \quad M[F(x)]^{\mu}[F''(x)]^{\nu} = y$$

ait tous ses termes positifs.

En appliquant les mêmes raisonnements à l'équation dérivée $F'(x) = 0$, on en conclura aussi que les caractères de la réalité de ses racines sont que la seconde équation dérivée

$$F''(x) = 0$$

ait toutes ses racines réelles, et que l'équation en y résultante de l'élimination de x par le moyen de celle-ci et de l'équation

$$F'(x) \times F''(x) = y$$

ait tous ses termes positifs, et ainsi de suite.

Donc enfin, pour avoir tous les caractères de la réalité des racines de l'équation $F(x) = 0$:

1° On fera

$$y = F(x) \times F''(x),$$

et l'on éliminera x au moyen de l'équation

$$F'(x) = 0;$$

on aura la première équation en y.

2° On fera

$$y = F'(x) \times F'''(x),$$

et l'on éliminera x au moyen de l'équation

$$F''(x) = 0;$$

on aura la seconde équation en y.

3° On fera

$$y = F''(x) \times F^{IV}(x),$$

et l'on éliminera x au moyen de l'équation

$$F'''(x) = 0;$$

on aura la troisième équation en y, et ainsi de suite.

Ces équations en y seront au nombre de $m - 1$ si l'équation primitive $F(x) = 0$ est du degré m, parce que la $m^{\text{ième}}$ fonction dérivée de $F(x)$ sera constante et ne contiendra plus x.

10. Cela posé, les caractères de la réalité des racines de l'équation $F(x) = 0$ se réduiront à ce que tous les termes de ces différentes équations en y soient positifs, c'est-à-dire du même signe que le premier dans chaque équation.

Or il est aisé de voir que, l'équation $F(x) = 0$ étant du degré m, les fonctions dérivées $F'(x)$, $F''(x)$, ... seront successivement des degrés $m - 1$, $m - 2$, ..., et que les équations en y seront aussi de ces mêmes degrés; elles fourniront, par conséquent, chacune autant de conditions, de sorte que le nombre total des conditions sera

$$(m-1) + (m-2) + (m-3) + \ldots, \quad \text{ou} \quad 1 + 2 + 3 + \ldots + (m-1) = \frac{m(m-1)}{2}.$$

Nous avons déjà vu (Chap. V, n° 28) qu'on peut déduire les caractères de la réalité de toutes les racines d'une équation de son *équation des différences*, laquelle doit avoir pour cela tous ses termes alternativement positifs et négatifs, ce qui donne autant de conditions qu'il y a d'unités dans le degré de cette équation; de sorte que, m étant le degré de l'équation proposée, $\frac{m(m-1)}{2}$ sera le nombre des conditions nécessaires pour la réalité de toutes les racines. Ainsi les deux méthodes donnent le même nombre de conditions, ce qui est d'autant plus remarquable que, dans les équations du troisième et du quatrième degré, les conditions de la réalité des racines sont réductibles à un moindre nombre, comme on l'a vu dans le Chapitre cité (Art. III).

Mais la méthode précédente a cet avantage, que les conditions trouvées pour la réalité des racines des équations d'un degré quelconque peuvent servir pour tous les degrés plus élevés, ce qui n'a pas lieu à l'égard de celles qui résultent des équations des différences. Ainsi l'on pourrait facilement construire des Tables qui contiendraient successivement les caractères de la réalité de toutes les racines, en commençant par l'équation du second degré, et remontant successivement aux équations plus élevées.

11. Pour donner un essai de ces Tables, nous commencerons par la fonction la plus simple de x, qui est x^0 ou 1, que nous désignerons par X, et nous remonterons successivement aux fonctions primitives, que nous désignerons par $X_{,}$, $X_{,,}$, $X_{,,,}$, ..., en sorte que X sera la fonction dérivée de $X_{,}$, $X_{,}$ la fonction dérivée de $X_{,,}$, et ainsi de suite. Nous aurons ainsi, en multipliant ces fonctions par les nombres 2, 3, 4, ... pour éviter les fractions, et ajoutant successivement les constantes A, B, C, ...,

$$\begin{aligned} X &= 1, \\ X_{,} &= x + A, \\ 2X_{,,} &= x^2 + 2Ax + B, \\ 2.3X_{,,,} &= x^3 + 3Ax^2 + 3Bx + C, \\ 2.3.4X_{\text{IV}} &= x^4 + 4Ax^3 + 6Bx^2 + 4Cx + D, \\ &\ldots\ldots\ldots\ldots\ldots\ldots \end{aligned}$$

Maintenant, pour l'équation du second degré

$$x^2 + 2Ax + B = 0,$$

on fera

$$y = 2XX_{,,} = x^2 + 2Ax + B,$$

et l'on éliminera x au moyen de l'équation

$$X_{,} = 0, \quad \text{ou} \quad x + A = 0;$$

on aura l'équation en y

$$y + A^2 - B = 0.$$

Donc

$$A^2 - B > 0$$

sera la condition de la réalité des racines de l'équation proposée.

Pour l'équation du troisième degré

$$x^3 + 3Ax^2 + 3Bx + C = 0,$$

on aura d'abord la condition précédente; ensuite on fera $y = 2.3X_{,}X_{,,}$, savoir

$$\begin{aligned} y &= (x + A)(x^3 + 3Ax^2 + 3Bx + C) \\ &= x^4 + 4Ax^3 + 3(A^2 + B)x^2 + (3AB + C)x + AC, \end{aligned}$$

et l'on éliminera x au moyen de l'équation

$$X_{,,} = 0, \quad \text{ou} \quad x^2 + 2Ax + B = 0;$$

on trouvera cette équation du second degré

$$y^2 + 2(Aa - b)y + a^2B - 2abA + b^2 = 0,$$

en faisant pour abréger

$$\begin{aligned} a &= 2A^3 - 3AB + C, \\ b &= A^2B - 2B^2 + AC; \end{aligned}$$

ainsi l'on aura de plus ces deux conditions

$$Aa - b > 0, \quad a^2B - 2abA + b^2 > 0.$$

Pour l'équation du quatrième degré

$$x^4 + 4Ax^3 + 6Bx^2 + 4Cx + D = 0,$$

on aura d'abord les trois conditions précédentes; ensuite on fera

$$y = (x^2 + 2Ax + B)(x^4 + 4Ax^3 + 6Bx^2 + 4Cx + D),$$

et, éliminant x au moyen de l'équation

$$X_{\prime\prime\prime} = 0 \quad \text{ou} \quad x^3 + 3Ax^2 + 3Bx + C = 0,$$

on aura une équation en y du troisième degré, qui, étant représentée par

$$y^3 + My^2 + Ny + P = 0,$$

donnera de plus les trois conditions

$$M > 0, \quad N > 0, \quad P > 0,$$

et ainsi de suite.

12. Au reste, nous ne devons pas oublier une très-belle conséquence que De Gua a tirée de sa théorie; voici en quoi elle consiste.

Si dans l'équation $F(x) = 0$ on substitue $a + z$ à la place de x, on a, par la formule du développement des fonctions, la transformée

$$F(a) + \frac{F'(a)}{1} z + \frac{F''(a)}{2} z^2 + \frac{F'''(a)}{2.3} z^3 + \ldots + z^m = 0,$$

dont on peut faire disparaître un terme quelconque, contenant par exemple la puissance z^n, en déterminant a de manière que l'on ait $F^n(a) = 0$. Or, nous venons de voir que, si toutes les racines de l'équation $F(x) = 0$ sont toutes réelles, les valeurs de $F^{n-1}(x)$ et $F^{n+1}(x)$ sont nécessairement de signes contraires pour toutes les valeurs de x qui résultent de l'équation $F^n(x) = 0$; donc aussi les valeurs de $F^{n-1}(a)$ et de $F^{n+1}(a)$ seront de signes contraires pour toutes les valeurs de a résultantes de l'équation $F^n(a) = 0$. D'où il s'ensuit que, si l'on fait évanouir un terme quelconque de la transformée en z, les deux termes voisins auront nécessairement des signes différents si la proposée a toutes ses racines réelles; par conséquent, elle aura des racines imaginaires si les termes voisins de celui qui disparaît ont les mêmes signes, et de là on peut conclure aussi que toute équation à qui il manque des termes a nécessairement des racines imaginaires si les termes voisins de ceux qui manquent sont de même signe.

13. Lorsque toutes les racines de l'équation sont réelles, on peut trouver leurs limites sans le secours d'aucune autre équation, par le moyen de la seule règle de Descartes dont nous avons parlé plus haut (n° 5); car, si l'on diminue, par exemple, toutes les racines d'une équation en x de la quantité a, en y substituant $z + a$ à la place de x, la transformée en z ou en $x - a$ aura autant de variations de signe de moins qu'il y aura de racines positives de l'équation en x qui seront devenues négatives dans l'équation en $x - a$, et par conséquent, parmi les racines positives de l'équation en x, il y en aura autant qui seront moindres que a. Donc, si l'on forme successivement les transformées en $x - 1$, $x - 2$, $x - 3$, ..., chaque variation de signe qui disparaîtra d'une transformée à l'autre, par exemple de la transformée en $x - n$ à la transformée en $x - n - 1$, indiquera une racine positive moindre que $n + 1$, mais non moindre que n, et par conséquent contenue entre les limites n et $n + 1$. On pourra trouver ainsi successivement les premières limites des racines positives, et l'on aura de même celles des racines négatives par la considération des permanences dans les transformées en $n + 1$, $n + 2$, ...

14. J'ignore si cette remarque avait été faite avant le Mémoire que M. Budan présenta à l'Institut en 1803, et qu'il vient de publier avec des augmentations, sous le titre de *Nouvelle méthode pour la résolution des équations numériques*. L'Auteur y donne un moyen simple et élégant de former les coefficients des transformées en $x - 1$, $x - 2$, ..., et, appliquant la règle de Descartes à ces transformées ainsi qu'à d'autres déduites de celles-là, il trouve les limites de toutes les racines et leurs valeurs aussi approchées qu'on veut. On peut dire que cet Ouvrage ne laisse rien à désirer sur la résolution des équations numériques dont toutes les racines sont réelles, et il pourrait à cet égard servir de supplément au présent Traité.

Au reste, si l'équation avait des racines imaginaires, il pourrait disparaître des variations de signe d'une transformée à l'autre sans qu'aucune des racines réelles positives devînt négative, comme on peut s'en convaincre aisément par des exemples; ainsi l'équation

$$x^3 - 2x^2 + 6x - 11 = 0$$

a pour transformée en $x - 1$

$$(x-1)^3 + (x-1)^2 + 5(x-1) - 6 = 0,$$

où l'on voit que deux variations de signe ont disparu; cependant, elle n'a pas de racines entre o et 1.

Mais, si le nombre des variations de signe qui disparaissent d'une transformée à la suivante était impair, on en pourrait toujours conclure l'existence d'une racine réelle positive, car cela ne peut arriver à moins que le dernier terme ne change de signe. Or il est visible que les derniers termes des transformées en $x - n$, $x - n - 1$ ne sont autre chose que les résultats des substitutions de n et de $n + 1$ à la place de x dans la proposée, parce que ces transformées se réduisent à leur dernier terme en y faisant $x = n = n + 1$; ainsi il doit nécessairement y avoir une racine réelle entre n et $n + 1$ (Chap. I, n° 1). La transformée en $x - 2$ de l'équation ci-dessus est

$$(x-2)^3 + 4(x-2)^2 + 10(x-2) + 1 = 0,$$

qui a une variation de moins que la précédente; aussi y a-t-il une racine de la proposée entre 1 et 2.

NOTE IX.

SUR LA FORME DES RACINES IMAGINAIRES.

---

1. Lorsqu'on eut trouvé les formules générales des racines des équations du troisième et du quatrième degré, on remarqua que les racines imaginaires de ces équations se réduisaient, comme celles des équations du second degré, à la forme $p+q\sqrt{-1}$, p et q étant des quantités réelles, et l'on fut porté à conclure que les racines imaginaires de toutes les équations étaient toujours réductibles à la même forme. Cependant on ne pouvait pas adopter cette proposition générale sans démonstration, et ce n'est qu'après plusieurs tentatives qu'on est parvenu à s'en convaincre par des preuves rigoureuses. Comme ce point de la théorie des équations est un de ceux dont les Géomètres se sont le plus occupés dans ce siècle, j'ai cru qu'on ne serait pas fâché de trouver ici un exposé succinct des différentes recherches qu'il a occasionnées.

2. D'Alembert est le premier qui ait envisagé cette question d'une manière générale dans sa Pièce *Sur les Vents* et dans les *Mémoires de l'Académie de Berlin* pour l'année 1746.

Il démontre d'abord qu'une quantité algébrique quelconque, composée de tant d'imaginaires qu'on voudra de la forme $a+b\sqrt{-1}$, peut toujours se réduire à la même forme. Cela se voit facilement pour les quantités formées par multiplication, division et élévation aux puissances entières; on pourrait le démontrer en général pour les quantités de la forme

$$(a+b\sqrt{-1})^{m+n\sqrt{-1}}$$

par le développement ordinaire du binôme; mais, pour avoir des expressions finies, d'Alembert emploie d'une manière ingénieuse la différentiation et l'intégration, en faisant varier les quantités a, b, p et q dans l'équation

$$(a+b\sqrt{-1})^{m+n\sqrt{-1}} = p+q\sqrt{-1}.$$

Cependant il faut avouer que l'emploi du Calcul différentiel est peu naturel dans une question comme celle-ci, où la considération des infiniment petits ou des fluxions est tout à fait étrangère, puisqu'il ne s'agit que d'une simple transformation algébrique. Mais les fonctions dérivées se présentent au contraire très-naturellement et offrent même ici un des exemples les plus propres à montrer l'usage de leur algorithme dans l'Algèbre.

3. En effet, si l'on considère l'équation identique

$$(x+y\sqrt{-1})^{m+n\sqrt{-1}} = p+q\sqrt{-1},$$

en regardant y comme une fonction donnée de x, et p, q comme des fonctions inconnues de x qu'il s'agit de déterminer, les fonctions dérivées des deux membres formeront encore une équation identique; on aura ainsi

$$(m+n\sqrt{-1})(x+y\sqrt{-1})^{m-1+n\sqrt{-1}}(1+y'\sqrt{-1}) = p'+q'\sqrt{-1};$$

divisant cette équation par l'équation primitive, on aura

$$\frac{(m+n\sqrt{-1})(1+y'\sqrt{-1})}{x+y\sqrt{-1}} = \frac{p'+q'\sqrt{-1}}{p+q\sqrt{-1}};$$

équation qui sera, par conséquent, encore identique.

Qu'on multiplie le haut et le bas de la fraction du premier membre par $x-y\sqrt{-1}$, et le haut et le bas de la fraction du second membre par $p-q\sqrt{-1}$, pour faire disparaître le radical $\sqrt{-1}$ du dénominateur, et qu'ensuite on compare la partie réelle du premier membre avec la partie réelle du second et l'imaginaire avec l'imaginaire, on aura ces deux équations

$$\frac{m(x+yy')-n(xy'-y)}{x^2+y^2}=\frac{pp'+qq'}{p^2+q^2},$$

$$\frac{n(x+yy')+m(xy'-y)}{x^2+y^2}=\frac{pq'-qp'}{p^2+q^2}.$$

Qu'on prenne maintenant les fonctions primitives, on aura, en désignant par log les logarithmes hyperboliques et par arc tang l'angle de la tangente,

$$m\log\sqrt{x^2+y^2}-n\,\text{arc tang}\frac{y}{x}=\log\sqrt{p^2+q^2}+\text{K},$$

$$n\log\sqrt{x^2+y^2}+m\,\text{arc tang}\frac{y}{x}=\text{arc tang}\frac{q}{p}+\text{H},$$

K et H étant deux constantes arbitraires qu'il s'agit de déterminer conformément à l'équation primitive donnée. Or, en faisant dans cette équation $y=0$ et $x=1$, on a $q=0$ et $p=1$, et ces suppositions, étant introduites dans les équations précédentes, donnent $\text{K}=0$ et $\text{H}=0$.

Si donc on fait pour plus de simplicité $x=u\cos z$, $y=u\sin z$, ce qui donne

$$u=\sqrt{x^2+y^2},\quad \text{tang}\,z=\frac{y}{x},$$

et ensuite

$$p=r\cos s,\quad q=r\sin s,$$

on aura

$$\log r=m\log u-nz,$$
$$s=n\log u+mz,$$

et, en repassant des logarithmes aux nombres,

$$r=u^m e^{-nz},$$

e étant le nombre dont le logarithme hyperbolique est l'unité.

Ainsi r et s, et par conséquent p et q, seront des fonctions réelles, en supposant x, y, m, n des quantités réelles.

4. On peut, par ces formules, réduire à une forme réelle l'expression des racines des équations du troisième degré dans le cas irréductible; car, l'expression générale de x dans l'équation

$$x^3 - 3Mx - 2N = 0$$

étant, comme l'on sait,

$$\sqrt[3]{N + \sqrt{N^2 - M^3}} + \sqrt[3]{N - \sqrt{N^2 - M^3}},$$

laquelle, dans le cas irréductible où $M^3 > N^2$, devient

$$\sqrt[3]{N + \sqrt{M^3 - N^2}\sqrt{-1}} + \sqrt[3]{N - \sqrt{M^3 - N^2}\sqrt{-1}},$$

si l'on fait dans les formules précédentes

$$x = N, \quad y = \sqrt{M^3 - N^2}, \quad m = \frac{1}{3}, \quad n = 0,$$

on aura

$$u = \sqrt{M^3}, \quad \tang z = \frac{\sqrt{M^3 - N^2}}{N},$$

et de là

$$r = u^{\frac{1}{3}} = \sqrt{M}, \quad s = \frac{z}{3};$$

donc on aura

$$\sqrt[3]{N \pm \sqrt{M^3 - N^2}\sqrt{-1}} = \sqrt{M}\left(\cos\frac{z}{3} \pm \sin\frac{z}{3}\sqrt{-1}\right),$$

et la somme des deux radicaux sera $2\sqrt{M}\cos\frac{z}{3}$.

Or, comme à la même tangente $\frac{\sqrt{M^3 - N^2}}{N}$ répondent les angles z, $z + 2\Delta$, $z + 4\Delta$, Δ étant l'angle droit, l'expression $2\sqrt{M}\cos\frac{z}{3}$ aura ces trois valeurs différentes

$$2\sqrt{M}\cos\frac{z}{3}, \quad 2\sqrt{M}\cos\left(\frac{z}{3} + \frac{2\Delta}{3}\right), \quad 2\sqrt{M}\cos\left(\frac{z}{3} + \frac{4\Delta}{3}\right),$$

qui seront les trois racines de l'équation proposée, et qu'on trouvera ainsi facilement par les Tables trigonométriques.

5. Au reste, il est bon de remarquer que, lorsqu'il ne s'agit que de radicaux pairs, on peut faire la réduction dont il s'agit par les simples opérations de l'Algèbre ordinaire. En effet, soit la quantité

$$\sqrt{a+b\sqrt{-1}}$$

à réduire; je considère la quantité

$$\sqrt{a+b\sqrt{-1}}+\sqrt{a-b\sqrt{-1}}=u;$$

j'aurai, en élevant au carré,

$$2a+2\sqrt{a^2+b^2}=u^2,$$

quantité toujours nécessairement positive en prenant le radical positivement; donc u sera une quantité réelle.

Je considère ensuite la quantité

$$\sqrt{a+b\sqrt{-1}}-\sqrt{a-b\sqrt{-1}}=t;$$

je trouve de même, en carrant,

$$2a-2\sqrt{a^2+b^2}=t^2,$$

quantité essentiellement négative; ainsi l'on aura

$$t^2=-\mathrm{V}^2 \quad \text{et} \quad t=\mathrm{V}\sqrt{-1},$$

V étant une quantité réelle; de là on aura

$$\sqrt{a\pm b\sqrt{-1}}=\frac{1}{2}(u\pm \mathrm{V}\sqrt{-1}).$$

Considérons de même la quantité

$$\sqrt[4]{a+b\sqrt{-1}}+\sqrt[4]{a-b\sqrt{-1}}=s;$$

on aura, en carrant,

$$\sqrt{a+b\sqrt{-1}}+2\sqrt[4]{a^2+b^2}+\sqrt{a-b\sqrt{-1}}=s^2=u+2\sqrt[4]{a^2+b^2},$$

quantité essentiellement positive, en prenant le radical positivement; donc s sera une quantité réelle.

Considérons ensuite la quantité

$$\sqrt[4]{a+b\sqrt{-1}}-\sqrt[4]{a-b\sqrt{-1}}=r;$$

on aura de la même manière

$$\sqrt{a+b\sqrt{-1}}-2\sqrt[4]{a^2+b^2}+\sqrt{a-b\sqrt{-1}}=r^2=u-2\sqrt[4]{a^2+b^2},$$

quantité essentiellement négative, car

$$u^2=2a+2\sqrt{a^2+b^2}<4\sqrt{a^2+b^2},$$

et par conséquent

$$u<2\sqrt[4]{a^2+b^2}.$$

Donc, faisant $r^2=-S^2$, on aura

$$r=S\sqrt{-1},$$

S étant une quantité réelle; donc

$$\sqrt[4]{a\pm b\sqrt{-1}}=\frac{1}{2}(s\pm S\sqrt{-1}).$$

et ainsi de suite.

6. Ces réductions supposées, d'Alembert considère une courbe quelconque, dont l'ordonnée y soit nulle ou infinie lorsque l'abscisse x est nulle, et il observe que, quelle que puisse être l'équation de la courbe, on peut toujours, lorsque x est très-petit, avoir la valeur de y en x, au moyen du parallélogramme de Newton, exprimée par une série très-convergente de la forme

$$y=ax^{\frac{m}{n}}+bx^{\frac{r}{s}}+cx^{\frac{t}{u}}+\ldots,$$

dans laquelle les exposants de x sont imaginés aller en augmentant, et dont on peut toujours supposer que tous les termes sont réels, en faisant x positive, car on peut faire répondre les x positives à la branche où les y sont réelles.

En faisant x négative, les termes où x se trouve élevée à des puissances fractionnaires dont le dénominateur est un nombre pair deviennent imaginaires, et, par le théorème précédent, ils seront toujours réductibles à la forme $p+q\sqrt{-1}$, p et q étant des quantités réelles. Donc toute la série, et par conséquent la valeur de y lorsqu'elle devient imaginaire, sera aussi de la même forme tant que x sera très-petite.

Maintenant, quelle que soit la valeur de y pour une x quelconque, on peut toujours supposer $y=p+q\sqrt{-1}$, p et q étant des quantités indéterminées, et, comme cette valeur est réellement double à raison du radical $\sqrt{-1}$, les quantités p et q seront exprimées par deux équations qu'on aura en substituant $p+q\sqrt{-1}$ au lieu de y dans l'équation de la courbe, et égalant séparément à zéro la partie toute réelle de la transformée et la partie multipliée par $\sqrt{-1}$; ces équations contiendront les quantités p et q mêlées ensemble, mais on pourra, par les méthodes connues, les changer en deux autres, dont l'une ne renferme que p et x et l'autre q et x.

Or, si y n'est pas toujours de la même forme $p+q\sqrt{-1}$, p et q étant des quantités réelles pour toutes les valeurs de x, soit a la plus grande valeur de x pour laquelle y sera de cette forme, et soit $p=b$, $q=c$ lorsque $x=a$. Supposons $x=a+i$, et $p=b+r$, $q=c+s$: en substituant ces valeurs dans les deux équations en p et q, on aura deux équations, l'une en r et i et l'autre en s et i, dans lesquelles $i=0$ donnera $r=0$ et $s=0$, et qui, par la démonstration précédente, donneront r et s de la forme $p+q\sqrt{-1}$, lorsque i sera très-petite, si r et s deviennent imaginaires. On aura donc alors

$$r=\alpha+\beta\sqrt{-1}, \quad s=\gamma+\delta\sqrt{-1},$$

α, β, γ, δ étant des quantités réelles; donc

$$p=b+\alpha+\beta\sqrt{-1}, \quad q=c+\gamma+\delta\sqrt{-1},$$

et par conséquent

$$y = b + \alpha - \delta + (\beta + c + \gamma)\sqrt{-1},$$

c'est-à-dire de la même forme $p + q\sqrt{-1}$.

Donc a n'est pas, comme on l'a supposé, la plus grande valeur de x qui donne y de cette forme; donc la valeur de y, lorsqu'elle est imaginaire, sera toujours de cette même forme, quelle que soit la valeur de x.

Cette conclusion générale s'applique naturellement aux équations d'un degré quelconque, à une seule inconnue, car, nommant y l'inconnue de l'équation et supposant le dernier terme égal à x, on aura une équation entre x et y, dans laquelle $x = 0$ donnera $y = 0$, et qui sera susceptible de la démonstration précédente. Donc, quelle que soit la valeur du dernier terme x, celle de y, si elle devient imaginaire, sera de la forme $p + q\sqrt{-1}$.

L'équation ayant ainsi une racine imaginaire de cette forme en aura nécessairement une autre de la forme $p - q\sqrt{-1}$, puisque le calcul est le même pour les deux racines, à cause de l'ambiguïté du radical $\sqrt{-1}$; elle aura donc les deux facteurs

$$y - p - q\sqrt{-1}, \quad y - p + q\sqrt{-1},$$

qui forment le facteur double réel

$$y^2 - 2py + p^2 + q^2,$$

et sera par conséquent divisible par ce facteur, ce qui l'abaissera à un degré moindre de deux unités, et l'on pourra appliquer à cette nouvelle équation les mêmes raisonnements et les mêmes conclusions, et ainsi de suite.

7. Cette démonstration est incomplète, car, quoique dans une équation à deux indéterminées on puisse toujours exprimer l'une des indéterminées par une série de puissances ascendantes de l'autre indéterminée, il peut arriver que les coefficients des termes de la série

dépendent eux-mêmes d'équations qui n'aient point de racines réelles; ce qui introduirait dans la série d'autres imaginaires que celles qui viennent des puissances de l'indéterminée. Mais on peut, sur les mêmes principes, fonder une démonstration plus rigoureuse, et en même temps plus générale et plus simple, de la manière suivante.

Soit l'équation

$$x^m + Ax^{m-1} + Bx^{m-2} + \ldots + V = 0,$$

que nous représenterons, pour plus de simplicité, par

$$f(x) + V = 0,$$

$f(x)$ étant une fonction rationnelle et entière de x, qui contient x dans tous ses termes. Nous supposerons que cette équation n'ait point de racines réelles, parce que, si elle en a, on peut les éliminer en divisant l'équation par les facteurs simples réels qui résultent de ces racines.

Il est clair que, si l'équation proposée n'a pas de racines réelles dans l'état où elle est, c'est-à-dire tant que ses coefficients ont les valeurs données, elle peut en recevoir en changeant seulement la valeur du dernier terme V, car, en prenant une quantité quelconque K et faisant $V = -f(K)$, l'équation

$$f(x) - f(K) = 0$$

aura la racine réelle K. Considérons donc une des racines imaginaires de l'équation

$$f(x) + V = 0,$$

laquelle devienne réelle en faisant varier la valeur de V, et supposons qu'elle ne demeure imaginaire que tant que la valeur de V sera entre les limites a et b, a étant $< b$, de manière que x ait une valeur réelle α dans l'équation

$$f(x) + a = 0$$

et une valeur réelle β dans l'équation

$$f(x) + b = 0,$$

et que cette racine soit imaginaire dans les équations

$$f(x) + a + i = 0, \quad f(x) + b - i = 0,$$

i étant une quantité quelconque positive, aussi petite qu'on voudra. Soit $\alpha + u$ la valeur imaginaire de x dans l'équation

$$f(x) + a + i = 0;$$

la fonction $f(x)$ deviendra, par la substitution de $\alpha + u$ à la place de x,

$$f(\alpha) + uf'(\alpha) + \frac{u^2}{2} f''(\alpha) + \ldots,$$

par la formule connue du développement des fonctions; mais, puisque α est la racine de l'équation

$$f(x) + a = 0,$$

on a $f(\alpha) + a = 0$, donc $a = -f(\alpha)$; ainsi l'équation

$$f(x) + a + i = 0$$

deviendra

$$uf'(\alpha) + \frac{u^2}{2} f''(\alpha) + \ldots + i = 0.$$

Or, si le coefficient $f'(\alpha)$ n'est pas nul, il est évident qu'en supposant i une quantité très-petite, à volonté, on pourra toujours avoir u par une série très-convergente et toute réelle, car on aura d'abord

$$u = -\frac{i}{f'(\alpha)};$$

ensuite, en substituant cette première valeur de u, on aura

$$u = -\frac{i}{f'(\alpha)} - \frac{i^2 f''(\alpha)}{2f'(\alpha^2)},$$

et ainsi de suite. Donc u sera une quantité réelle, contre l'hypothèse.

Il faudra donc, pour que u devienne imaginaire, que l'on ait $f'(\alpha) = 0$; alors l'équation deviendra

$$\frac{u^2}{2} f''(\alpha) + \frac{u^3}{2.3} f'''(\alpha) + \ldots + i = 0,$$

et la première valeur approchée de u sera

$$\sqrt{-\frac{2i}{f''(\alpha)}},$$

laquelle sera réelle ou imaginaire, suivant que $f''(\alpha)$ sera une quantité négative ou positive, puisque i est supposée positive.

Si le premier terme de u est réel, il est aisé de voir que tous les autres le seront aussi; par conséquent, toute la valeur de u sera réelle. Si le coefficient $f''(\alpha)$ est positif, le premier terme de u sera imaginaire de la forme

$$\sqrt{\frac{2i}{f''(\alpha)}}\sqrt{-1},$$

et les termes suivants seront réels ou imaginaires de la même forme, de sorte que toute la valeur de u sera de la forme $p+q\sqrt{-1}$, p et q étant réelles.

Mais, si l'on avait en même temps $f''(\alpha)=0$, alors, l'équation devenant

$$\frac{u^3}{2.3}f'''(\alpha)+\frac{u^4}{2.3.4}f^{\text{IV}}(\alpha)+\ldots+i=0,$$

il est aisé de voir que la valeur de u serait de nouveau réelle, à moins que le terme qui contient u^3 ne disparaisse et que $f^{\text{IV}}(\alpha)$ ne soit positif, car, dans ce cas, on aurait

$$u=\sqrt[4]{\frac{2.3.4i}{f^{\text{IV}}(\alpha)}}\sqrt[4]{-1};$$

mais, par le théorème démontré plus haut (n° 5), $\sqrt[4]{-1}$ est réductible à la forme $m+n\sqrt{-1}$, m et n étant des quantités réelles; donc la première valeur approchée de u sera de la forme $p+q\sqrt{-1}$, et les termes suivants seront aussi de la même forme, en sorte que toute la valeur de u sera encore de cette forme, et ainsi de suite.

8. Il résulte de là cette conclusion que, lorsqu'une racine α de l'équation

$$f(x)+a=0$$

est dans le passage du réel à l'imaginaire, on a non-seulement $f(\alpha)+a=0$, mais encore $f'(\alpha)=0$ et $f''(\alpha)>0$, et que, si $f''(\alpha)=0$, on aura de plus $f'''(\alpha)=0$ et $f^{\text{IV}}(\alpha)>0$, et ainsi de suite. Or, en faisant $f(x) + a = \mathrm{F}(x)$, on a

$$f'(x) = \mathrm{F}'(x),\quad f''(x) = \mathrm{F}''(x),\quad \ldots;$$

donc, par ce qu'on a vu dans la Note précédente (n° 4), $f'(\alpha) = 0$ sera la condition pour que la racine α de l'équation

$$f(x) + a = 0$$

soit double, $f''(\alpha) = 0$ sera la condition pour que cette racine soit triple, etc.

D'où il s'ensuit qu'une racine ne peut passer du réel à l'imaginaire sans devenir double ou quadruple, et, en général, multiple d'un ordre pair.

On prouvera de la même manière, en faisant $x = \beta + u$ dans l'équation

$$f(x) + b - i = 0,$$

que la valeur de u ne pourra devenir imaginaire, à moins que l'on n'ait $f'(\beta) = 0$ et $f''(\beta) < 0$, et, si $f''(\beta) = 0$, il faudra de plus que l'on ait $f'''(\beta) = 0$ et $f^{\text{IV}}(\beta) < 0$, et ainsi de suite; d'où l'on conclura que, dans le passage de l'imaginaire au réel, la racine devient aussi double, ou quadruple, ou etc.

Cette proposition n'avait été démontrée jusqu'ici que par la théorie des courbes, ou comme une suite du théorème sur la forme des racines imaginaires.

9. Maintenant, puisque, quand la valeur de V est très-près des limites a et b, une des racines imaginaires de l'équation

$$f(x) + \mathrm{V} = 0$$

est nécessairement de la forme $p + q\sqrt{-1}$, si cette racine n'est pas toujours de la même forme pour toutes les valeurs de V comprises entre ces limites, soit c la plus grande valeur de V pour laquelle x sera de cette forme, de manière que dans l'équation

$$f(x) + c = 0$$

on ait $x = m + n\sqrt{-1}$, m et n étant des quantités réelles, et soit

$m+n\sqrt{-1}+u$ la valeur de x lorsque V sera $c+i$, i étant une quantité positive et très-petite à volonté. On aura donc

$$f(m+n\sqrt{-1})+c=0, \quad \text{et} \quad f(m+n\sqrt{-1}+u)+c+i=0;$$

développant la valeur de u dans la seconde équation et retranchant la première, on aura

$$uf'(m+n\sqrt{-1})+\frac{u^2}{2}f''(m+n\sqrt{-1})+\ldots+i=0.$$

Mais les fonctions dérivées

$$f'(m+n\sqrt{-1}), \quad f''(m+n\sqrt{-1}), \quad \ldots,$$

ne contenant que des puissances de $m+n\sqrt{-1}$, sont toutes réductibles à la forme $p+q\sqrt{-1}$; ainsi, en prenant des quantités réelles M, N, P, Q, ..., l'équation précédente deviendra

$$u(M+N\sqrt{-1})+\frac{u^2}{2}(P+Q\sqrt{-1})+\ldots+i=0.$$

Donc la première valeur approchée de u sera

$$-\frac{i}{M+N\sqrt{-1}}=-\frac{i(M-N\sqrt{-1})}{M^2+N^2},$$

et par conséquent de la forme $p+q\sqrt{-1}$, et l'on trouvera que tous les termes suivants de la série, qu'on peut rendre aussi convergente que l'on veut en prenant i très-petite à volonté, seront aussi de la même forme, de sorte que la série entière le sera aussi. On aura donc, pour une valeur de i aussi petite qu'on voudra,

$$u=r+s\sqrt{-1};$$

donc la valeur de x sera

$$m+r+(n+s)\sqrt{-1},$$

et par conséquent encore de la même forme $p+q\sqrt{-1}$, contre l'hypothèse. Donc il n'y a aucune valeur de V intermédiaire entre les limites a et b pour laquelle la racine x ne soit pas de cette même forme.

Si la fonction $f'(m+n\sqrt{-1})$ devenait nulle, alors l'équation en u serait

$$\frac{u^2}{2}f''(m+n\sqrt{-1})+\frac{u^3}{2.3}f'''(m+n\sqrt{-1})+\ldots+i=0,$$

et l'on prouverait de même que la valeur de u serait toujours de la forme $p+q\sqrt{-1}$, et ainsi de suite.

Cette démonstration a l'avantage de pouvoir s'appliquer également aux équations qui renfermeraient des fonctions logarithmiques ou circulaires, et, en général, à toute équation de la forme $F(x)=0$, dans laquelle la fonction dérivée $F'(x)$ sera réductible à la forme $p+q\sqrt{-1}$, en faisant $x=m+n\sqrt{-1}$, car alors toutes les autres fonctions dérivées $F''(x)$, $F'''(x)$, ... seront aussi réductibles à la même forme; mais ce détail nous écarterait trop de notre objet.

10. Nous venons de démontrer que, dans les équations qui n'ont que des racines imaginaires, il y en a au moins deux de la forme $p\pm q\sqrt{-1}$; on pourra donc trouver les valeurs de p et q par la méthode du Chapitre II (n° 17), et l'équation sera divisible par

$$x^2-2px+p^2+q^2=0;$$

après la division, elle ne contiendra plus que les autres racines imaginaires, et, en y appliquant les mêmes raisonnements, on prouvera de même que deux de ces racines seront nécessairement de la forme $p\pm q\sqrt{-1}$, et ainsi de suite.

Quoique la démonstration précédente soit suffisante pour prouver la vérité de la proposition dont il s'agit, on ne peut disconvenir qu'elle ne soit indirecte et qu'elle ne laisse encore à désirer une démonstration tirée uniquement des principes de la chose. En effet, nous avons déjà observé que toute racine imaginaire de la forme $p+q\sqrt{-1}$ suppose le facteur réel du second degré

$$x^2-2px+p^2+q^2;$$

ainsi la question se réduit à prouver que toute équation est toujours divisible par des facteurs réels du premier et du second degré, et, comme les équations d'un degré impair ont toujours une racine réelle et sont, par conséquent, divisibles par un facteur réel du premier degré, ce qui les rabaisse à un degré moindre d'une unité, il s'ensuit qu'il suffit de considérer les équations des degrés pairs.

11. Descartes a trouvé que l'équation du quatrième degré

$$x^4 + px^2 + qx + r = 0$$

a ces deux facteurs du second degré

$$x^2 \pm yx + \frac{y^2}{2} + \tfrac{1}{2}p \mp \frac{q}{2y} = 0,$$

la quantité y étant donnée par l'équation

$$y^6 + 2py^4 + (p^2 - 4r)y^2 - q^2 = 0.$$

Donc, comme cette équation a son dernier terme négatif, elle a toujours nécessairement une racine réelle (Chap. I, n° 3); par conséquent, les deux facteurs seront réels en employant cette racine.

Hudde a considéré ensuite l'équation générale du sixième degré dans son Traité *De reductione æquationum*, imprimé à la suite du *Commentaire* de Schöoten sur la *Géométrie* de Descartes, et il a trouvé que cette équation est divisible par une équation du second degré, comme

$$x^2 - yx + u = 0,$$

dans laquelle le coefficient y est donné par une équation du quinzième degré et le coefficient u est une fonction rationnelle de y. Or, l'équation du quinzième degré ayant nécessairement une racine réelle, il s'ensuit que le diviseur du second degré pourra toujours être réel en employant cette racine, de sorte que, l'équation se trouvant ensuite abaissée au quatrième degré, on aura encore deux autres diviseurs réels.

Hudde n'a pas été plus loin, et, comme il n'avait trouvé l'équation en y du quinzième degré qu'en faisant le calcul tout au long, il a dû sentir qu'il tomberait dans des calculs impraticables par leur longueur s'il voulait traiter de même les équations des degrés plus élevés.

12. On trouve à la fin de l'*Algèbre* de Saunderson, imprimée en 1740, après sa mort, cette remarque importante, que, dans le diviseur

$$x^2 - yx + u = 0$$

de l'équation du quatrième degré, le coefficient y est donné par une équation du sixième degré, parce que, ce coefficient devant être la somme de deux racines de l'équation du quatrième degré, l'équation en y doit avoir pour racines toutes les différentes sommes qu'on peut faire des quatre racines de la proposée, prises deux à deux, et, comme ces combinaisons sont au nombre de six, l'équation en y doit être du sixième degré, comme Descartes l'a trouvé; mais l'Auteur n'applique cette remarque qu'à un exemple particulier et n'en tire d'ailleurs aucune autre conséquence.

Le Seur, l'un des commentateurs des *Principes* de Newton, a généralisé ce résultat dans un petit Ouvrage sur le Calcul intégral, imprimé à Rome en 1748. Il prouve par la théorie des combinaisons que, quand on cherche à diviser une équation du degré m par une équation d'un degré moindre n, les coefficients de celle-ci sont donnés nécessairement par des équations du degré

$$\frac{m(m-1)(m-2)\ldots(m-n+1)}{1.2.3\ldots n},$$

parce que, le diviseur devant avoir, ce qui est évident, n racines communes avec l'équation proposée, on peut former autant de diviseurs différents qu'il y a de manières de prendre n choses sur m choses; et de là il conclut que toute équation du degré $4m+2$ est toujours divisible par un facteur réel du second degré, parce que ce facteur dépend d'une équation qui se trouve d'un degré impair et qui aura, par conséquent, une racine réelle; mais on n'en peut rien conclure pour la réalité des diviseurs du second degré des équations dont le degré est un nombre qui n'est pas de la forme $4n + 2$, parce que ces diviseurs dépendent alors d'équations de degrés pairs.

13. Euler a approfondi cette théorie dans un Mémoire imprimé en 1751 dans le Recueil des *Mémoires de l'Académie de Berlin* pour l'année 1749, et il s'est attaché principalement à prouver que toute équation d'un degré exprimé par une puissance de 2 est décomposable en deux équations réelles d'un degré moindre de la moitié; pour cela, il suppose que l'équation proposée est privée de son second terme, ce qui fait que le coefficient du second terme est le même avec des signes contraires dans les deux équations dont elle est le produit, et il trouve, par la théorie des combinaisons, que ce coefficient est donné par une équation d'un degré impairement pair, qui manque de toutes les puissances impaires, et dont le dernier terme est le carré d'une fonction des racines de la proposée, précédé du signe $-$.

Euler suppose que cette fonction des racines peut toujours être déterminée sans irrationnalité par les coefficients de l'équation proposée, et il en conclut que son carré est nécessairement une quantité positive et que par conséquent l'équation qui détermine le coefficient dont il s'agit a deux racines réelles; il arrive en effet que cela a lieu lorsque l'équation proposée n'est que du quatrième degré, comme on le voit par les formules de Descartes rapportées ci-dessus; mais, pour les équations des degrés plus élevés, il faut une démonstration *a priori*, qu'Euler n'a point donnée, et qui est même d'autant plus nécessaire que cette fonction, ne contenant pas toutes les racines de la même manière, ne paraît pas déterminable par une fonction rationnelle des coefficients, qui sont eux-mêmes, comme l'on sait, des fonctions où toutes les racines entrent également.

Euler considère, de plus, les équations dont les degrés sont exprimés par les nombres $2i$, $4i$, $8i$, ..., i étant un nombre impair quelconque, et il trouve qu'elles admettent des diviseurs réels des degrés 2, 4, 8, ..., parce que les équations dont ces diviseurs dépendent sont toutes de degrés impairs; de sorte que, par ce moyen, toute équation peut se décomposer en équations réelles de degrés exprimés par des puissances de 2; mais la difficulté de décomposer ensuite celles-ci, lorsqu'elles passent le quatrième degré, reste en son entier dans la théorie d'Euler.

14. On peut éviter cette difficulté, comme Foncenex l'a fait dans le premier Volume des *Miscellanea* de Turin, imprimé en 1759, en ne considérant que les diviseurs du second degré. Car, soit $2^\mu\nu$ le degré de l'équation proposée, ν étant un nombre impair; si l'on cherche à la diviser par une équation du second degré

$$x^2 - ux + U = 0,$$

on trouve, par la théorie des combinaisons, que le coefficient u est déterminé par une équation du degré

$$\frac{2^\mu\nu(2^\mu\nu - 1)}{2} = 2^{\mu-1}\nu(2^\mu\nu - 1) = 2^{\mu-1}\varpi,$$

ϖ étant, comme l'on voit, un nombre impair.

Donc, si $\mu = 1$, cette équation sera d'un degré impair et aura nécessairement une racine réelle; de sorte que, comme le dernier terme U est exprimé généralement par une fonction rationnelle de u, l'équation proposée aura un diviseur rationnel du second degré et s'abaissera par là à un degré moindre de deux unités.

Si μ est plus grand que l'unité, on cherchera à diviser pareillement l'équation en u par une équation du second degré, comme

$$u^2 - tu + T = 0,$$

et le coefficient t sera donné par une équation du degré

$$\frac{2^{\mu-1}\varpi(2^{\mu-1}\varpi - 1)}{2} = 2^{\mu-2}\varpi(2^{\mu-1}\varpi - 1) = 2^{\mu-2}\rho,$$

ρ étant, comme l'on voit, un nombre impair, et le terme t sera exprimé généralement par une fonction rationnelle de t.

Donc, si $\mu = 2$, cette équation sera d'un degré impair et aura une racine réelle; donc t et T auront des valeurs réelles, et l'équation

$$u^2 - ut + T = 0$$

donnera pour u une valeur réelle ou imaginaire de la forme $p + q\sqrt{-1}$. Dans le premier cas, u et U seront des quantités réelles; dans le second, ces quantités seront imaginaires de la même forme, puisque U est une fonction rationnelle de u. Mais l'équation

$$x^2 - ux + U = 0$$

donne

$$x = \frac{u}{2} \pm \sqrt{\frac{u^2}{4} - U};$$

donc, par la réduction des radicaux imaginaires, cette valeur deviendra aussi de la forme $p + q\sqrt{-1}$.

Si μ est un nombre plus grand que 2, on continuera le même calcul, et l'on divisera l'équation en t, du degré $2^{\mu-2}\rho$, par une équation du second degré, comme

$$t^2 - st + S = 0;$$

on aura, pour la détermination de s, une équation du degré

$$\frac{2^{\mu-2}\rho(2^{\mu-2}\rho - 1)}{2} = 2^{\mu-3}\rho(2^{\mu-2}\rho - 1) = 2^{\mu-3}\sigma,$$

σ étant, comme l'on voit, un nombre impair, et la quantité S sera généralement une fonction rationnelle de s.

Donc, si $\mu = 3$, cette équation, étant d'un degré impair, aura une racine réelle; donc s et S auront des valeurs réelles; donc l'équation

$$t^2 - st + S = 0$$

donnera pour t une valeur réelle ou imaginaire de la forme $p + q\sqrt{-1}$. Donc, dans l'équation

$$u^2 - tu + T = 0,$$

les coefficients t et T auront des valeurs réelles ou imaginaires de la même forme; et de là résultera aussi pour u une valeur réelle ou imaginaire de la même forme $p+q\sqrt{-1}$, comme nous l'avons vu ci-dessus, parce que

$$u=\frac{t}{2}\pm\sqrt{\frac{t^2}{4}-T};$$

donc enfin l'équation

$$x^2-ux+U=0$$

donnera aussi pour x une valeur réelle ou imaginaire de la même forme.

Si μ est plus grand que 3, on continuera le calcul de la même manière, et l'on parviendra nécessairement à un diviseur du second degré dont les coefficients seront réels; et de là, en remontant successivement aux diviseurs précédents du second degré, on trouvera que leurs coefficients seront réels ou imaginaires de la forme $p+q\sqrt{-1}$, jusqu'au diviseur

$$x^2-ux+U=0$$

de l'équation proposée, lequel donnera aussi pour x une valeur réelle ou imaginaire de la même forme.

Telle est la démonstration donnée par Foncenex; on voit qu'elle est très-rigoureuse, en admettant le principe que les coefficients de l'équation du second degré, qui est un diviseur d'une équation du degré n, ne dépendent que d'une seule racine d'une équation du degré $\frac{n(n-1)}{2}$. Ce principe est vrai généralement; mais j'ai remarqué depuis qu'il était sujet à des exceptions qui pouvaient mettre la démonstration précédente en défaut. En effet, lorsqu'on cherche à rendre un polynôme d'un degré quelconque m divisible par un autre polynôme d'un degré moindre n, soit qu'on fasse la division à la manière ordinaire et qu'on égale ensuite à zéro chaque terme du reste, soit qu'on multiplie ce polynôme par un autre du degré $m-n$ et que l'on compare le produit terme à terme avec le polynôme proposé, on parvient toujours par l'élimination successive, en prenant un des coefficients du polynôme diviseur pour l'inconnue principale, à déterminer les autres coefficients du même polynôme par des fonctions rationnelles de celui-ci, et ensuite on trouve, par les substitutions, une équation où il n'y a plus que celui-ci d'inconnue et où l'inconnue monte au degré

$$\frac{m(m-1)(m-2)\ldots(m-n+1)}{1.2.3\ldots n},$$

comme on l'a dit plus haut.

15. Mais, s'il arrive que cette équation ait deux ou plusieurs racines égales, alors, à moins que les valeurs des autres coefficients qui répondent à ces racines égales ne soient aussi égales, ce qui n'a lieu que lorsque le diviseur est lui-même un diviseur double ou triple, etc., il est visible que ces valeurs ne peuvent plus être exprimées en fonctions rationnelles de ces mêmes racines, mais qu'elles doivent dépendre elles-mêmes d'équations du second, du troisième degré, etc., suivant le degré d'égalité des racines. Dans ce cas, en substituant dans les fonctions rationnelles trouvées une des racines égales, les fonctions deviendront indéterminées par l'évanouissement simultané du numérateur et du dénominateur, et, en revenant sur les éliminations, on se trouvera arrêté à une équation du second ou du troisième degré, etc., parce que l'équation à laquelle il faudrait la comparer pour l'abaisser à un degré moindre sera identique avec elle. C'est de quoi l'on peut se convaincre par le calcul, et nous en donnerons dans la Note suivante une démonstration générale. Comme la même difficulté peut se présenter dans toutes les éliminations, je suis bien aise d'appeler l'attention du lecteur sur ce point, pour qu'il ne se trouve point embarrassé dans l'occasion.

On voit que cette circonstance peut mettre en défaut la théorie que nous venons d'exposer sur les diviseurs du second degré, car, lorsque l'équation d'où dépend un des coefficients a des racines égales, l'autre coefficient, en employant ces racines, dépendra d'une équation d'un degré égal au nombre des racines égales, et qui par conséquent, si elle n'est pas d'un degré impair, demandera de nouvelles combinaisons pour pouvoir s'assurer qu'elle a une racine réelle de la forme

$p+q\sqrt{-1}$; et, si l'on ne voulait pas employer ces racines égales, alors, en les éliminant par la division, on aurait une équation d'un degré moindre, à la vérité, mais qui ne serait plus exprimée par un nombre de la même forme $2^{m-1}\varpi$ ou $2^{m-2}\rho$, etc.

Si l'on considère, par exemple, la formule trouvée par Descartes, pour la résolution des équations du quatrième degré, que nous avons rapportée ci-dessus, et d'après laquelle nous avons conclu tout de suite que l'équation est toujours décomposable en deux facteurs réels du second degré, on voit qu'il y a néanmoins un cas qui échappe à cette conclusion : c'est celui où l'on aurait $q=0$, car alors la réduite en y a deux racines égales $y=0$, et, en employant ces racines, le terme $\frac{q}{2y}$ du facteur du second degré devient $\frac{0}{0}$.

On pourrait employer d'autres racines; mais l'équation en y, étant divisée par y^2, devient

$$y^4+2py^2+p^2-4r=0,$$

laquelle étant de nouveau du quatrième degré, et son dernier terme n'étant pas essentiellement négatif, la difficulté est ramenée au même point. Ce n'est pas que dans ce cas particulier on ne puisse prouver, par ces formules mêmes, la réalité des deux facteurs; car, si $p^2<4r$, le dernier terme de l'équation en y sera négatif, et par conséquent il y aura deux racines réelles. Si $p^2>4r$, alors l'équation proposée, devenant, à cause de $q=0$,

$$x^4+p^2x^2+4r=0,$$

aura les deux facteurs réels

$$x^2+\frac{p}{2}\pm\sqrt{\frac{p^2}{4}-r}.$$

16. Ces difficultés ont occasionné les recherches que j'ai données sur cette matière à l'Académie de Berlin en 1772, et dans lesquelles je me suis particulièrement attaché à compléter la théorie commencée par Euler (*).

(*) *Œuvres de Lagrange*, t. III, p. 479.

J'ai démontré d'une manière rigoureuse que, si l'on veut décomposer un polynôme du degré 2^m en deux polynômes du degré 2^{m-1}, tels que (n étant $= 2^{m-1}$)

$$x^n + \text{M}\, x^{n-1} + \text{N}\, x^{n-2} + \text{P}\, x^{n-3} + \ldots,$$

$$x^n + \text{M}_1 x^{n-1} + \text{N}_1 x^{n-2} + \text{P}_1 x^{n-3} + \ldots,$$

et qu'on fasse

$$u = a(\text{M} - \text{M}_1) + b(\text{N} - \text{N}_1) + c(\text{P} - \text{P}_1) + \ldots,$$

a, b, c, ... étant des quantités quelconques, on pourra déterminer généralement les coefficients M, N, P, ..., M_1, N_1, P_1, ... des deux polynômes par des fonctions rationnelles de u, et que l'on trouvera pour u une équation d'un degré impairement pair, n'ayant que des puissances paires de u, dont le dernier terme sera essentiellement négatif; et, à cause des arbitraires a, b, c, ..., on pourra toujours faire en sorte que le dernier terme de cette équation ne soit pas nul, ce qui lui donnerait les deux racines égales $u = 0$, ni qu'elle ait d'autres racines égales. De sorte qu'on sera toujours assuré d'avoir par là des valeurs réelles pour les coefficients dont il s'agit, et par conséquent de pouvoir décomposer l'équation du degré 2^m en deux du degré 2^{m-1}, et ensuite chacune de celles-ci en deux du degré 2^{m-2}, et ainsi de suite, jusqu'aux équations du second degré.

A l'égard des équations du degré $2^m i$, i étant un nombre impair, Euler avait trouvé qu'en employant un diviseur du degré 2^m on tombe dans une équation d'un degré impair pour la détermination d'un quelconque de ses coefficients, et j'ai remarqué que, si elle a des racines égales, les racines doubles, quadruples, etc. pourront être éliminées, parce que l'équation restante sera encore d'un degré impair, et que les racines triples, quintuples, etc. pourront être employées dans la détermination des autres coefficients, parce qu'elle dépendra alors d'équations du troisième, du cinquième degré, etc., qui auront, par conséquent, toujours des racines réelles.

17. De cette manière, la décomposition des équations en diviseurs réels du premier et du second degré était rigoureusement démontrée; mais Laplace a donné depuis, dans les *Leçons de l'École Normale*, un moyen plus simple d'établir cette vérité, en partant de l'analyse employée par Foncenex. Au lieu de considérer simplement l'équation qui détermine le coefficient u du diviseur quadratique

$$x^2 - ux + U = 0,$$

il considère l'équation qui détermine la quantité $u + aU$, que je désignerai par u_1, a étant un coefficient quelconque. Cette équation sera, par la théorie des combinaisons, du même degré que l'équation en u. Donc, si l'équation proposée est du degré 2ν, ν étant impair, l'équation en u_1 sera d'un degré impair et aura toujours une racine réelle, et, comme on peut donner à a une infinité de valeurs, on aura une infinité d'équations qui auront toutes une racine réelle. Parmi ces racines, il y en aura nécessairement plusieurs qui se rapporteront au même diviseur. Soient α, β deux de ces racines, et a, b les deux valeurs du coefficient a; on aura

$$u + aU = \alpha, \quad u + bU = \beta,$$

d'où l'on tirera les valeurs de u et U, qui seront par conséquent réelles.

Si l'équation proposée est du degré 4ν, ν étant un nombre impair quelconque, l'équation en u_1 sera du degré 2ϖ, ϖ étant aussi un nombre impair. Cette équation aura donc, par ce qu'on vient de démontrer, un diviseur quadratique réel de la forme

$$u_1^2 - tu_1 + T = 0,$$

qui donnera pour u_1 une valeur de la forme $\alpha + A\sqrt{-1}$, et, en donnant à a une infinité de valeurs, on aura une infinité d'équations en u_1 dont chacune aura une racine de la forme $\alpha + A\sqrt{-1}$; parmi ces racines, il y en aura nécessairement deux qui se rapporteront au même diviseur; en les désignant par $\alpha + A\sqrt{-1}$ et $\beta + B\sqrt{-1}$, et par a, b les deux valeurs de a qui y répondent, on aura

$$u + aU = \alpha + A\sqrt{-1},\quad u + bU = \beta + B\sqrt{-1};$$

donc u et U seront l'une et l'autre de la forme $p + q\sqrt{-1}$, et la valeur de x, tirée de l'équation

$$x^2 - ux + U = 0,$$

sera encore de la même forme. Donc, toute équation du degré 4ν aura deux racines de la forme $p \pm q\sqrt{-1}$, et par conséquent un diviseur réel du second degré, et ainsi de suite.

Cette démonstration ne laisse rien à désirer comme simple démonstration; mais, si l'on voulait résoudre effectivement une équation donnée en ses facteurs réels de deux dimensions, il serait comme impossible de suivre le procédé indiqué par l'analyse que nous venons d'exposer. Cependant cette résolution est nécessaire pour trouver les fonctions primitives ou les intégrales des fonctions rationnelles fractionnaires d'une seule variable, et on la suppose dans tous les Traités de Calcul intégral. Cette raison m'engage à m'arrêter encore sur cet objet important et à en faire le sujet de la Note suivante.

NOTE X.

SUR LA DÉCOMPOSITION DES POLYNÔMES D'UN DEGRÉ QUELCONQUE EN FACTEURS RÉELS.

1. Je me propose de montrer dans cette Note comment tout polynôme d'un degré quelconque peut toujours se résoudre en polynômes réels du premier ou du second degré. En regardant un polynôme comme composé d'autant de facteurs simples qu'il y a d'unités dans l'exposant de la plus haute puissance de l'indéterminée, on voit clairement qu'il ne peut avoir pour diviseurs que des polynômes composés de quelques-uns de ses facteurs; d'où il suit d'abord que, si m est le degré du polynôme donné, il pourra avoir autant de diviseurs différents du degré n qu'il y a de manières de prendre n choses sur m choses, c'est-à-dire, par la théorie des combinaisons, qu'il y a d'unités dans le nombre

$$\frac{m(m-1)(m-2)\ldots(m-n+1)}{1.2.3\ldots n},$$

que nous désignerons par μ dans la suite.

Cette seule considération nous met en état de déterminer *a priori* les coefficients du polynôme diviseur sans passer par les opérations longues et pénibles de la méthode ordinaire, fondée sur la division ou sur la comparaison du produit de deux polynômes indéterminés avec le polynôme diviseur, et sur l'élimination successive des inconnues.

2. Soit, en effet, le polynôme du degré m

$$x^m - ax^{m-1} + bx^{m-2} - cx^{m-3} + \ldots \pm h,$$

que nous supposerons composé des m facteurs simples

$$x-\alpha,\ x-\beta,\ x-\gamma,\ x-\delta,\ \ldots.$$

En développant le produit de ces facteurs et le comparant terme à terme avec le polynôme donné, on aura, comme l'on sait,

$$\begin{aligned}
a &= \alpha + \beta + \gamma + \delta + \ldots,\\
b &= \alpha\beta + \alpha\gamma + \beta\gamma + \alpha\delta + \ldots,\\
c &= \alpha\beta\gamma + \alpha\beta\delta + \beta\gamma\delta + \ldots,\\
&\ldots\ldots\ldots\ldots\ldots,\\
h &= \alpha\beta\gamma\delta\ldots.
\end{aligned}$$

Si l'on représente de même par

$$x^n - px^{n-1} + qx^{n-2} - rx^{n-3} + \ldots \pm u$$

un diviseur du même polynôme, ce polynôme diviseur ne pourra être composé que d'un nombre n des mêmes facteurs simples ; ainsi l'on aura, en ne prenant que n quantités parmi les m quantités α, β, γ, ...,

$$\begin{aligned}
p &= \alpha + \beta + \gamma + \ldots,\\
q &= \alpha\beta + \alpha\gamma + \beta\gamma + \ldots,\\
r &= \alpha\beta\gamma + \ldots\ldots\ldots\ldots,\\
&\ldots\ldots\ldots\ldots\ldots,\\
u &= \alpha\beta\gamma\ldots.
\end{aligned}$$

Comme les coefficients donnés a, b, c, ..., h sont des fonctions des quantités α, β, γ, ..., dans lesquelles ces quantités entrent toutes également, et qui demeurent ainsi invariables en faisant entre ces mêmes quantités tels échanges que l'on voudra, il s'ensuit que toute expression rationnelle de ces coefficients aura la même propriété ; et, comme les coefficients p, q, r, ..., u du diviseur sont de semblables fonctions, mais seulement d'un nombre n des quantités α, β, γ, ..., il est évident que ces coefficients ne peuvent pas être exprimés par des fonctions rationnelles des coefficients a, b, c, ... ; mais on pourra les faire dépendre chacun d'une équation dont tous les coefficients seront des fonctions rationnelles de $a, b, c, \ldots$, en composant cette équation de manière qu'elle ait pour racines toutes les différentes valeurs de p, ou de q, ou de r, etc., dont le nombre est égal au nombre μ donné ci-dessus.

3. Considérons le dernier coefficient u, qui est formé du produit de n des quantités $\alpha, \beta, \gamma, \ldots$; on aura

$$\alpha\beta\gamma\ldots,\ \beta\gamma\delta\ldots,\ \alpha\gamma\delta\ldots,\ \ldots$$

pour les différentes valeurs de u. Donc, si l'on forme un polynôme du produit de ces facteurs simples

$$u-\alpha\beta\gamma\ldots,\ u-\beta\gamma\delta\ldots,\ u-\alpha\gamma\delta\ldots,\ \ldots,$$

ce polynôme aura la propriété d'être une fonction invariable de $\alpha, \beta, \gamma, \ldots$, indépendamment de l'indéterminée u; par conséquent, étant développé, tous ses coefficients auront encore la même propriété.

Car soit ce polynôme

$$u^\mu - \mathrm{A}u^{\mu-1} + \mathrm{B}u^{\mu-2} - \mathrm{C}u^{\mu-3} + \ldots \pm \mathrm{V};$$

on aura

$$\begin{aligned}
\mathrm{A} &= \alpha\beta\gamma\ldots + \beta\gamma\delta\ldots + \alpha\gamma\delta\ldots + \ldots,\\
\mathrm{B} &= \alpha\beta\gamma\ldots\times\beta\gamma\delta\ldots + \alpha\gamma\delta\ldots\times\alpha\gamma\delta\ldots + \beta\gamma\delta\ldots\times\alpha\gamma\delta\ldots + \ldots,\\
&\ldots\ldots\ldots\ldots\ldots\ldots\ldots\ldots\ldots,\\
\mathrm{V} &= \alpha\beta\gamma\ldots\times\beta\gamma\delta\ldots\times\alpha\gamma\delta\ldots\times\ldots,
\end{aligned}$$

où l'on voit que les coefficients A, B, C, ... sont en effet des fonctions invariables de $\alpha, \beta, \gamma, \ldots$. Or, on sait que ces sortes de fonctions peuvent toujours être déterminées par des fonctions rationnelles des coefficients $a, b, c, \ldots, h$.

4. En effet, on peut d'abord déterminer par ces fonctions la somme des puissances d'un même degré des quantités $\alpha, \beta, \gamma, \ldots$, comme nous l'avons vu dans la Note VI (n° 1). Ensuite, si l'on multiplie $\Sigma\alpha^\lambda$, somme

des puissances α^λ, par $\Sigma\alpha^\mu$, somme des puissances α^μ, le produit $\Sigma\alpha^\lambda \times \Sigma\alpha^\mu$ sera égal à $\Sigma\alpha^{\lambda+\mu} + \Sigma\alpha^\lambda\beta^\mu$; ainsi l'on aura la somme des termes $\alpha^\lambda\beta^\mu$ au moyen de celle des puissances. On trouvera pareillement

$$\Sigma\alpha^\lambda\beta^\mu \times \Sigma\gamma^\nu = \Sigma\alpha^{\lambda+\nu}\beta^\mu + \Sigma\alpha^\lambda\beta^{\mu+\nu} + \Sigma\alpha^\lambda\beta^\mu\gamma^\nu;$$

ainsi l'on aura aussi cette dernière somme en fonction des sommes des puissances, et ainsi de suite.

Maintenant il est facile de voir que toute fonction rationnelle et invariable des quantités α, β, γ, ... ne peut être formée que d'une ou plusieurs sommes des formes précédentes; elle pourra donc toujours être déterminée en fonction des coefficients a, b, c, ...

C'est là un des principes les plus féconds de la théorie des équations. Newton, et longtemps avant lui Albert Girard, avaient donné la manière de déterminer la somme des puissances des racines d'une équation par des fonctions de ses coefficients. (*Voyez*, dans l'Ouvrage d'Albert Girard, intitulé *Invention nouvelle en Algèbre* et imprimé à Amsterdam en 1629, l'exemple second du théorème second.) Euler, dans les *Mémoires de l'Académie de Berlin* pour l'année 1748, et Cramer, à la fin de son *Introduction à l'analyse des lignes courbes*, ont fait voir que l'on pouvait toujours déterminer par les coefficients d'une équation les sommes des produits de ses racines, prises deux à deux, trois à trois, etc., et élevées à différentes puissances, et Waring a donné ensuite des formules générales pour trouver ces sortes de fonctions des racines; mais, dans les cas particuliers, il est peut-être plus simple d'employer la méthode indiquée ci-dessus.

5. A l'égard des coefficients A, B, C, ... du polynôme, on pourra les calculer de la manière suivante.

On commencera par déterminer les sommes des puissances par ces formules

$$\begin{aligned}
\Sigma\alpha &= a,\\
\Sigma\alpha^2 &= a\Sigma\alpha - 2b,\\
\Sigma\alpha^3 &= a\Sigma\alpha^2 - b\Sigma\alpha + 3c,\\
&\ldots\ldots\ldots\ldots\ldots\ldots
\end{aligned}$$

Ensuite on cherchera les termes $n^{\text{ièmes}}$ des séries

$$\Sigma\alpha = a,\quad \Sigma\alpha\beta = b,\quad \Sigma\alpha\beta\gamma = c,\quad \ldots,$$

$$\Sigma\alpha^2,\quad \Sigma\alpha^2\beta^2 = \frac{\Sigma\alpha^2 \times \Sigma\alpha^2 - \Sigma\alpha^4}{2},\quad \Sigma\alpha^2\beta^2\gamma^2 = \frac{\Sigma\alpha^2\beta^2 \times \Sigma\alpha^2 - \Sigma\alpha^2 \times \Sigma\alpha^4 + \Sigma\alpha^6}{3},$$

$$\Sigma\alpha^3,\quad \Sigma\alpha^3\beta^3 = \frac{\Sigma\alpha^3 \times \Sigma\alpha^3 - \Sigma\alpha^6}{2},\quad \Sigma\alpha^3\beta^3\gamma^3 = \frac{\Sigma\alpha^3\beta^3 \times \Sigma\alpha^3 - \Sigma\alpha^3 \times \Sigma\alpha^6 + \Sigma\alpha^9}{3},$$

$$\ldots,\quad \ldots\ldots\ldots\ldots,\quad \ldots\ldots\ldots\ldots\ldots\ldots,$$

Ces termes seront les valeurs des sommes

$$\Sigma\alpha\beta\gamma\ldots,\quad \Sigma\alpha^2\beta^2\gamma^2\ldots,\quad \Sigma\alpha^3\beta^3\gamma^3\ldots,\quad \ldots.$$

Enfin on aura

$$A = \Sigma\alpha\beta\gamma\ldots,$$

$$B = \frac{A\,\Sigma\alpha\beta\gamma\ldots - \Sigma\alpha^2\beta^2\gamma^2\ldots}{2},$$

$$C = \frac{B\,\Sigma\alpha\beta\gamma\ldots - A\,\Sigma\alpha^2\beta^2\gamma^2\ldots + \Sigma\alpha^3\beta^3\gamma^3\ldots}{3},$$

$$\ldots\ldots\ldots\ldots\ldots\ldots\ldots\ldots$$

Au reste il est visible qu'on aura d'abord sans calcul les valeurs du premier coefficient A et du dernier V; car le coefficient A est évidemment égal au coefficient de la puissance x^{m-n} dans le polynôme donné

$$x^m - ax^{m-1} + \ldots.$$

Quant au coefficient V; il est visible qu'il doit être de la forme

$$\alpha^\nu\beta^\nu\gamma^\nu\delta^\nu\ldots = h^\nu,$$

et, pour déterminer l'exposant ν, il suffira de considérer que ce coefficient doit être le produit de μ quantités, dont chacune est le produit de n quantités prises parmi les m quantités α, β, γ, ..., de sorte que ce coefficient sera de la dimension $n\mu$; donc il faudra que $m\nu = n\mu$, et par conséquent $\nu = \frac{\mu.n}{m}$.

Donc, puisque

$$\mu = \frac{m(m-1)\ldots(m-n+1)}{1.2\ldots n},$$

on aura

$$\nu = \frac{(m-1)(m-2)\ldots(m+n-1)}{1.2\ldots(n-1)},$$

et la valeur de V sera h^ν.

Ayant ainsi la valeur du dernier coefficient V du polynôme en u, on pourra se contenter de calculer directement la première moitié des coefficients A, B, C, ... de ce polynôme. Car soient T, S, R, ... les termes qui précèdent le dernier V; il est facile de voir qu'on aura

$$\frac{T}{V} = \frac{1}{\alpha\beta\gamma\ldots} + \frac{1}{\beta\gamma\delta\ldots} + \frac{1}{\alpha\gamma\delta\ldots} + \ldots.$$

Or, si l'on désigne par (n) le coefficient de la puissance x^n dans le polynôme donné, on aura aussi

$$\frac{(n)}{h} = \frac{1}{\alpha\beta\gamma\ldots} + \frac{1}{\beta\gamma\delta\ldots} + \frac{1}{\alpha\gamma\delta\ldots} + \ldots.$$

Donc $\frac{T}{V} = \frac{(n)}{h}$, et par conséquent $T = \frac{(n)V}{h}$.

Ensuite, si l'on désigne par $g, f, e, \ldots$ les coefficients du polynôme donné qui précèdent le dernier h, lorsqu'on aura trouvé l'expression de B en $a, b, c, \ldots$, il n'y aura qu'à y changer a en $\frac{g}{h}$, b en $\frac{f}{h}$, c en $\frac{e}{h}$, etc., pour avoir la valeur de $\frac{S}{V}$; et, faisant les mêmes changements dans l'expression de C, on aura la valeur de $\frac{R}{V}$, et ainsi de suite.

Ayant ainsi formé le polynôme en u, si on le fait égal à zéro, on aura une équation dont les racines seront $\alpha\beta\gamma\ldots$, $\beta\gamma\delta\ldots$, $\alpha\gamma\delta\ldots$, ... et qui servira, par conséquent, à déterminer la valeur de u. Il ne restera donc plus qu'à trouver les valeurs de tous les autres coefficients $p, q, r, \ldots$ du polynôme diviseur.

6. La manière la plus simple de trouver ces coefficients est de faire

la division actuelle du polynôme

$$x^m - ax^{m-1} + \dots$$

par le polynôme

$$x^n - px^{n-1} + \dots \pm u,$$

jusqu'à ce qu'on soit parvenu à un reste dans lequel la plus haute puissance de x soit moindre que x^n; alors, en égalant à zéro chacun des termes de ce reste, pour qu'il devienne nul indépendamment de l'inconnue x, on aura n équations entre les n coefficients p, q, ..., u, et l'on pourra, généralement parlant, par ces équations, déterminer les valeurs de p, q, ... en fonctions rationnelles de u. On aurait ensuite l'équation même en u par la substitution de ces valeurs dans l'équation restante; mais, comme on ne voit pas de cette manière de quel degré devrait être cette équation finale en u, qu'on pourrait même parvenir à une équation en u d'un degré plus haut qu'elle ne devrait être, ce qui est l'inconvénient ordinaire des méthodes d'élimination, nous avons cru devoir montrer comment on peut trouver cette équation *a priori* et s'assurer du degré précis auquel elle doit monter.

Par la même raison, nous croyons qu'il est nécessaire d'avoir une méthode directe pour trouver les expressions des coefficients p, q, ... en u et pour être assuré que ces expressions peuvent toujours être rationnelles, excepté les cas particuliers où elles doivent dépendre d'équations du second ou du troisième degré, comme nous l'avons déjà observé dans la Note précédente. Voici donc comment, en supposant l'équation en u, on peut avoir la valeur des coefficients p, q, ... en fonction de u.

7. Je considère que, la quantité x étant indéterminée, on peut mettre $x - i$ à la place de x, tant dans le polynôme donné

$$x^m - ax^{m-1} + \dots$$

que dans le polynôme diviseur

$$x^n - px^{n-1} + \dots.$$

Par cette substitution, le premier de ces polynômes deviendra

$$x^m - a_1 x^{m-1} + b_1 x^{m-2} - \ldots \pm h_1,$$

où l'on aura

$$a_1 = a + mi,$$

$$b_1 = b + (m-1)ai + \frac{m(m-1)}{2} i^2,$$

$$c_1 = c + (m-2)bi + \frac{(m-1)(m-2)}{2} ai^2 + \frac{m(m-1)(m-2)}{2.3} i^3,$$

$$\ldots\ldots\ldots\ldots\ldots\ldots\ldots\ldots,$$

$$h_1 = h + gi + fi^2 + ei^3 + \ldots,$$

et le second polynôme deviendra pareillement

$$x^n - p_1 x^{n-1} + q_1 x^{n-2} - \ldots \pm u_1,$$

en faisant

$$p_1 = p + ni,$$

$$q_1 = q + (n-1)pi + \frac{n(n-1)}{2} i^2,$$

$$r_1 = r + (n-2)qi + \frac{(n-1)(n-2)}{2} pi^2 + \frac{n(n-1)(n-2)}{2.3} i^3,$$

$$\ldots\ldots\ldots\ldots\ldots\ldots\ldots\ldots,$$

$$u_1 = u + ti + si^2 + ri^3 + \ldots.$$

D'où l'on peut conclure que, si dans l'équation en u

$$u^\mu - A u^{\mu-1} + B u^{\mu-2} - \ldots \pm V = 0,$$

dans laquelle les coefficients A, B, C, ... sont des fonctions de a, b, c, ..., h, on substitue respectivement a_1, b_1, c_1, ..., h_1 au lieu de ces quantités, la valeur de u deviendra celle de u_1, quelle que soit la valeur de i, de sorte que, en développant les termes suivant les puissances de i, il faudra que la somme de tous les termes multipliés par une même puissance soit nulle, ce qui donnera plusieurs équations, dont chacune servira à déterminer un des coefficients t, s, r, ... par les précédents.

8. On pourra même trouver directement ces équations par l'algorithme des fonctions dérivées. En effet, si l'on met partout $\frac{i}{m}$ à la place de i, il s'ensuivra des formules précédentes que, a devenant $a+i$, b deviendra

$$b+\frac{m-1}{m}ai+\frac{m(m-1)}{2m^2}i^2,$$

c deviendra

$$c+\frac{m-2}{m}bi+\frac{(m-1)(m-2)}{2m^2}ai^2+\frac{m(m-1)(m-2)}{2.3m^3}i^3,$$

etc., et enfin u deviendra

$$u+\frac{t}{m}i+\frac{s}{m^2}i^2+\frac{r}{m^3}i^3+\ldots.$$

Donc, si l'on regarde, ce qui est permis, les coefficients b, c, ..., h et u comme des fonctions de a, et qu'on se rappelle que, a devenant $a+i$, toute fonction de a, comme u, devient

$$u+iu'+\frac{i^2}{2}u''+\frac{i^3}{2.3}u'''+\ldots,$$

on pourra supposer

$$b'=\frac{m-1}{m}a,\quad b''=\frac{m(m-1)}{m^2},\qquad b'''=0,$$

$$c'=\frac{m-2}{m}b,\quad c''=\frac{(m-1)(m-2)}{m^2}a,\quad c'''=\frac{m(m-1)(m-2)}{m^3},\quad c^{\text{IV}}=0,$$

$$d'=\frac{m-3}{m}c,\quad d''=\frac{(m-2)(m-3)}{m^2}b,\quad d'''=\frac{(m-1)(m-2)(m-3)}{m^3}a,$$

$$d^{\text{IV}}=\frac{m(m-1)(m-2)(m-3)(m-4)}{m^4},\quad d^{\text{V}}=0,$$

....,

$$u'=\frac{t}{m},\quad u''=\frac{2s}{m^2},\quad u'''=\frac{2.3r}{m^3},\quad \ldots,$$

et il n'y aura plus qu'à prendre les fonctions dérivées successives de l'équation en u et y faire les substitutions précédentes.

9. Supposons

$$Z = u^{\mu} - Au^{\mu-1} + Bu^{\mu-2} - Cu^{\mu-3} + \ldots \pm V,$$

en sorte que $Z = 0$ soit l'équation qui détermine la valeur de u; cette quantité Z, étant regardée comme une fonction de a, donnera les équations dérivées

$$Z' = 0, \quad Z'' = 0, \quad Z''' = 0, \quad \ldots.$$

Mais, pour pouvoir distinguer dans ces fonctions ce qui est dû en particulier aux variations des quantités a, b, c, ..., h et u, nous représenterons en général, à l'imitation de ce qu'on pratique dans le calcul qu'on appelle *aux différences partielles*, par $\left(\frac{Z'}{a'}\right)$, $\left(\frac{Z'}{b'}\right)$, $\left(\frac{Z'}{c'}\right)$, ... les coefficients des fonctions dérivées a', b', c', ... dans l'expression de Z', par $\left(\frac{Z''}{a'^2}\right)$, $\left(\frac{Z''}{a'b'}\right)$, $\left(\frac{Z''}{b'^2}\right)$, ... les coefficients des quantités a'^2, $a'b'$, b'^2, ... dans l'expression générale de Z'', et ainsi de suite, et nous appellerons de même ces fonctions *fonctions dérivées partielles*. Lorsque a est la variable principale dont les autres sont ou peuvent être censées fonctions, on aura $a' = 1$; mais nous retiendrons la lettre a' sous les lettres Z', Z'', ... pour représenter en général les coefficients des termes de Z', Z'', ... qui contiendraient cette même lettre, si a était une fonction quelconque d'une autre variable principale, et pour dénoter par conséquent ce qui est dû en particulier à la variation de a.

Cette notation est plus nette et plus expressive que celle que j'ai employée dans la *Théorie des fonctions*, en plaçant les accents différemment, suivant les différentes variables auxquelles ils se rapportent. En la substituant à celle-ci, l'algorithme des fonctions dérivées conservera tous les avantages du Calcul différentiel, et aura de plus celui de débarrasser les formules de cette multitude de d qui les allongent et les défigurent même en quelque façon, et qui rappellent continuellement à l'esprit l'idée fausse des infiniment petits.

10. On aura ainsi, en regardant toutes les quantités a, b, c, ...,

h et u comme les fonctions quelconques d'une variable primitive,

$$Z' = \left(\frac{Z'}{a'}\right)a' + \left(\frac{Z'}{b'}\right)b' + \left(\frac{Z'}{c'}\right)c' + \ldots + \left(\frac{Z'}{u'}\right)u',$$

et, prenant de nouveau les fonctions dérivées,

$$\begin{aligned} Z'' = {} & \left(\frac{Z'}{a'}\right)a'' + \left(\frac{Z'}{b'}\right)b'' + \left(\frac{Z'}{c'}\right)c'' + \ldots + \left(\frac{Z'}{u'}\right)u'' \\ & + \left(\frac{Z''}{a'^2}\right)a'^2 + 2\left(\frac{Z''}{a'b'}\right)a'b' + \left(\frac{Z''}{b'^2}\right)b'^2 + \ldots \\ & + 2\left(\frac{Z''}{a'u'}\right)a'u' + 2\left(\frac{Z''}{b'u'}\right)b'u' + 2\left(\frac{Z''}{c'u'}\right)c'u' + \ldots + \left(\frac{Z''}{u'^2}\right)u'^2, \end{aligned}$$

et ainsi de suite.

Donc, faisant

$$a' = 1, \quad a'' = 0, \quad \ldots, \quad b' = \frac{m-1}{m}a, \quad b'' = \frac{m(m-1)}{m^2}, \quad b''' = 0, \quad c' = \frac{m-2}{m}b, \quad \ldots,$$

comme nous l'avons trouvé ci-dessus, on aura les équations $Z' = 0$, $Z'' = 0$, ..., savoir

$$\left(\frac{Z'}{a'}\right) + \left(\frac{Z'}{b'}\right)\frac{m-1}{m}a + \left(\frac{Z'}{c'}\right)\frac{m-2}{m}b + \ldots + \left(\frac{Z'}{u'}\right)\frac{t}{m} = 0,$$

$$\left.\begin{aligned} & \left(\frac{Z'}{b'}\right)\frac{m(m-1)}{m^2} + \left(\frac{Z'}{c'}\right)\frac{(m-1)(m-2)}{m^2}a + \ldots + \left(\frac{Z'}{u'}\right)\frac{2s}{m^2} \\ & + \left(\frac{Z''}{a'^2}\right) + 2\left(\frac{Z''}{a'b'}\right)\frac{m-1}{m}a + \left(\frac{Z''}{b'^2}\right)\left(\frac{m-1}{m}a\right)^2 + \ldots \\ & + 2\left[\left(\frac{Z''}{a'u'}\right)\frac{1}{m} + \left(\frac{Z''}{b'u'}\right)\frac{m-1}{m^2}a + \left(\frac{Z''}{c'u'}\right)\frac{m-2}{m^2}b + \ldots\right]t \\ & + \left(\frac{Z''}{u'^2}\right)\frac{t^2}{m^2} + \ldots \end{aligned}\right\} = 0,$$

et ainsi de suite, dans lesquelles les fonctions dérivées partielles

$$\left(\frac{Z'}{a'}\right), \quad \left(\frac{Z'}{b'}\right), \quad \ldots, \quad \left(\frac{Z''}{a'^2}\right), \quad \left(\frac{Z''}{a'b'}\right), \quad \ldots$$

seront des fonctions connues de $a, b, c, \ldots, u$.

La première équation donnera donc la valeur de t, la seconde donnera celle de s, etc., en fonctions rationnelles de $a, b, c, \ldots, u$, à moins que la fonction partielle $\left(\frac{Z'}{u'}\right)$ ne devienne nulle, auquel cas la première équation ne contiendra plus t, ni la seconde s, etc. Dans ce cas donc, il faudra tirer la valeur de t de la seconde équation, dans laquelle t monte au second degré, et les équations suivantes donneront alors les valeurs de $s, r, \ldots$ par des fonctions rationnelles. Si la fonction dérivée $\left(\frac{Z''}{u'^2}\right)$ était aussi nulle, l'équation en t ne serait plus que du premier degré, et, si la somme des fonctions qui multiplient t était nulle en même temps, la quantité t disparaîtrait de la seconde équation et ne pourrait être donnée que par la troisième, où elle monterait au troisième degré, et ainsi de suite.

Or, la fonction partielle $\left(\frac{Z'}{u'}\right)$ est égale à

$$\mu u^{\mu-1} - (\mu - 1) A u^{\mu-2} + (\mu - 2) B u^{\mu-3} - \ldots,$$

et l'on voit que l'équation

$$\left(\frac{Z'}{u'}\right) = 0$$

renferme les conditions de l'égalité des racines de l'équation

$$Z = 0.$$

D'où il s'ensuit que, si cette équation a des racines égales, et qu'on emploie pour la valeur de u une des racines égales, en sorte que la fonction $\left(\frac{Z'}{u'}\right)$ devienne nulle en même temps que Z, le coefficient t dépendra alors d'une équation particulière du second degré, et, par conséquent, tous les autres coefficients du polynôme diviseur dépendront à la fois de la résolution des deux équations en u et en t. Nous en avons donné ci-dessus (Note précédente, n° 13) la raison métaphysique tirée de l'égalité des racines; mais on en a ici une démonstration analytique rigoureuse.

11. Une conséquence essentielle qui résulte des formules précédentes, c'est que, tant que la fonction $\left(\frac{Z'}{u'}\right)$ ne sera pas nulle, tous les coefficients $t, s, r, \ldots$ seront donnés en fonctions rationnelles du coefficient u, et que, par conséquent, cela aura lieu nécessairement lorsque l'équation en u n'aura point de racines égales, ou du moins lorsqu'on n'emploiera pour la valeur de u que des racines inégales.

Or, j'observe qu'on peut toujours faire en sorte que l'équation en u n'ait point de racines égales, à moins que le polynôme donné n'ait lui-même des facteurs égaux; mais, comme on peut éliminer ces facteurs d'avance, on pourra toujours supposer que tous les facteurs de ces polynômes soient inégaux. Cela supposé, si l'on substitue dans ce polynôme $x - \lambda$ à la place de x, ce qui changera les coefficients a, b, c, ... en

$$a + m\lambda,$$
$$b + (m-1)a\lambda + \frac{m(m-1)}{2}\lambda^2,$$
$$\ldots\ldots\ldots\ldots\ldots,$$

les facteurs du nouveau polynôme seront

$$x - \alpha - \lambda,\; x - \beta - \lambda,\; x - \gamma - \lambda,\; \ldots,$$

c'est-à-dire que les quantités α, β, γ, ... deviendront

$$\alpha + \lambda,\; \beta + \lambda,\; \gamma + \lambda,\; \ldots.$$

Donc les racines de l'équation en u seront tous les produits possibles de n quantités prises parmi les m quantités $\alpha + \lambda$, $\beta + \lambda$, $\gamma + \lambda$, ..., et il est clair que deux de ces racines ne sauraient devenir égales, à moins qu'il n'y ait deux produits égaux de deux ou de plusieurs dimensions, formés de ces différentes quantités. Or il est visible que, tant que les quantités α, β, γ, ... seront inégales, on pourra toujours prendre λ de manière qu'aucune de ces égalités n'ait lieu; car, en considérant, par exemple, les deux produits

$$(\alpha + \lambda)(\beta + \lambda) \quad \text{et} \quad (\gamma + \lambda)(\delta + \lambda),$$

qui se réduisent à

$$\lambda^2 + (\alpha + \beta)\lambda + \alpha\beta \quad \text{et} \quad \lambda^2 + (\gamma + \delta)\lambda + \gamma\delta,$$

on voit qu'il n'y a qu'une valeur de λ qui puisse les rendre égaux, et que par conséquent il y en aura une infinité qui les rendront inégaux, à moins que l'on n'ait

$$\alpha + \beta = \gamma + \delta \quad \text{et} \quad \alpha\beta = \gamma\delta,$$

ce qui emporterait l'égalité de α et β avec γ et δ.

Il en sera de même des produits d'un plus grand nombre de facteurs, d'où l'on conclura, en général, qu'on peut toujours transformer ainsi le polynôme primitif, en augmentant l'indéterminée x d'une quantité quelconque, de manière que l'équation résultante en u n'ait point de racines égales.

12. Nous venons de donner non-seulement la manière, mais les formules mêmes par lesquelles on pourra toujours trouver un diviseur d'un degré n d'un polynôme quelconque du degré m, et nous venons de démontrer par ces formules que ce diviseur ne dépendra que de la racine d'une seule équation du degré μ, savoir

$$\frac{m(m-1)(m-2)\ldots(m-n+1)}{1.2.3\ldots n}.$$

Il suffira donc que cette équation ait une racine réelle pour que tout le diviseur soit réel; mais, comme il n'y a, en général, que les équations d'un degré impair, ou celles des degrés pairs dont le dernier terme est négatif, où l'on soit assuré de l'existence d'une racine réelle, il reste à voir quelles sont les valeurs de n pour lesquelles ces conditions auront nécessairement lieu.

Quel que soit le nombre m, il est toujours réductible à la forme $2^\rho i$, i étant un nombre impair. Supposons $n = 2^\rho$; on aura

$$\mu = \frac{2^\rho i(2^\rho i - 1)(2^\rho i - 2)\ldots(2^\rho i - 2^\rho + 1)}{1.2.3\ldots 2^\rho},$$

ou bien, ce qui est la même chose,

$$\mu = \frac{2^\rho i(2^\rho i - 1)(2^\rho i - 2)\ldots(2^\rho i - 2^\rho + 1)}{2^\rho(2^\rho - 1)(2^\rho - 2)\ldots(2^\rho - 2^\rho + 1)},$$

et, divisant le haut et le bas de cette fraction par 2^ρ, ensuite par 2, par 4, etc., on aura

$$\mu = \frac{i(2^\rho i - 1)(2^{\rho-1} i - 1)\ldots(2^\rho i - 2^\rho + 1)}{(2^\rho - 1)(2^{\rho-1} - 1)\ldots(2^\rho - 2^\rho + 1)}.$$

Comme le numérateur et le dénominateur ne contiennent plus que des facteurs impairs, et que le nombre μ est par sa nature un nombre entier, il s'ensuit qu'il sera nécessairement impair.

Il s'ensuit de là que tout polynôme du degré $2^\rho i$ peut toujours avoir un diviseur réel du degré 2^ρ; le polynôme restant après la division sera donc aussi réel et du degré $2^\rho i - 2^\rho$, savoir $2^\rho(i-1)$; or, i étant un nombre impair, $i-1$ sera un nombre pair, qu'on pourra représenter par $2^\sigma k$, k étant un nombre impair; le polynôme restant sera alors du degré $2^{\rho+\sigma}k$ et aura un diviseur réel du degré $2^{\rho+\sigma}$, et ainsi de suite. Comme de cette manière tout nombre entier peut être décomposé en un certain nombre de puissances croissantes de 2, comme $2^\rho + 2^{\rho+\sigma} + \ldots$, il s'ensuit que tout polynôme d'un degré quelconque pourra être décomposé immédiatement en un pareil nombre de polynômes dont les degrés seront ces mêmes puissances de 2.

13. Il reste donc à considérer les polynômes dont le degré est une simple puissance de 2. Faisons dans la formule générale de μ

$$m = 2^\rho \quad \text{et} \quad n = \frac{m}{2} = 2^{\rho-1};$$

on aura

$$\mu = \frac{2^\rho(2^\rho - 1)(2^\rho - 2)\ldots(2^\rho - 2^{\rho-1} + 1)}{1.2.3\ldots 2^{\rho-1}}$$

$$= \frac{2^\rho(2^\rho - 1)(2^\rho - 2)\ldots(2^\rho - 2^{\rho-1} + 1)}{2^{\rho-1}(2^{\rho-1} - 1)(2^{\rho-1} - 2)\ldots(2^{\rho-1} - 2^{\rho-1} + 1)};$$

divisant le haut et le bas de cette fraction par $2^{\rho-1}$ et ensuite par 2, par 4, etc., on aura

$$\mu = \frac{2(2^\rho - 1)(2^{\rho-1} - 1)\ldots(2^\rho - 2^{\rho-1} + 1)}{(2^{\rho-1} - 1)(2^{\rho-2} - 1)\ldots(2^{\rho-1} - 2^{\rho-1} + 1)}.$$

Comme tous les facteurs du numérateur, à l'exception du premier 2, ainsi que tous les facteurs du dénominateur, sont impairs, il s'ensuit que le nombre μ, qui est d'ailleurs entier par sa nature, sera nécessairement de la forme $2i$, i étant un nombre impair.

Considérons dans ce cas l'équation en u; puisque le degré du diviseur est la moitié de celui du polynôme, les racines de cette équation seront tous les produits qu'on pourra faire en prenant la moitié des quantités α, β, γ, ..., dont le nombre est supposé pair. Donc, puisque le produit de toutes ces quantités est h, il s'ensuit que, si u est un de ces produits partiels, $\frac{h}{u}$ en sera un autre; par conséquent, si u est une racine de l'équation dont il s'agit, $\frac{h}{u}$ en sera une aussi. Cette équation devra donc demeurer la même, en y substituant $\frac{h}{u}$ pour u.

Par cette substitution, l'équation

$$u^\mu - Au^{\mu-1} + Bu^{\mu-2} - Cu^{\mu-3} + \ldots - Ru^3 + Su^2 - Tu + V = 0$$

deviendra, après avoir été multipliée par u^μ et divisée par V,

$$u^\mu - \frac{hT}{V}u^{\mu-1} + \frac{h^2S}{V}u^{\mu-2} - \frac{h^3R}{V}u^{\mu-3} + \ldots - \frac{h^{\mu-3}C}{V}u^3 + \frac{h^{\mu-2}B}{V}u^2 - \frac{h^{\mu-1}A}{V}u + \frac{h^\mu}{V} = 0,$$

et, comme ces deux équations doivent être identiques, on aura

$$A = \frac{hT}{V}, \quad B = \frac{h^2S}{V}, \quad C = \frac{h^3R}{V}, \quad \ldots;$$

mais on a trouvé ci-dessus $V = h^\nu$, ν étant $= \frac{\mu.n}{m} = \frac{\mu}{2}$ (à cause de $m = 2n$, dans le cas présent), et par conséquent impair; on aura donc

$$T = Ah^{\nu-1}, \quad S = Bh^{\nu-2}, \quad R = Ch^{\nu-3}, \quad \ldots;$$

ainsi, en substituant 2ν à la place de μ et réunissant les termes également éloignés du milieu, l'équation en u deviendra

$$u^{2\nu}+h^{\nu}-A(u^{2\nu-1}+h^{\nu-1}u)+B(u^{2\nu-2}+h^{\nu-2}u^2)-C(u^{2\nu-3}+h^{\nu-3}u^3)+\ldots=0.$$

14. C'est la forme générale des équations qu'on appelle *réciproques*, et qui peuvent toujours s'abaisser à un degré moindre de la moitié.

En effet, en divisant l'équation précédente par u^{ν}, elle devient

$$u^{\nu}+\frac{h^{\nu}}{u^{\nu}}-A\left(u^{\nu-1}+\frac{h^{\nu-1}}{u^{\nu-1}}\right)+B\left(u^{\nu-2}+\frac{h^{\nu-2}}{u^{\nu-2}}\right)-C\left(u^{\nu-3}+\frac{h^{\nu-3}}{u^{\nu-3}}\right)+\ldots=0.$$

Or, si l'on fait

$$y=u+\frac{h}{u},$$

on aura

$$y^2=u^2+\frac{h^2}{u^2}+2h,$$

$$y^3=u^3+\frac{h^3}{u^3}+3h\left(u+\frac{h}{u}\right),$$

$$\ldots\ldots\ldots\ldots\ldots\ldots,$$

d'où l'on tire

$$u+\frac{h}{u}=y,$$

$$u^2+\frac{h^2}{u^2}=y^2-2h,$$

$$u^3+\frac{h^3}{u^3}=y^3-3hy,$$

$$\ldots\ldots\ldots\ldots\ldots,$$

et en général

$$u^{\lambda}+\frac{h^{\lambda}}{u^{\lambda}}=y^{\lambda}-\lambda hy^{\lambda-2}+\frac{\lambda(\lambda-3)}{2}h^2y^{\lambda-4}-\frac{\lambda(\lambda-4)(\lambda-5)}{2.3}h^3y^{\lambda-6}+\ldots.$$

Par le moyen de ces substitutions, l'équation en u du degré 2ν sera transformée en une équation en y du degré ν, laquelle sera de la forme

$$y^{\nu}-(A)y^{\nu-1}+(B)y^{\nu-2}-(C)y^{\nu-3}+\ldots=0,$$

en supposant

$$(A)=A,$$
$$(B)=B-\nu h,$$
$$(C)=C-(\nu-1)hA,$$
$$(D)=D-(\nu-2)hB+\frac{\nu(\nu-3)}{2}h^2,$$
$$\dots\dots\dots\dots\dots\dots\dots\dots$$

Ensuite on aura u en y par l'équation

$$u^2-uy+h=0,$$

laquelle donne

$$u=\frac{y+\sqrt{y^2-4h}}{2}.$$

15. Maintenant on voit qu'il suffit de calculer directement la moitié des coefficients A, B, C, ... de l'équation en u, ce qui réduit le calcul à la moitié. On voit de plus que, comme l'exposant μ est dans le cas présent un nombre de la forme $2i$, i étant impair, le nombre ν sera impair, et par conséquent l'équation en y aura nécessairement une racine réelle.

Mais, pour que u ait une valeur réelle, il ne suffit pas que la valeur de y soit réelle, il faut encore que y^2-4h soit une quantité positive. Cela aura lieu nécessairement lorsque h a une valeur négative; ainsi, dans ce cas, le polynôme du degré 2^ρ est résoluble par deux polynômes réels du degré $2^{\rho-1}$. Mais, si h a une valeur positive, il faut voir de plus si l'on peut toujours trouver une valeur réelle de y, telle que $y^2>4h$.

16. Soit donc

$$y^2-4h=z;$$

qu'on substitue, dans l'équation précédente en y, $\sqrt{z+4h}$ au lieu de y, on aura, après avoir fait disparaître le radical par l'élévation au carré et ordonné les termes suivant les puissances de z, une équation en z du même degré ν, laquelle aura nécessairement une racine réelle positive si son dernier terme est négatif. Or, puisque ν est un nombre impair, le dernier terme sera le produit de toutes les racines, pris négativement; ainsi la question est réduite à voir si le produit de toutes les valeurs de z est essentiellement une quantité positive, en supposant que la valeur de h soit positive.

Puisque

$$z = y^2 - 4h \quad \text{et} \quad y = u + \frac{h}{u},$$

on aura

$$z = u^2 + \frac{h^2}{u^2} - 2h = \left(u - \frac{h}{u}\right)^2.$$

Or u a pour valeurs tous les produits qu'on peut faire en multipliant ensemble une moitié des quantités α, β, γ, ..., et nous avons déjà vu que les valeurs de $\frac{h}{u}$ sont les produits qu'on peut faire en multipliant ensemble l'autre moitié des mêmes quantités; donc les valeurs de $u - \frac{h}{u}$ seront deux à deux égales et de signe contraire; par conséquent, on aura toutes les valeurs différentes de z en ne donnant à u que la moitié de ses différentes valeurs, et il est évident que le produit de toutes les valeurs de z sera positif si le produit des valeurs de $u - \frac{h}{u}$ peut être exprimé par une fonction rationnelle des coefficients a, b, c, ..., car alors son carré sera nécessairement une quantité positive.

S'il n'y a, par exemple, que quatre quantités α, β, γ, δ, toutes les valeurs de u seront

$$\alpha\beta, \ \alpha\gamma, \ \alpha\delta, \ \beta\gamma, \ \beta\delta, \ \gamma\delta,$$

et les valeurs différentes de $u - \frac{h}{u}$ seront, en ne prenant pour u que les trois premiers produits,

$$\alpha\beta - \gamma\delta, \ \alpha\gamma - \beta\delta, \ \alpha\delta - \beta\gamma;$$

le produit de ces trois quantités, étant développé, donne

$$\alpha^3\beta\gamma\delta + \alpha\beta^3\gamma\delta + \alpha\beta\gamma^3\delta + \alpha\beta\gamma\delta^3 - \alpha^2\beta^2\gamma^2 - \alpha^2\beta^2\delta^2 - \alpha^2\gamma^2\delta^2 - \beta^2\gamma^2\delta^2,$$

où l'on voit que la partie positive et la partie négative sont chacune une fonction invariable et symétrique des quantités α, β, γ, δ, et peuvent par conséquent être déterminées en a, b, c, d par les formules données plus haut.

17. Généralisons maintenant ce résultat et désignons, pour plus de simplicité, par P, Q, R, ... les différents produits qu'on peut faire avec la moitié des quantités α, β, γ, ..., en y conservant une même quantité α, et par p, q, r, ... les produits formés par l'autre moitié des mêmes quantités, et que j'appellerai *réciproques*. Je vais d'abord prouver que les quantités P, Q, R, ... et leurs réciproques p, q, r, ... renferment toutes les valeurs de u. On a vu que ces valeurs sont au nombre de μ, et, à cause de $m = 2n$, on a

$$\mu = \frac{2n(2n-1)(2n-2)\ldots(n+1)}{1.2.3\ldots n}.$$

D'un autre côté, comme on a supposé que les quantités P, Q, R, ... contiennent toutes une même quantité α, il est clair que le nombre de ces quantités sera celui de tous les produits qu'on peut faire en ne prenant que $n-1$ quantités sur $2n-1$ quantités; donc ce nombre sera

$$\frac{(2n-1)(2n-2)\ldots(n+1)}{1.2\ldots(n-1)} = \frac{\mu}{2} = \nu.$$

Donc, puisque les quantités P, Q, R, ... forment la moitié de toutes les valeurs de u, il suffira de prendre ces quantités pour les différentes valeurs de u, et p, q, r, ... seront les valeurs correspondantes de $\frac{h}{u}$. Ainsi il s'agira de voir si le produit

$$(P-p)(Q-q)(R-r)\ldots$$

est nécessairement une fonction invariable des quantités α, β, γ, ..., auquel cas on sera assuré qu'il peut être déterminé rationnellement par les coefficients a, b, c, ... D'abord il est évident que toutes les permutations qu'on peut faire des quantités β, γ, δ, ... entre elles ne peuvent que faire échanger les produits P, Q, R, ... entre eux, et leurs réciproques en même temps entre eux, de sorte qu'il ne peut résulter de ces permutations aucun changement dans le produit

$$(P-p)(Q-q)(R-r)\ldots.$$

Considérons ensuite les échanges de α contre chacune des autres quantités $\beta, \gamma, \delta, \ldots$; il est clair que, en échangeant α en β, celles des quantités P, Q, R, ... qui contiennent à la fois α et β ne souffriront aucun changement; il n'y aura donc à considérer que celles qui ne contiennent point β. Or, si P par exemple ne contient point β, comme les deux produits P et p contiennent toutes les quantités $\alpha, \beta, \gamma, \ldots$, il s'ensuit que β sera contenu dans p, et ainsi des autres; donc, par l'échange de α en β, toute quantité P ou Q, etc., qui ne contiendra point β ne pourra que devenir une des réciproques $p, q, r, \ldots$, qui sont supposées ne point contenir α; ainsi P deviendra par exemple q, et alors Q deviendra nécessairement p; donc $P-p$ deviendra $q-Q$, et en même temps $Q-q$ deviendra $p-P$. D'où l'on peut conclure en général que, par les échanges de α en $\beta, \gamma, \ldots$, les différents facteurs $P-p$, $Q-q$, $R-r$, ... ne pourront que rester les mêmes, ou s'échanger entre eux, en changeant en même temps de signe.

18. Maintenant, si l'on cherche le nombre des produits P, Q, R, ... qui ne changeront pas par l'échange de α en β, ce nombre sera celui de ces produits où α et β se trouveront ensemble; donc, le nombre total des quantités $\alpha, \beta, \gamma, \ldots$ étant $2n$ et le nombre de ces quantités dans chaque produit étant n, le nombre des produits qui contiendront à la fois α et β sera celui des combinaisons qu'on peut faire en prenant $n-2$ choses sur $2n-2$ choses; par conséquent, il sera exprimé par

$$\frac{(2n-2)(2n-3)\ldots(n+1)}{1.2\ldots(n-2)};$$

comparant ce nombre au nombre ν donné ci-dessus, il pourra s'exprimer par

$$\frac{\nu(n-1)}{2n-1}.$$

Or, le nombre total des quantités P, Q, R, ... étant ν, si l'on en retranche le nombre $\frac{\nu(n-1)}{2n-1}$, on aura

$$\frac{n\nu}{2n-1}$$

pour le nombre des produits P, Q, R, ... qui, par l'échange de α en β, se changeront dans les réciproques $p, q, r, \ldots$; par conséquent, ce nombre sera aussi celui des facteurs $P-p$, $Q-q$, $R-r$, ..., qui changeront de signe par ce même échange; donc, tant que n sera un nombre pair, et par conséquent tant que l'exposant $m=2n$ sera une puissance de 2 plus grande que 2, le nombre dont il s'agit sera nécessairement pair, d'où il s'ensuit que le produit total

$$(P-p)(Q-q)(R-r)\ldots$$

ne changera pas par l'échange de α en β; il en sera de même des autres échanges de α en γ, δ, ...

Donc enfin ce produit sera une fonction invariable des quantités $\alpha, \beta, \gamma, \ldots$, et pourra, par conséquent, se déterminer par des fonctions rationnelles des coefficients $a, b, c, \ldots$ du polynôme donné. Donc l'équation en z du degré impair ν aura son dernier terme négatif; par conséquent, elle aura nécessairement une racine réelle positive (nº 3).

En prenant cette valeur positive pour z, on aura

$$\left(u-\frac{h}{u}\right)^2=z,$$

et de là

$$u-\frac{h}{u}=\sqrt{z};$$

donc

$$u^2-u\sqrt{z}-h=0,$$

et de là

$$u=\tfrac{1}{2}\sqrt{z}\pm\sqrt{\frac{z}{4}+h},$$

quantité nécessairement réelle, puisque nous avons supposé la quantité h positive (n° 16).

Donc tout polynôme du degré 2^ρ, tant que ρ sera plus grand que l'unité, soit que son dernier terme h soit positif ou négatif, pourra se décomposer, par les formules que nous venons de donner, en deux polynômes réels du degré $2^{\rho-1}$, et l'on aura ces deux polynômes à la fois en employant la double valeur de u. Donc, en combinant cette conclusion avec celle qu'on a trouvée plus haut pour tout polynôme du degré $2^\rho i$, on en conclura généralement qu'on peut toujours résoudre un polynôme quelconque en facteurs réels du premier ou du second degré.

19. En appliquant aux équations la théorie que nous venons de donner sur la décomposition des polynômes, on voit qu'on peut toujours résoudre une équation quelconque en deux autres équations, dont les coefficients seront réels et ne dépendront que de la racine réelle d'une équation de degré impair. Or nous avons vu dans le Chapitre I qu'on peut tout de suite avoir les limites de cette racine par la simple substitution des nombres naturels 1, 2, 3, ..., et que, ayant les premières limites, il est facile de les resserrer à volonté par des substitutions successives.

Ainsi, lorsque l'équation donnée est numérique, on pourra la résoudre en deux autres équations numériques dont les coefficients seront aussi exacts qu'on voudra, et, résolvant de même chacune de celles-ci en deux autres, on parviendra enfin à des équations du premier ou du second degré, lesquelles donneront par conséquent immédiatement toutes les racines réelles et les racines imaginaires. De là naît une méthode de résoudre les équations numériques qui est indépendante de la recherche des limites entre racines et qui, à cet égard, paraît avoir quelque avantage sur la méthode des deux premiers Chapitres. Mais, d'un autre côté, il faut avouer que, à l'exception de quelques cas particuliers où la décomposition de l'équation est facile, cette méthode sera impraticable par la multiplicité et la longueur des opérations qu'elle peut demander. Aussi l'objet principal de cette Note est de prouver *a priori* la possibilité de la décomposition des polynômes et des équations en facteurs réels du premier ou du second degré, objet qui n'avait pas encore été rempli d'une manière directe et complète.

NOTE XI.

SUR LES FORMULES D'APPROXIMATION POUR LES RACINES DES ÉQUATIONS.

Nous avons vu dans la Note V que la méthode de Newton consiste à substituer successivement dans une même fonction les résultats des substitutions précédentes; ainsi l'on peut réduire en formule le résultat général de ces substitutions.

1. Soient

$$F(x) = 0$$

l'équation proposée, et a la première valeur approchée d'une des racines de cette équation. Suivant la méthode dont il s'agit, on substitue $a + p$ à la place de x, et l'on rejette dans le développement tous les termes où p monte au-dessus de la première dimension.

Par le développement connu des fonctions, l'équation $F(x) = 0$ devient

$$F(a) + pF'(a) + \frac{p^2}{2} F''(a) + \ldots = 0,$$

et se réduit d'abord à

$$F(a) + pF'(a) = 0,$$

d'où l'on tire

$$p = -\frac{F(a)}{F'(a)}.$$

Ainsi, a étant une première approximation, si l'on fait $b = -\frac{F(a)}{F'(a)}$, on aura $a + b$ pour seconde approximation, et celle-ci donnera de la même manière, en faisant $c = -\frac{F(a+b)}{F'(a+b)}$, la troisième approximation

$a+b+c$, et ainsi de suite; de sorte que la valeur de x sera exprimée par la série

$$a+b+c+d+\ldots.$$

Or je remarque que, si b est une quantité très-petite, la valeur de $\mathrm{F}(a+b)$ sera très-petite de l'ordre de b^2; car le développement de $\mathrm{F}(a+b)$ donne

$$\mathrm{F}(a)+b\,\mathrm{F}'(a)+\frac{b^2}{2}\mathrm{F}''(a)+\ldots;$$

mais $b=-\frac{\mathrm{F}(a)}{\mathrm{F}'(a)}$; donc

$$\mathrm{F}(a+b)=\frac{b^2}{2}\mathrm{F}''(a)+\ldots,$$

donc, puisque $c=-\frac{\mathrm{F}(a+b)}{\mathrm{F}'(a+b)}$, la valeur de c sera aussi du même ordre b^2. De même, la valeur de $\mathrm{F}(a+b+c)$ sera de l'ordre de c^2, et par conséquent de l'ordre de b^4; car

$$\mathrm{F}(a+b+c)=\mathrm{F}(a+b)+c\,\mathrm{F}'(a+b)+\frac{c^2}{2}\mathrm{F}''(a+b)+\ldots;$$

mais $c=-\frac{\mathrm{F}(a+b)}{\mathrm{F}'(a+b)}$; donc

$$\mathrm{F}(a+b+c)=\frac{c^2}{2}\mathrm{F}''(a+b)+\ldots;$$

donc, puisque $d=-\frac{\mathrm{F}(a+b+c)}{\mathrm{F}'(a+b+c)}$, la valeur de d sera aussi de l'ordre de b^4, et ainsi de suite. D'où il s'ensuit que, si $\mathrm{F}(a)$ est une quantité très-petite, les erreurs des approximations

$$a+b,\quad a+b+c,\quad a+b+c+d,\quad \ldots$$

seront respectivement de l'ordre des puissances 2, 4, 8, ... de $\mathrm{F}(a)$.

Ce procédé est assez commode pour le calcul arithmétique; mais, si l'on voulait avoir une formule ordonnée suivant les puissances de $\mathrm{F}(a)$, il faudrait développer successivement toutes les fonctions, et l'on trouverait la série

$$a-\frac{1}{\mathrm{F}'(a)}\mathrm{F}(a)-\frac{\mathrm{F}''(a)}{2\mathrm{F}'^3(a)}\mathrm{F}^2(a)+\frac{\mathrm{F}'(a)\mathrm{F}'''(a)-3\mathrm{F}''^2(a)}{2.3\mathrm{F}'^5(a)}\mathrm{F}^3(a)+\ldots.$$

2. On pourrait parvenir plus simplement à cette formule, en tirant la valeur de p de l'équation

$$F(a) + p F'(a) + \frac{p^2}{2} F''(a) + \frac{p^3}{2.3} F'''(a) + \ldots = 0;$$

on aurait d'abord

$$p = -\frac{F(a)}{F'(a)} - \frac{1}{F'(a)}\left[\frac{p^2}{2} F''(a) + \frac{p^3}{2.3} F'''(a) + \ldots\right],$$

et l'on substituerait successivement les premières valeurs de p dans les termes qui contiennent p^2, p^3, ...; ou bien on supposerait tout de suite

$$p = A F(a) + B F^2(a) + C F^3(a) + \ldots;$$

et, égalant à zéro les termes affectés des mêmes puissances de $F(a)$, ce qui donnera les équations nécessaires pour la détermination des coefficients indéterminés A, B, C, ..., on aurait

$$A F'(a) + 1 = 0,$$

$$B F'(a) + \frac{A^2}{2} F''(a) = 0,$$

$$C F'(a) + AB F''(a) + \frac{A^3}{2.3} F'''(a) = 0,$$

$$\ldots\ldots\ldots\ldots\ldots\ldots\ldots,$$

d'où l'on tire

$$A = -\frac{1}{F'(a)},$$

$$B = -\frac{F''(a)}{2 F'^3(a)},$$

$$C = -\frac{F''^2(a)}{2 F'^5(a)} + \frac{F'''(a)}{2.3 F'^4(a)},$$

$$\ldots\ldots\ldots\ldots\ldots\ldots\ldots,$$

et la série

$$a + A F(a) + B F^2(a) + C F^3(a) + \ldots$$

sera la même que celle qu'on a trouvée ci-dessus; ce qui prouve la correspondance des deux méthodes.

3. Mais on peut arriver à ce même résultat par une autre méthode plus directe et plus analytique.

La question consiste à tirer de l'équation

$$F(a+p)=0$$

la valeur de p en série. Je puis regarder la quantité a comme une fonction d'une autre quantité α et supposer que a devienne $a+p$ lorsque α deviendra $\alpha+i$. Ainsi, comme a devient en général

$$a+ia'+\frac{i^2}{2}a''+\frac{i^3}{2.3}a'''+\ldots$$

lorsque α devient $\alpha+i$, on aura

$$p=ia'+\frac{i^2}{2}a''+\frac{i^3}{2.3}a'''+\ldots;$$

comme la quantité α est indéterminée, je puis la supposer telle que l'on ait $F(a)=\alpha$; alors $F(a+p)$ deviendra $\alpha+i$, et l'équation $F(a+p)=0$ sera $\alpha+i=0$, laquelle donne sur-le-champ

$$i=-\alpha=-F(a);$$

de sorte qu'on aura

$$p=-a'F(a)+\frac{a''}{2}F^2(a)-\frac{a'''}{2.3}F^3(a)+\ldots,$$

et il n'y aura plus qu'à trouver les valeurs de a', a'', a''', ...

Ces valeurs sont les fonctions dérivées de a, considérée comme fonction de α; or on a pour la détermination de α en a l'équation $F(a)=\alpha$; donc, si l'on prend les fonctions dérivées relativement à α, en regardant a comme la fonction de α, et qu'on désigne, comme on l'a fait plus haut, par $F'(a)$, $F''(a)$, $F'''(a)$, ... les fonctions dérivées de $F(a)$ par rapport à a, les fonctions dérivées de $F(a)$, $F'(a)$, ... relativement à α seront $a'F'(a)$, $a'F''(a)$, ..., et l'équation $F(a)=\alpha$ donnera d'abord $a'F'(a)=1$, d'où l'on tire

$$a'=\frac{1}{F'(a)},$$

et de là, en prenant toujours les fonctions dérivées et substituant cette valeur de a',

$$a'' = -\frac{a'\,F''(a)}{F'^2(a)} = -\frac{F''(a)}{F'^3(a)},$$

$$a''' = -\frac{a'\,F'''(a)}{F'^3(a)} + \frac{3a'\,F''^2(a)}{F'^4(a)} = -\frac{F'''(a)}{F'^4(a)} + \frac{3\,F''^2(a)}{F'^5(a)},$$

....

On peut trouver ainsi successivement les valeurs de a', a'', a''', ..., par lesquelles on pourra continuer aussi loin qu'on voudra la série

$$a - a'\,F(a) + \frac{a''}{2}\,F^2(a) - \frac{a'''}{2.3}\,F^3(a) + \ldots,$$

qui exprime la valeur de x dans l'équation $F(x) = 0$, et l'on aura la même série qu'on a trouvée ci-dessus.

Cette formule revient à celle qu'Euler a donnée dans la seconde Partie du *Calcul différentiel* (Chap. IX, art. 234). On voit par un Mémoire de Courtivron, imprimé dans le Volume de l'Académie des Sciences pour l'année 1744, qu'Euler l'avait déjà trouvée à cette époque, et on peut la compter au nombre des découvertes dont il a enrichi l'Analyse. Par la manière dont nous venons de la présenter, elle est une suite naturelle de la théorie du développement des fonctions.

4. Nous allons maintenant rapprocher les résultats précédents de ceux qu'on peut tirer des séries récurrentes. Suivant la méthode exposée dans la Note VI, pour avoir la valeur de la racine p de l'équation

$$F(a) + p\,F'(a) + \frac{p^2}{2}\,F''(a) + \frac{p^3}{2.3}\,F'''(a) + \ldots = 0,$$

il faudrait développer la fraction

$$\frac{F'(a) + p\,F''(a) + \frac{p^2}{2}\,F'''(a) + \ldots}{F(a) + p\,F'(a) + \frac{p^2}{2}\,F''(a) + \ldots}$$

suivant les puissances de p; et, si Tp^{μ} et $Vp^{\mu+1}$ sont deux termes consécutifs, on aura $\frac{T}{V}$ pour la valeur de p, d'autant plus exacte que ces termes seront plus éloignés du commencement de la série.

Dans la méthode ordinaire, les termes d'une série récurrente se forment les uns d'après les autres; mais cette manière, qui est très-commode pour le calcul arithmétique, n'est pas propre à donner le terme général en fonction des coefficients de l'équation, et il faut pour cela employer d'autres moyens.

5. Pour donner à cette recherche toute la généralité dont elle est susceptible, je vais considérer la fonction fractionnaire

$$\frac{\varphi(x)}{u - x + f(x)},$$

dans laquelle je suppose que $f(x)$ et $\varphi(x)$ sont des fonctions de x telles que

$$f(x) = A + Bx + Cx^2 + Dx^3 + \ldots,$$
$$\varphi(x) = P + Qx + Rx^2 + Sx^3 + \ldots.$$

Je représente par

$$(0) + (1)x + (2)x^2 + (3)x^3 + \ldots$$

la série résultante du développement de cette fonction suivant les puissances de x, et je me propose de trouver l'expression du coefficient (n) de la puissance x^n.

Je commence par développer la fonction suivant les puissances de $f(x)$; j'ai la série

$$\frac{\varphi(x)}{u - x} - \frac{\varphi(x) f(x)}{(u - x)^2} + \frac{\varphi(x) f^2(x)}{(u - x)^3} + \ldots.$$

Je considère chacune de ces fractions en particulier, et je cherche les termes multipliés par x^n qui peuvent résulter de leur développement.

La fraction $\frac{1}{u - x}$ donne la série connue

$$\frac{1}{u} + \frac{x}{u^2} + \frac{x^2}{u^3} + \frac{x^3}{u^4} + \ldots,$$

laquelle, étant multipliée par la série représentée par $\varphi(x)$, donnera les termes suivants affectés de x^n

$$\left(\frac{\mathrm{P}}{u^{n+1}}+\frac{\mathrm{Q}}{u^n}+\frac{\mathrm{R}}{u^{n-1}}+\frac{\mathrm{S}}{u^{n-2}}+\ldots\right)x^n,$$

où il faut remarquer que, comme les puissances de u dans les dénominateurs vont en diminuant, il faudra s'arrêter au terme divisé par u.

6. Or, si l'on considère la fonction $\varphi(x)$, qu'on la divise par x^{n+1}, qu'ensuite on y change x en u, et qu'on ne retienne que les termes divisés par u ou par des puissances de u, il est aisé de voir qu'on aura de cette manière la série qui multiplie x^n. Donc la partie multipliée par x^n provenant de la fonction $\frac{\varphi(x)}{u-x}$ pourra être représentée par $\frac{\varphi(u)}{u^{n+1}}x^n$, en ayant soin de ne retenir que les termes de $\frac{\varphi(u)}{u^{n+1}}$ qui auront u au dénominateur.

De la même manière, si l'on cherchait la partie multipliée par x^n provenant du développement de la fraction $\frac{\varphi(x)f(x)}{u-x}$ suivant les puissances de x, on trouverait $\frac{\varphi(u)f(u)}{u^{n+1}}x^n$, en ne retenant dans $\frac{\varphi(u)f(u)}{u^{n+1}}$ que les termes qui auraient une puissance de u au dénominateur. La quantité $\frac{\varphi(u)f(u)}{u^{n+1}}$ est donc identique avec le coefficient de x^n dans le développement de $\frac{\varphi(x)f(x)}{u-x}$; donc l'identité subsistera encore entre les fonctions dérivées relativement à u; d'où il suit que la fonction dérivée de $\frac{\varphi(u)f(u)}{u^{n+1}}$, que nous dénoterons par $\left[\frac{\varphi(u)f(u)}{u^{n+1}}\right]'$, sera égale au coefficient de x^n dans le développement de la fonction dérivée de $\frac{\varphi(x)f(x)}{u-x}$ relativement à u.

Or, comme u ne se trouve ici que dans le dénominateur, et que la fonction dérivée de $\frac{1}{u-x}$ est $-\frac{1}{(u-x)^2}$, on en conclura tout de suite que $\left[\frac{\varphi(u)f(u)}{u^{n+1}}\right]'x^n$ sera la partie du développement de $-\frac{\varphi(x)f(x)}{(u-x)^2}$

qui sera multipliée par x^n, en ayant toujours soin de ne retenir, dans la fonction $\frac{\varphi(u)f(u)}{u^{n+1}}$ et par conséquent aussi dans sa fonction dérivée $\left[\frac{\varphi(u)f(u)}{u^{n+1}}\right]'$, que les termes qui auront u au dénominateur.

On trouvera pareillement que la partie multipliée par x^n dans le développement de $\frac{\varphi(x)f^2(x)}{u-x}$ suivant les puissances de x sera exprimée par $\frac{\varphi(u)f^2(u)}{u^{n+1}}$, en ne retenant que les termes divisés par des puissances de u; donc l'identité subsistera encore à l'égard des fonctions dérivées relativement à u; par conséquent, la seconde fonction dérivée de $\frac{\varphi(u)f^2(u)}{u^{n+1}}$ relativement à u, que nous dénoterons par $\left[\frac{\varphi(u)f^2(u)}{u^{n+1}}\right]''$, sera encore égale à la partie affectée de x^n dans le développement de la seconde fonction dérivée de $\frac{\varphi(x)f^2(x)}{u-x}$. Mais la première fonction dérivée de $\frac{1}{u-x}$ étant $-\frac{1}{(u-x)^2}$, la seconde sera $\frac{2}{(u-x)^3}$; donc, divisant par 2, on en conclura que $\left[\frac{\varphi(u)f^2(u)}{2u^{n+1}}\right]''x^n$ sera la partie du développement de $\frac{\varphi(x)f^2(x)}{(u-x)^3}$ qui sera multipliée par x^n, en ayant soin de ne retenir dans la valeur de $\left[\frac{\varphi(u)f^2(u)}{u^{n+1}}\right]''$ que les termes divisés par des puissances de u.

On prouvera, par une analyse semblable, qu'en dénotant par $\left[\frac{\varphi(u)f^3(u)}{2.3u^{n+1}}\right]'''$ la troisième fonction dérivée, relativement à u, de la fonction $\frac{\varphi(u)f^3(u)}{2.3u^{n+1}}$, et supposant qu'on ne retienne dans cette fonction que les termes divisés par des puissances de u, la partie multipliée par x^n dans le développement de $-\frac{\varphi(x)f^3(x)}{(u-x)^4}$ suivant les puissances de x sera exprimée par $\left[\frac{\varphi(u)f^3(u)}{2.3u^{n+1}}\right]'''x^n$, et ainsi de suite.

Donc, en rassemblant toutes ces parties, on aura l'expression complète du terme $(n)x^n$ du développement de la quantité $\frac{\varphi(x)}{u-x+f(x)}$

suivant les puissances positives de x, et l'on trouvera

$$(n) = \frac{\varphi(u)}{u^{n+1}} + \left[\frac{\varphi(u) f(u)}{u^{n+1}}\right]' + \left[\frac{\varphi(u) f^2(u)}{2u^{n+1}}\right]'' + \left[\frac{\varphi(u) f^3(u)}{2.3u^{n+1}}\right]''' + \ldots,$$

en ayant soin de ne retenir que les termes qui contiendront des puissances négatives de u.

7. Nous remarquerons ici que, en prenant encore successivement les fonctions dérivées suivant u, on pourra avoir les expressions des termes multipliés par x^n dans les développements de $\frac{\varphi(x)}{[u-x+f(x)]^2}$, de $\frac{\varphi(x)}{[u-x+f(x)]^3}$, de $\frac{\varphi(x)}{[u-x+f(x)]^4}$, ... Ainsi, en désignant par $(n)'$, $(n)''$, $(n)'''$, ... les fonctions dérivées, première, seconde, ... de la fonction de u désignée par (n), on aura

$$-(n)'x^n, \quad (n)''\frac{x^n}{2}, \quad -(n)'''\frac{x^n}{2.3}, \quad \ldots$$

pour les expressions des termes dont il s'agit. Et, pour avoir les valeurs de $(n)'$, $(n)''$, ..., il n'y aura qu'à ajouter un trait, deux traits, ... aux fonctions $\frac{\varphi(u)}{u^{n+1}}$, $\left[\frac{\varphi(u) f(u)}{u^{n+1}}\right]'$, ... de l'expression de (n).

8. Supposons qu'on demande le terme général $(n)x^n$ de la série provenant du développement de la fraction rationnelle

$$\frac{P + Qx}{1 - 2x\cos\omega + x^2}.$$

On divisera d'abord le numérateur et le dénominateur par $2\cos\omega$ pour le réduire à la forme $\frac{\varphi(x)}{u - x + f(x)}$, et l'on aura, par la comparaison avec cette formule,

$$\varphi(x) = \frac{P}{2\cos\omega} + \frac{Q}{2\cos\omega}x,$$

$$f(x) = \frac{x^2}{2\cos\omega},$$

$$u = \frac{1}{2\cos\omega}.$$

Donc on aura

$$\varphi(u) = \frac{P}{2\cos\omega} + \frac{Q}{2\cos\omega}u,$$

$$f(u) = \frac{u^2}{2\cos\omega},$$

$$f^2(u) = \frac{u^4}{(2\cos\omega)^2},$$

$$f^3(u) = \frac{u^6}{(2\cos\omega)^3},$$

. . . .

Donc

$$\frac{\varphi(u)}{u^{n+1}} = \frac{Pu^{-n-1}}{2\cos\omega} + \frac{Qu^{-n}}{2\cos\omega},$$

$$\frac{\varphi(u)f(u)}{u^{n+1}} = \frac{Pu^{-n+1}}{(2\cos\omega)^2} + \frac{Qu^{-n+2}}{(2\cos\omega)^2},$$

$$\frac{\varphi(u)f^2(u)}{u^{n+1}} = \frac{Pu^{-n+3}}{(2\cos\omega)^3} + \frac{Qu^{-n+4}}{(2\cos\omega)^3},$$

. . . .

En prenant les fonctions dérivées par rapport à u, on aura donc

$$\left[\frac{\varphi(u)f(u)}{u^{n+1}}\right]' = -\frac{(n-1)Pu^{-n}}{(2\cos\omega)^2} - \frac{(n-2)Qu^{-n+1}}{(2\cos\omega)^2},$$

$$\left[\frac{\varphi(u)f^2(u)}{2u^{n+1}}\right]'' = \frac{(n-3)(n-2)Pu^{-n+1}}{2(2\cos\omega)^3} + \frac{(n-4)(n-3)Qu^{-n+2}}{2(2\cos\omega)^3},$$

. . . . ,

et, par conséquent,

$$(n) = P\left[\frac{u^{-n-1}}{2\cos\omega} - \frac{(n-1)u^{-n}}{(2\cos\omega)^2} + \frac{(n-3)(n-2)u^{-n+1}}{2(2\cos\omega)^3} - \cdots\right]$$

$$+ Q\left[\frac{u^{-n}}{2\cos\omega} - \frac{(n-2)u^{-n+1}}{(2\cos\omega)^2} + \frac{(n-4)(n-3)u^{-n+2}}{2(2\cos\omega)^3} - \cdots\right],$$

où il n'y aura plus qu'à substituer au lieu de u sa valeur $\frac{1}{2\cos\omega}$.

On aura ainsi

$$(n) = \mathrm{P}\left[(2\cos\omega)^n - (n-1)(2\cos\omega)^{n-2} + \frac{(n-3)(n-2)}{2}(2\cos\omega)^{n-4} - \frac{(n-5)(n-4)(n-3)}{2.3}(2\cos\omega)^{n-6} + \ldots\right]$$
$$+ \mathrm{Q}\left[(2\cos\omega)^{n-1} - (n-2)(2\cos\omega)^{n-3} + \frac{(n-4)(n-3)}{2}(2\cos\omega)^{n-5} - \frac{(n-6)(n-5)(n-4)}{2.3}(2\cos\omega)^{n-8} + \ldots\right],$$

où il suffira de ne point admettre de puissances négatives de $\cos\omega$.

Cette expression peut se réduire à une forme plus simple en employant les formules connues des sinus des angles multiples; on aura par ce moyen

$$(n) = \mathrm{P}\frac{\sin(n+1)\omega}{\sin\omega} + \mathrm{Q}\frac{\sin n\omega}{\sin\omega},$$

comme Euler l'a trouvé dans l'*Introduction à l'Analyse;* mais la formule précédente a l'avantage de pouvoir s'appliquer facilement aux fractions dont le dénominateur est une puissance quelconque.

En effet, pour la fraction $\frac{\mathrm{P}+\mathrm{Q}x}{(1-2x\cos\omega+x^2)^2}$, on aura le terme général $-(n)'x^n$, et, en prenant la fonction dérivée de l'expression de (n) en u, on aura

$$-(n)' = \mathrm{P}\left[\frac{(n+1)u^{-n-2}}{2\cos\omega} - \frac{(n-1)nu^{-n-1}}{(2\cos\omega)^2} + \frac{(n-3)(n-2)(n-1)u^{-n}}{2(2\cos\omega)^3} - \ldots\right]$$
$$+ \mathrm{Q}\left[\frac{nu^{-n-1}}{2\cos\omega} - \frac{(n-2)(n-1)u^{-n}}{(2\cos\omega)^2} + \frac{(n-4)(n-3)(n-2)u^{-n+1}}{2(2\cos\omega)^3} - \ldots\right];$$

et, substituant pour u sa valeur $\frac{1}{2\cos\omega}$, il viendra

$$-(n)' = \mathrm{P}\left[(n+1)(2\cos\omega)^{n+1} - (n-1)n(2\cos\omega)^{n-1} + \frac{(n-3)(n-2)(n-1)}{2}(2\cos\omega)^{n-3} - \ldots\right]$$
$$+ \mathrm{Q}\left[n(2\cos\omega)^n - (n-2)(n-1)(2\cos\omega)^{n-2} + \frac{(n-4)(n-3)(n-2)}{2}(2\cos\omega)^{n-4} - \ldots\right],$$

où il suffira aussi de pousser les séries jusqu'aux puissances négatives de $\cos\omega$ exclusivement, et ainsi de suite.

9. Reprenons maintenant l'expression générale en u du coefficient (n) de la puissance x^n dans le développement de la fraction $\frac{\varphi(x)}{u-x+f(x)}$, et supposons que le numérateur $\varphi(x)$ soit $1-f'(x)$, ou plus généralement de la forme $\psi(x)[1-f'(x)]$, c'est-à-dire qu'il soit le produit de la fonction dérivée du dénominateur prise négativement par une fonction $\psi(x)$, qu'on suppose entière et rationnelle. Faisant la substitution de $\psi(u)[1-f'(u)]$ au lieu de $\varphi(u)$, on aura

$$(n)=\frac{\psi(u)}{u^{n+1}}-\frac{\psi(u)f'(u)}{u^{n+1}}+\left[\frac{\psi(u)f(u)}{u^{n+1}}\right]'-\left[\frac{\psi(u)f(u)f'(u)}{u^{n+1}}\right]'$$
$$+\left[\frac{\psi(u)f^2(u)}{2u^{n+1}}\right]''-\left[\frac{\psi(u)f'(u)f^2(u)}{2u^{n+1}}\right]''+\dots$$

Or

$$\left[\frac{\psi(u)}{u^{n+1}}f(u)\right]'=\frac{\psi(u)}{u^{n+1}}f'(u)+\left[\frac{\psi(u)}{u^{n+1}}\right]'f(u),$$

$$\left[\frac{\psi(u)}{2u^{n+1}}f^2(u)\right]'=\frac{\psi(u)}{u^{n+1}}f(u)f'(u)+\left[\frac{\psi(u)}{u^{n+1}}\right]'\frac{f^2(u)}{2},$$

et, par conséquent,

$$\left[\frac{\psi(u)f^2(u)}{2u^{n+1}}\right]''=\left[\frac{\psi(u)}{u^{n+1}}f(u)f'(u)\right]'+\left\{\left[\frac{\psi(u)}{u^{n+1}}\right]'\frac{f^2(u)}{2}\right\}'.$$

Donc, faisant ces réductions et supposant, pour abréger,

$$\Psi(u)=\frac{\psi(u)}{u^{n+1}},$$

on aura

$$(n)=\Psi(u)+\Psi'(u)f(u)+\left[\frac{\Psi'(u)f^2(u)}{2}\right]'+\left[\frac{\Psi'(u)f^3(u)}{2.3}\right]''+\dots$$

Cette formule servira à trouver l'expression du terme général $(n)x^n$ dans le développement de la fraction

$$\frac{\psi(x)[1-f'(x)]}{u-x+f(x)}$$

suivant les puissances de x, pourvu qu'on ait soin de ne retenir que les termes qui contiennent des puissances négatives de u.

10. Supposons $\psi(x) = 1$, et par conséquent $\psi(u) = 1$, $\Psi(u) = u^{-n-1}$; on aura le terme général $(n)x^n$ du développement de la fraction $\frac{1 - f'(x)}{u - x + f(x)}$. Or, si $\alpha, \beta, \gamma, \ldots$ sont les racines de l'équation

$$u - x + f(x) = 0,$$

ce terme sera exprimé par

$$\left(\frac{1}{\alpha^{n+1}} + \frac{1}{\beta^{n+1}} + \frac{1}{\gamma^{n+1}} + \ldots\right)x^n,$$

par ce qu'on a démontré dans la Note VI (n° 6). On aura donc, en mettant n à la place de $n+1$,

$$\frac{1}{\alpha^n} + \frac{1}{\beta^n} + \frac{1}{\gamma^n} + \ldots = u^{-n} + (u^{-n})' f(u) + \left[\frac{(u^{-n})' f^2(u)}{2}\right]' + \left[\frac{(u^{-n})' f^3(u)}{2.3}\right]'' + \ldots,$$

en ne conservant que les puissances négatives de u.

11. Soit proposée, par exemple, l'équation

$$a - bx + cx^2 = 0,$$

dont les racines soient α et β.

On la divisera par b pour la réduire à la forme $u - x + f(x)$, on aura $f(x) = \frac{cx^2}{b}$, et la valeur de u sera $\frac{a}{b}$. Donc, changeant x en u dans $f(x)$, on aura $f(u) = \frac{cu^2}{b}$, et de là

$$(u^{-n})' f(u) = -\frac{ncu^{-n+1}}{b},$$

$$(u^{-n})' f^2(u) = -\frac{nc^2 u^{-n+3}}{b^2},$$

$$(u^{-n})' f^3(u) = -\frac{nc^3 u^{-n+5}}{b^3},$$

. . . .

Donc

$$\frac{1}{\alpha^n}+\frac{1}{\beta^n}=u^{-n}-\frac{nc}{b}u^{-n+1}+\frac{n(n-3)c^2}{2b^2}u^{-n+2}-\frac{n(n-5)(n-4)c^3}{2.3b^3}u^{-n+3}+\ldots,$$

où il n'y aura plus qu'à faire $u=\frac{a}{b}\cdot$ On aura ainsi

$$\frac{1}{\alpha^n}+\frac{1}{\beta^n}=\left(\frac{b}{a}\right)^n-\frac{nc}{b}\left(\frac{b}{a}\right)^{n-1}+\frac{n(n-3)c^2}{2b^2}\left(\frac{b}{a}\right)^{n-2}-\frac{n(n-5)(n-4)c^3}{2.3b^3}\left(\frac{b}{a}\right)^{n-3}+\ldots$$

en continuant cette série tant qu'il y aura de puissances positives de $\frac{b}{a}\cdot$

Si l'on voulait avoir la somme des puissances positives $\alpha^n+\beta^n$, il n'y aurait qu'à considérer l'équation

$$ax^2-bx+c=0,$$

qui résulte de l'équation précédente, en changeant x en $\frac{1}{x}$, et dont les racines sont par conséquent $\frac{1}{\alpha}$ et $\frac{1}{\beta}$, ce qui ne demande que de changer a en c et c en a. On aura donc ainsi

$$\alpha^n+\beta^n=\left(\frac{b}{c}\right)^n-\frac{na}{b}\left(\frac{b}{c}\right)^{n-1}+\frac{n(n-3)a^2}{2b}\left(\frac{b}{c}\right)^{n-2}-\frac{n(n-5)(n-4)a^3}{2.3b^3}\left(\frac{b}{c}\right)^{n-3}+\ldots$$

12. En général, $\alpha, \beta, \gamma, \ldots$ étant les racines de l'équation

$$u-x+f(x)=0,$$

on aura

$$u-x+f(x)=k(x-\alpha)(x-\beta)(x-\gamma)\ldots,$$

k étant le coefficient de la plus haute puissance de x, et prenant les fonctions dérivées de part et d'autre,

$$-1+f'(x)=k(x-\beta)(x-\gamma)\ldots+k(x-\alpha)(x-\gamma)\ldots+k(x-\alpha)(x-\beta)\ldots+\ldots$$

donc, divisant et changeant les signes,

$$\frac{1-f'(x)}{u-x-f(x)}=\frac{1}{\alpha-x}+\frac{1}{\beta-x}+\frac{1}{\gamma-x}+\cdots,$$

et, multipliant par $\psi(x)$,

$$\frac{\psi(x)[1-f'(x)]}{u-x+f(x)}=\frac{\psi(x)}{\alpha-x}+\frac{\psi(x)}{\beta-x}+\frac{\psi(x)}{\gamma-x}+\ldots.$$

Or, $\psi(x)$ étant supposé une fonction entière de x, on pourra la diviser par $\alpha-x$ jusqu'à ce qu'on parvienne à un reste sans x, et, pour trouver tout de suite ce reste, il n'y a qu'à considérer que $\psi(\alpha)-\psi(x)$ est divisible par $\alpha-x$, le quotient étant une fonction entière de x et α, que nous désignerons par $F(x, \alpha)$; et, si $\psi(x)$ est une fonction du degré m, il est clair que $F(x, \alpha)$ sera du degré $m-1$. Donc, puisque

$$\psi(\alpha)-\psi(x)=F(x, \alpha).(\alpha-x),$$

on aura

$$\psi(x)=\psi(\alpha)-F(x, \alpha).(\alpha-x);$$

donc

$$\frac{\psi(x)}{\alpha-x}=-F(x, \alpha)+\frac{\psi(\alpha)}{\alpha-x}.$$

On trouvera de même

$$\frac{\psi(x)}{\beta-x}=-F(x, \beta)+\frac{\psi(\beta)}{\beta-x},$$

et ainsi des autres. Donc, en faisant ces substitutions, on aura

$$\frac{\psi(x)[1-f'(x)]}{u-x+f(x)}=-F(x, \alpha)-F(x, \beta)-F(x, \gamma)-\ldots$$
$$+\frac{\psi(\alpha)}{\alpha-x}+\frac{\psi(\beta)}{\beta-x}+\frac{\psi(\gamma)}{\gamma-x}+\ldots.$$

En résolvant ces fractions en séries, on aura, après les m premiers termes, dans lesquels se fondent les parties entières $-F(x, \alpha)$, $-F(x, \beta)$, ..., une suite régulière dont le terme général sera

$$\left[\frac{\psi(\alpha)}{\alpha^{n+1}}+\frac{\psi(\beta)}{\beta^{n+1}}+\frac{\psi(\gamma)}{\gamma^{n+1}}+\ldots\right]x^n,$$

de sorte qu'on aura, n étant $>m$,

$$(n)=\frac{\psi(\alpha)}{\alpha^{n+1}}+\frac{\psi(\beta)}{\beta^{n+1}}+\frac{\psi(\gamma)}{\gamma^{n+1}}+\ldots.$$

C'est le terme général de la suite récurrente qui résulte de la fraction

$$\frac{\psi(x)[1-f'(x)]}{u-x+f(x)},$$

exprimé par les racines α, β, γ, ... de l'équation

$$u-x+f(x)=0.$$

En comparant cette expression avec l'expression générale de (n) en u trouvée ci-dessus et mettant, pour plus de simplicité, n à la place de $n+1$, on aura

$$\frac{\psi(\alpha)}{\alpha^n}+\frac{\psi(\beta)}{\beta^n}+\frac{\psi(\gamma)}{\gamma^n}+\ldots=\Psi(u)+\Psi'(u)f(u)+\left[\frac{\Psi'(u)f^2(u)}{2}\right]'+\left[\frac{\Psi'(u)f^3(u)}{2.3}\right]''+\ldots,$$

où $\Psi(u)=\frac{\psi(u)}{u^n}$, et où l'on ne doit retenir que les termes qui contiendront des puissances négatives de u.

13. Supposons maintenant que l'exposant n soit infiniment grand, en sorte que le terme $(n)x^{n-1}$, auquel il répond dans la série récurrente, soit pris à une très-grande distance de l'origine; on pourra alors regarder la fonction $\Psi(u)=\frac{\psi(u)}{u^n}$ comme ne contenant que des puissances négatives de u, et même toutes les fonctions $\Psi'(u)f(u)$, $\Psi'(u)f^2(u)$, ... comme ne contenant aussi que des puissances négatives de u; du moins, cette supposition sera d'autant plus exacte que le nombre n sera plus grand. Dans cette hypothèse, il n'y aura aucun terme à rejeter dans l'expression de (n), et l'on pourra regarder la série

$$\Psi(u)+\Psi'(u)f(u)+\left[\frac{\Psi'(u)f^2(u)}{2}\right]'+\left[\frac{\Psi'(u)f^3(u)}{2.3}\right]''+\ldots$$

comme allant à l'infini sans aucune interruption.

14. Or j'observe que toute série de cette forme, dans laquelle $\Psi(u)$ et $f(u)$ sont des fonctions quelconques de u, a cette propriété remarquable que, si on la multiplie par une autre série semblable, dans laquelle, à la place de la fonction $\Psi(u)$, il y ait une autre fonction quelconque $\Pi(u)$, le produit sera encore une série semblable, mais dans laquelle il y aura $\Psi(u)\Pi(u)$ à la place de $\Psi(u)$. En effet, si l'on multiplie ensemble les deux séries

$$\Psi(u)+\Psi'(u)f(u)+\left[\frac{\Psi'(u)f^2(u)}{2}\right]'+\left[\frac{\Psi'(u)f^3(u)}{2.3}\right]''+\ldots,$$

$$\Pi(u)+\Pi'(u)f(u)+\left[\frac{\Pi'(u)f^2(u)}{2}\right]'+\left[\frac{\Pi'(u)f^3(u)}{2.3}\right]''+\ldots,$$

on a

$$\begin{aligned}&\Psi(u)\Pi(u)\\&\quad+[\Psi(u)\Pi'(u)+\Pi(u)\Psi'(u)]f(u)\\&\quad+\Psi(u)\left[\frac{\Pi'(u)f^2(u)}{2}\right]'+\Psi'(u)\Pi'(u)f^2(u)\\&\quad+\Pi(u)\left[\frac{\psi'(u)f^2(u)}{2}\right]',\\&\quad\ldots\ldots\ldots\ldots\ldots\ldots\end{aligned}$$

Or

$$\Psi(u)\Pi'(u)+\Pi(u)\Psi'(u)=[\Psi(u)\Pi(u)]',$$

$$\left[\frac{\Pi'(u)f^2(u)}{2}\right]'=\tfrac{1}{2}\Pi''(u)f^2(u)+\Pi'(u)f(u)f'(u),$$

$$\left[\frac{\Psi'(u)f^2(u)}{2}\right]'=\tfrac{1}{2}\Psi''(u)f^2(u)+\Psi'(u)f(u)f'(u);$$

donc la série devient

$$\begin{aligned}&\Psi(u)\Pi(u)+[\Psi(u)\Pi(u)]'f(u)\\&\quad+\tfrac{1}{2}[\Psi(u)\Pi''(u)+2\Psi'(u)\Pi'(u)+\Pi(u)\Psi''(u)]f^2(u)\\&\quad+[\Psi(u)\Pi(u)]'f(u)f'(u)+\ldots,\end{aligned}$$

savoir

$$\Psi(u)\Pi(u)+[\Psi(u)\Pi(u)]'f(u)+\left\{\frac{[\Psi(u)\Pi(u)]'f^2(u)}{2}\right\}'+\ldots.$$

Et l'on trouvera la même chose en poussant la multiplication plus loin et en rassemblant les termes qui contiennent les mêmes dimensions de $f(u)$.

Donc, en général, si l'on dénote par $[\Psi(u)]$ la série qui contient la fonction $\Psi(u)$, et de même par $[\Pi(u)]$ la série qui contient $\Pi(u)$, la fonction $f(u)$ demeurant la même dans les deux séries, il résulte de ce que nous venons de trouver que l'on aura

$$[\Psi(u)][\Pi(u)] = [\Psi(u)\Pi(u)],$$

et, comme cette propriété a lieu quelles que soient les fonctions $\Psi(u)$ et $\Pi(u)$, si l'on fait $\Psi(u)\Pi(u) = \Phi(u)$, on aura

$$[\Psi(u)][\Pi(u)] = [\Phi(u)];$$

donc

$$[\Pi(u)] = \frac{[\Phi(u)]}{[\Psi(u)]}.$$

Mais $\Pi(u) = \frac{\Phi(u)}{\Psi(u)}$; donc

$$\frac{[\Phi(u)]}{[\Psi(u)]} = \left[\frac{\Phi(u)}{\Psi(u)}\right],$$

c'est-à-dire que le quotient de deux séries semblables, lesquelles contiennent deux fonctions différentes $\Phi(u)$ et $\Psi(u)$, sera aussi une semblable fonction qui contiendra le quotient de ces mêmes fonctions.

15. Donc, si l'on prend deux nombres très-grands n et $n+r$, dont la différence r soit un nombre quelconque positif ou négatif, le quotient de la quantité

$$\frac{\psi(\alpha)}{\alpha^n} + \frac{\psi(\beta)}{\beta^n} + \frac{\psi(\gamma)}{\gamma^n} + \dots$$

divisée par la quantité

$$\frac{\psi(\alpha)}{\alpha^{n+r}} + \frac{\psi(\beta)}{\beta^{n+r}} + \frac{\psi(\gamma)}{\gamma^{n+r}} + \dots$$

sera exprimé par la série infinie

$$\Psi(u)+\Psi'(u)f(u)+\left[\frac{\Psi'(u)f^2(u)}{2}\right]'+\cdots,$$

en faisant $\Psi(u)=\frac{\psi(u)}{u^n}$ divisé par $\frac{\psi(u)}{u^{n+r}}$, c'est-à-dire $\Psi(u)=u^r$.

D'un autre côté, n étant un nombre infiniment grand, il est visible que les deux quantités ci-dessus se réduisent à leurs premiers termes $\frac{\psi(\alpha)}{\alpha^n}$ et $\frac{\psi(\alpha)}{\alpha^{n+r}}$, α étant la plus petite des racines α, β, γ, ... Donc le quotient de la première des quantités divisée par la seconde se réduira à α^r, d'où résulte ce théorème très-remarquable :

Si α est la plus petite des racines de l'équation

$$u-x+f(x)=0,$$

on aura

$$\alpha^r=u^r+(u^r)'f(u)+\left[\frac{(u^r)'f^2(u)}{2}\right]'+\left[\frac{(u^r)'f^3(u)}{2.3}\right]''+\cdots,$$

r étant un nombre quelconque positif ou négatif.

Ainsi l'on a, par cette formule, non-seulement la racine α, mais encore une puissance quelconque de la même racine.

16. Si l'on fait maintenant $r=n$, n étant un nombre fini quelconque, et que l'on compare cette formule avec celle qu'on a donnée plus haut pour la valeur de $\frac{1}{\alpha^n}+\frac{1}{\beta^n}+\frac{1}{\gamma^n}+\ldots$, on en tirera la conclusion suivante très-singulière :

Si, dans la formule

$$u^{-n}+(u^{-n})'f(u)+\left[\frac{(u^{-n})'f^2(u)}{2}\right]'+\left[\frac{(u^{-n})'f^3(u)}{2.3}\right]''+\cdots,$$

on ne retient que les termes qui ont des puissances négatives de u, elle donne la valeur de la somme des puissances $-n$ de toutes les racines α, β, γ, ..., et, si l'on y conserve tous les termes, elle ne donnera que la même puissance de la plus petite racine α.

17. Ainsi, comme nous avons déjà trouvé plus haut, pour les racines α et β de l'équation $cx^2 - bx + a = 0$, on a la formule

$$\frac{1}{\alpha^n} + \frac{1}{\beta^n} = \left(\frac{b}{a}\right)^n - \frac{nc}{b}\left(\frac{b}{a}\right)^{n-1} + \frac{n(n-3)c^2}{2b^2}\left(\frac{b}{a}\right)^{n-2} - \frac{n(n-5)(n-4)c^3}{2.3b^3}\left(\frac{b}{a}\right)^{n-3} + \cdots$$

en ne continuant la série que tant qu'il y a de puissances positives de $\frac{b}{a}$; si l'on continue cette même série à l'infini sans aucune interruption, on aura alors la valeur du seul terme $\frac{1}{\alpha^n}$, en prenant pour α la plus petite des deux racines α et β, et même on pourra y faire n positif ou négatif à volonté.

Les deux racines de l'équation $cx^2 - bx + a = 0$ étant α et β, celles de l'équation $ax^2 - bx + c = 0$ seront $\frac{1}{\alpha}$ et $\frac{1}{\beta}$, et l'on aura

$$\frac{1}{\alpha} = \frac{b}{2a} + \frac{\sqrt{b^2 - 4ac}}{2a}, \quad \frac{1}{\beta} = \frac{b}{2a} - \frac{\sqrt{b^2 - 4ac}}{2a},$$

α étant supposée la plus petite des deux racines. Ainsi la série

$$\left(\frac{b}{a}\right)^n - \frac{nc}{b}\left(\frac{b}{a}\right)^{n-1} + \frac{n(n-3)c^2}{2b^2}\left(\frac{b}{a}\right)^{n-1} + \cdots,$$

en ne retenant que les puissances positives de $\frac{b}{a}$, c'est-à-dire les puissances négatives de a, sera égale à

$$\frac{(b + \sqrt{b^2 - 4ac})^n + (b - \sqrt{b^2 - 4ac})^n}{(2a)^n},$$

n étant un nombre entier quelconque, et, si l'on continue la série à l'infini, elle deviendra égale à

$$\left(\frac{b + \sqrt{b^2 - 4ac}}{2a}\right)^n,$$

n étant un nombre quelconque positif ou négatif.

La première partie de cette proposition est facile à vérifier par le simple développement des puissances $n^{\text{ièmes}}$, puisque le radical $\sqrt{b^2-4ac}$ disparaît de lui-même, et d'ailleurs elle est déjà connue par le théorème de Moivre.

Pour vérifier l'autre partie, il faut réduire en série le radical lui-même. Ainsi, en faisant, par exemple, $n=1$, la série devient

$$\frac{b}{a}-\frac{c}{b}-\frac{2ac^2}{2b^3}-\frac{3.4a^2c^3}{2.3b^5}-\ldots,$$

laquelle peut se mettre sous cette forme

$$\frac{b}{2a}+\frac{b}{2a}-\frac{1}{2}\cdot\frac{2c}{b}-\frac{1}{2}\frac{1}{.4}\cdot\frac{8ac^2}{b^3}-\frac{1.1.3}{2.4.6}\cdot\frac{32a^2c^3}{b^5}-\ldots.$$

Or cette série est évidemment égale à

$$\frac{b}{2a}+\frac{\sqrt{b^2-4ac}}{2a}.$$

18. Soit l'équation indéfinie

$$a-bx+cx^2-dx^3+ex^4-fx^5+\ldots=0;$$

on fera, dans la formule générale du théorème ci-dessus,

$$f(u)=\frac{cu^2-du^3+eu^4-fu^5+\ldots}{b},$$

d'où l'on tire

$$f^2(u)=\frac{c^2u^4-2cdu^5+(d^2+2ce)u^6+\ldots}{b^2},$$

$$f^3(u)=\frac{c^3u^6-3cdu^7+\ldots}{b^3},$$

$$f^4(u)=\frac{c^4u^8-\ldots}{b^4},$$

$$\ldots\ldots\ldots\ldots\ldots\ldots$$

Or $(u^r)' = ru^{r-1}$; donc

$$(u^r)'f(u) = r\,\frac{cu^{r+1} - du^{r+2} + eu^{r+3} - fu^{r+4} + \ldots}{b},$$

$$(u^r)'f^2(u) = r\,\frac{c^2u^{r+3} - 2cdu^{r+4} + (d^2 + 2ce)u^{r+5} + \ldots}{b^2},$$

$$(u^r)'f^3(u) = r\,\frac{c^3u^{r+5} - 3cdu^{r+6} + \ldots}{b^3},$$

$$(u^r)'f^4(u) = r\,\frac{c^4u^{r+7} + \ldots}{b^4}.$$

Prenant les fonctions dérivées et substituant dans la formule dont il s'agit, on aura, après avoir fait $u = \frac{a}{b}$ et changé α en x,

$$x^r = \frac{a^r}{b^{r}} + r\left(\frac{a^{r+1}c}{b^{r+2}} - \frac{a^{r+2}d}{b^{r+3}} + \frac{a^{r+3}e}{b^{r+4}} - \frac{a^{r+4}f}{b^{r+5}} + \ldots\right)$$
$$+ \frac{r}{2}\left[\frac{(r+3)a^{r+2}c^2}{b^{r+4}} - \frac{(r+4)a^{r+3}.2cd}{b^{r+5}} + \frac{(r+5)a^{r+4}(d^2+2ce)}{b^{r+6}} + \ldots\right]$$
$$+ \frac{r}{2.3}\left[\frac{(r+5)(r+4)a^{r+3}c^3}{b^{r+6}} - \frac{(r+6)(r+5)a^{r+4}.3cd}{b^{r+7}} + \ldots\right]$$
$$+ \frac{r}{2.3.4}\left[\frac{(r+7)(r+6)(r+5)a^{r+4}c^4}{b^{r+8}} + \ldots\right]$$

. . . .

19. Si $r = 1$, on aura

$$x = \frac{a}{b} + \frac{a^2c}{b^3} - \frac{a^3d}{b^4} + \frac{a^4e}{b^5} - \frac{a^5f}{b^6} + \cdots$$
$$+ \frac{2a^3c^2}{b^5} - \frac{5a^4cd}{b^6} + \frac{3a^5(d^2+2ce)}{b^7} + \cdots$$
$$+ \frac{5a^4c^3}{b^7} - \frac{21a^5cd}{b^8} + \cdots$$
$$+ \frac{14a^5c^4}{b^9} + \cdots$$

. . . .

C'est la formule connue de Newton, pour le retour des suites, qu'on n'avait encore trouvée que par la méthode des indéterminées. L'analyse précédente, en même temps qu'elle donne la loi de cette formule et le moyen de la continuer aussi loin qu'on voudra, fait voir que la valeur de x qu'elle exprime est la plus petite des racines de l'équation proposée.

20. Si l'on veut appliquer la formule précédente à la détermination de la valeur de p dans l'équation

$$F(a) + p F'(a) + \frac{p^2}{2} F''(a) + \frac{p^3}{2.3} F'''(a) + \ldots = 0,$$

que nous avons considérée au commencement de cette Note, il n'y aura plus qu'à substituer $F(a)$, $-F'(a)$, $\frac{1}{2}F''(a)$, $-\frac{1}{2.3}F'''(a)$, ... au lieu de $a, b, c, d, \ldots$, et p au lieu de x; on aura ainsi

$$p = -\frac{1}{F'(a)} F(a) - \frac{F''(a)}{2F'^3(a)} F^2(a) + \frac{F'(a)F'''(a) - 3F''^2(a)}{2.3 F'^5(a)} F^3(a) + \ldots,$$

ce qui donne la même série que nous avons trouvée par deux méthodes différentes.

Nous pouvons généraliser encore la formule du théorème donnée plus haut. En effet, puisque α est une des valeurs de x, ce théorème peut se présenter ainsi.

21. L'équation

$$x = u + f(x)$$

donne, en général,

$$x^r = u^r + (u^r)' f(u) + \left[\frac{(u^r)' f^2(u)}{2}\right]' + \left[\frac{(u^r)' f^3(u)}{2.3}\right]'' + \ldots.$$

Or, soit $F(x)$ une fonction quelconque donnée de x; on peut la supposer réduite à la forme

$$Mx^r + Nx^s + Px^t + \ldots;$$

ainsi, pour la valeur de $F(x)$, il n'y aura qu'à ajouter ensemble les valeurs de x^r, x^s, x^t, ... multipliées respectivement par M, N, P, ...; on aura par ce moyen une formule dans laquelle, à la place de u^r, il y aura

$$Mu^r + Nu^s + Pu^t + \ldots,$$

c'est-à-dire $F(u)$, et par conséquent $F'(u)$ à la place de $(u^r)'$.

De là résulte enfin ce nouveau théorème, remarquable autant par sa généralité que par sa simplicité :

L'équation

$$x = u + f(x)$$

donne

$$F(x) = F(u) + F'(u)f(u) + \frac{1}{2}[F'(u)f^2(u)]' + \frac{1}{2.3}[F'(u)f^3(u)]'' + \ldots,$$

où les fonctions désignées par les caractéristiques f et F *peuvent être quelconques.*

En effet ce théorème, présenté de cette manière, est indépendant de la considération des racines et n'est plus qu'un résultat de la transformation des fonctions, qu'on peut vérifier par l'élimination successive de x ou de u. J'ai donné le premier ce théorème dans les *Mémoires de l'Académie de Berlin* pour l'année 1768; j'y étais parvenu par une analyse à peu près semblable à la précédente, mais moins rigoureuse. Plusieurs géomètres se sont occupés depuis à le démontrer *a posteriori* par le développement des fonctions; mais Laplace en a donné, dans les *Mémoires de l'Académie des Sciences de Paris* pour l'année 1777, une démonstration directe et élégante, tirée du Calcul différentiel; c'est cette démonstration que j'ai transportée dans la *Théorie des fonctions* (nº 99).

Il est bon de remarquer qu'en faisant $u = 0$ l'équation $x = u + f(x)$ devient $x = f(x)$, laquelle peut représenter une équation quelconque en x, et l'on aura la valeur d'une fonction quelconque $F(x)$ en faisant $u = 0$ dans la série

$$F(u) + F'(u)f(u) + \frac{1}{2}[F'(u)f^2(u)]' + \frac{1}{2.3}[F'(u)f^3(u)]'' + \ldots,$$

après le développement des fonctions, ce qui est beaucoup plus simple.

22. Avant de terminer cette Note, je vais faire voir comment la méthode du n° 13, pour résoudre par approximation l'équation $F(a+p)=0$, peut être appliquée à la résolution simultanée de plusieurs équations à plusieurs inconnues.

Supposons que l'on ait deux équations entre les deux inconnues x et y, que nous désignerons en général par

$$F(x, y)=0 \quad \text{et} \quad f(x, y)=0.$$

Supposons en même temps que l'on connaisse déjà deux valeurs approchées a et b de x et y, en sorte qu'en faisant $x=a+p$, $y=b+q$ les quantités p et q aient des valeurs fort petites. Il s'agira de tirer ces valeurs des deux équations

$$F(a+p, b+q)=0, \quad f(a+p, b+q)=0.$$

Suivant l'esprit de la méthode de Newton, on développerait les deux fonctions en séries; les deux équations deviendraient ainsi

$$F(a, b)+Mp+Nq+\ldots=0,$$
$$f(a, b)+mp+nq+\ldots=0,$$

d'où l'on tire pour première approximation

$$p=\frac{Nf(a, b)-n\,F(a.b)}{Mn-Nm},$$

$$q=\frac{-Mf(a, b)+m\,F(a, b)}{Mn-Nm}.$$

Ainsi, a et b étant les premières valeurs approchées de x et y, $a+p$, $b+q$ seront des valeurs plus approchées, qu'on pourra substituer à la place de a et b dans les fonctions p et q; et, désignant par p_1, q_1 ces nouvelles valeurs de p et q, on aura $a+p+p_1$ et $b+q+q_1$ pour les valeurs de x et y encore plus approchées, et ainsi de suite.

Ce procédé a été donné par Thomas Simpson dans ses *Essais sur plusieurs sujets mathématiques*, et il est assez commode pour le Calcul arithmétique; mais il serait difficile d'en tirer des expressions de x et y en séries ordonnées suivant les puissances des quantités $F(a, b)$ et $f(a, b)$, qui expriment les erreurs provenantes des premières suppositions, et surtout d'avoir la loi de ces séries; voici comment on peut y parvenir.

On regardera les quantités a et b comme des fonctions quelconques de deux autres quantités α et β, de manière que, ces quantités devenant $\alpha+i$ et $\beta+o$, les quantités a et b deviennent $a+p$ et $b+q$; et l'on supposera que ces fonctions soient telles que $F(a, b)=\alpha$ et $f(a, b)=\beta$, ce qui donnera, en mettant $\alpha+i$ et $\beta+o$ au lieu de α et β,

$$F(a+p, b+q)=\alpha+i, \quad f(a+p, b+q)=\beta+o;$$

de sorte que les équations proposées deviendront alors

$$\alpha+i=0, \quad \beta+o=0,$$

d'où l'on tire

$$i=-\alpha=-F(a, b), \quad o=-\beta=-f(a, b).$$

Or, en adoptant la notation des fonctions dérivées, indiquée dans la Note précédente (n° 9), les fonctions a et b des quantités α et β, lorsque ces quantités deviennent $\alpha+i$ et $\beta+o$, se développent dans les séries

$$a+\left(\frac{a'}{\alpha'}\right)i+\left(\frac{a'}{\beta'}\right)o+\left(\frac{a''}{\alpha'^2}\right)\frac{i^2}{2}+\left(\frac{a''}{\alpha'\beta'}\right)io+\left(\frac{a''}{\beta'^2}\right)\frac{o^2}{2}+\ldots,$$

$$b+\left(\frac{b'}{\alpha'}\right)i+\left(\frac{b'}{\beta'}\right)o+\left(\frac{b''}{\alpha'^2}\right)\frac{i^2}{2}+\left(\frac{b''}{\alpha'\beta'}\right)io+\left(\frac{b''}{\beta'^2}\right)\frac{o^2}{2}+\ldots$$

Donc, substituant $-F(a, b)$ pour i et $-f(a, b)$ pour o, on aura

$$p=-\left(\frac{a'}{\alpha'}\right)F(a, b)-\left(\frac{a'}{\beta'}\right)f(a, b)$$
$$+\frac{1}{2}\left(\frac{a''}{\alpha'^2}\right)F^2(a, b)+\left(\frac{a''}{\alpha'\beta'}\right)F(a, b)f(a, b)+\frac{1}{2}\left(\frac{a''}{\beta'^2}\right)f^2(a, b)+\ldots,$$

$$q = -\left(\frac{b'}{\alpha'}\right) F(a, b) - \left(\frac{b'}{\beta'}\right) f(a, b)$$

$$+ \frac{1}{2}\left(\frac{b''}{\beta'^2}\right) F^2(a, b) + \left(\frac{b''}{\alpha'\beta'}\right) F(a, b) f(a, b) + \frac{1}{2}\left(\frac{b''}{\beta''^2}\right) f^2(a, b) + \ldots,$$

où il n'y aura plus qu'à substituer les valeurs des fonctions partielles $\left(\frac{a'}{\alpha'}\right)$, $\left(\frac{a'}{\beta'}\right)$, $\left(\frac{b'}{\alpha'}\right)$, $\ldots$ qu'on tirera des équations

$$F(a, b) = \alpha \quad \text{et} \quad f(a, b) = \beta,$$

en prenant successivement les fonctions dérivées relativement à α et β, et substituant à mesure les valeurs déjà trouvées dans les suivantes.

Ainsi l'on aura d'abord

$$\left(\frac{F'(a, b)}{\alpha'}\right) = 1, \quad \left(\frac{F'(a, b)}{\beta'}\right) = 0,$$

$$\left(\frac{f'(a, b)}{\alpha'}\right) = 0, \quad \left(\frac{f'(a, b)}{\beta'}\right) = 1.$$

Mais on a en général, relativement à a et b,

$$F'(a, b) = \left(\frac{F'(a, b)}{a'}\right) a' + \left(\frac{F'(a, b)}{b'}\right) b',$$

$$f'(a, b) = \left(\frac{f'(a, b)}{a'}\right) a' + \left(\frac{f'(a, b)}{b'}\right) b';$$

donc, en regardant a et b comme fonctions de α et β, on aura, relativement à chacune de ces quantités en particulier,

$$\left(\frac{F'(a, b)}{\alpha'}\right) = \left(\frac{F'(a, b)}{a'}\right) \cdot \left(\frac{a'}{\alpha'}\right) + \left(\frac{F'(a, b)}{b'}\right) \cdot \left(\frac{b'}{\alpha'}\right) = 1,$$

$$\left(\frac{F'(a, b)}{\beta'}\right) = \left(\frac{F'(a, b)}{a'}\right) \cdot \left(\frac{a'}{\beta'}\right) + \left(\frac{F'(a, b)}{b'}\right) \cdot \left(\frac{b'}{\beta'}\right) = 0,$$

$$\left(\frac{f'(a, b)}{\alpha'}\right) = \left(\frac{f'(a, b)}{a'}\right) \cdot \left(\frac{a'}{\alpha'}\right) + \left(\frac{f'(a, b)}{b'}\right) \cdot \left(\frac{b'}{\alpha'}\right) = 0,$$

$$\left(\frac{f'(a, b)}{\beta'}\right) = \left(\frac{f'(a, b)}{a'}\right) \cdot \left(\frac{a'}{\beta'}\right) + \left(\frac{f'(a, b)}{b'}\right) \cdot \left(\frac{b'}{\beta'}\right) = 1,$$

d'où l'on tirera les valeurs des quatre fonctions dérivées partielles du premier ordre

$$\left(\frac{a'}{\alpha'}\right), \left(\frac{a'}{\beta'}\right), \left(\frac{b'}{\alpha'}\right), \left(\frac{b'}{\beta'}\right),$$

exprimées par les fonctions partielles

$$\left(\frac{F'(a, b)}{a'}\right), \left(\frac{F'(a, b)}{b'}\right), \left(\frac{f'(a, b)}{a'}\right), \left(\frac{f'(a, b)}{b'}\right),$$

qui sont faciles à déduire des fonctions données $F(a, b)$, $f(a, b)$, en prenant leurs fonctions dérivées, relativement à a et b en particulier.

Ensuite, en prenant de nouveau les fonctions dérivées des valeurs $\left(\frac{a'}{\alpha'}\right)$, $\left(\frac{a'}{\beta'}\right)$, ... relativement à α et β, on aura les valeurs de $\left(\frac{a''}{\alpha'^2}\right)$, $\left(\frac{a''}{\alpha'\beta'}\right)$, ..., et ainsi de suite.

Si l'on fait, pour abréger,

$$\left(\frac{F'(a, b)}{a'}\right) = M, \quad \left(\frac{F'(a, b)}{b'}\right) = N,$$
$$\left(\frac{f'(a, b)}{a'}\right) = m, \quad \left(\frac{f'(a, b)}{b'}\right) = n,$$

on aura

$$\left(\frac{a'}{\alpha'}\right) = \frac{n}{Mn - Nm}, \quad \left(\frac{a'}{\beta'}\right) = -\frac{N}{Mn - Nm},$$
$$\left(\frac{b'}{\alpha'}\right) = -\frac{m}{Mn - Nm}, \quad \left(\frac{b'}{\beta'}\right) = \frac{M}{Mn - Nm},$$

et les premières valeurs de p et q seront

$$p = -\frac{nF(a, b)}{Mn - Nm} + \frac{Nf(a, b)}{Mn - Nm},$$
$$q = \frac{mF(a, b)}{Mn - Nm} - \frac{Mf(a, b)}{Mn - Nm}.$$

Ces premières valeurs de p et q coïncident avec celles que nous avons trouvées ci-dessus; mais les formules que nous venons de donner pour les expressions générales de p et q ont l'avantage de présenter des séries toutes développées et faciles à continuer aussi loin que l'on veut.

NOTE XII.

SUR LA MANIÈRE DE TRANSFORMER TOUTE ÉQUATION, EN SORTE QUE LES TERMES QUI CONTIENNENT L'INCONNUE AIENT LE MÊME SIGNE ET QUE LE TERME TOUT CONNU AIT UN SIGNE DIFFÉRENT.

J'ai observé, dans l'Introduction, que les méthodes de Viète et de Harriot pour la résolution des équations numériques ne peuvent s'appliquer d'une manière certaine qu'aux équations dont tous les termes qui contiennent l'inconnue ont le même signe et le terme tout connu a un signe différent, et j'ai dit qu'on peut toujours ramener à cette forme toute équation, pourvu qu'on ait deux limites d'une de ses racines, lesquelles soient assez rapprochées pour que toutes les autres racines réelles, ainsi que les parties réelles des racines imaginaires, s'il y en a, tombent hors de ces limites. Comme j'ignore si cette transformation est connue, je crois devoir l'exposer ici, afin que ceux qui désireraient se servir des anciennes méthodes puissent toujours les employer avec succès.

1. Soient a, b les deux limites données ou connues d'une manière quelconque, a la limite en moins, b la limite en plus. En supposant que x soit l'inconnue de l'équation proposée, on fera $x = \frac{a + by}{1 + y}$, et, après les substitutions et les réductions, on aura une équation transformée en y, du même degré que l'équation en x, qui aura la forme demandée si la limite a est assez près de la valeur de la racine.

Car soient α, β, γ, ... les racines de l'équation proposée en x, et α

la racine dont a et b sont les limites. Puisque $x=\frac{a+by}{1+y}$, on aura

$$y=\frac{x-a}{b-x};$$

donc les racines de l'équation en y seront

$$\frac{\alpha-a}{b-\alpha},\ \frac{\beta-a}{b-\beta},\ \frac{\gamma-a}{b-\gamma},\ \ldots.$$

Or on a, par l'hypothèse, $a<\alpha<b$; donc $\alpha-a>0$, $b-\alpha>0$; donc la racine $\frac{\alpha-a}{b-\alpha}$ sera positive et d'autant plus petite que la différence entre la limite a et la racine α sera moindre. Ensuite, comme les autres racines β, γ, ... sont supposées tomber hors des limites a et b, si $\beta<a$, on aura aussi nécessairement $\beta<b$; donc $\beta-a<0$ et $b-\beta>0$; donc la racine $\frac{\beta-a}{b-\beta}$ sera nécessairement négative. Si, au contraire, $\beta>b$, on aura aussi $\beta>a$; donc $\beta-a>0$ et $b-\beta<0$; donc $\frac{\beta-a}{b-\beta}$ sera encore une quantité négative. Donc la racine $\frac{\beta-a}{b-\beta}$ sera dans tous les cas négative. Il en sera de même de toute autre racine, comme $\frac{\gamma-a}{b-\gamma}$, qui correspond à une racine réelle γ de l'équation en x.

Mais supposons que β et γ soient imaginaires; elles seront nécessairement de la forme

$$\rho+\sigma\sqrt{-1},\quad \rho-\sigma\sqrt{-1},$$

ρ et σ étant des quantités réelles (Note IX); donc, faisant $\beta=\rho+\sigma\sqrt{-1}$, la racine $\frac{\beta-a}{b-\beta}$ deviendra

$$\frac{\rho-a+\sigma\sqrt{-1}}{b-\rho-\sigma\sqrt{-1}};$$

multiplions le haut et le bas par $b-\rho+\sigma\sqrt{-1}$, on aura

$$\frac{(\rho-a)(b-\rho)-\sigma^2+(b-a)\sigma\sqrt{-1}}{(b-\rho)^2+\sigma^2}.$$

Mais on suppose que la partie réelle ρ tombe aussi hors des limites a et b; donc, si $\rho < a$, on aura aussi $\rho < b$, par conséquent $\rho - a < 0$, $b - \rho > 0$, donc $(\rho - a)(b - \rho) < 0$; et, si $\rho > b$, on aura aussi $\rho > a$, donc $\rho - a > 0$, $b - \rho < 0$, et par conséquent aussi $(\rho - a)(b - \rho) < 0$. Donc la quantité $(\rho - a)(b - \rho)$ sera dans tous les cas négative.

Donc, puisque σ^2 et $(b - \rho)^2$ sont essentiellement des quantités positives, la racine $\frac{\beta - a}{b - \beta}$ deviendra, dans ce cas, de la forme

$$-P + Q\sqrt{-1},$$

P et Q étant des quantités réelles, et P étant essentiellement positive. De même, en faisant $\gamma = \rho - \sigma\sqrt{-1}$, la racine $\frac{\gamma - a}{b - \gamma}$ deviendra

$$-P - Q\sqrt{-1},$$

et ainsi des autres racines imaginaires.

Donc, en prenant des quantités positives $p, q, r, \ldots, P, Q, R, \ldots,$ les racines réelles de l'équation en x donneront dans la transformée en y les racines réelles

$$p, \; -q, \; -r, \; \ldots,$$

et les racines imaginaires de la même équation donneront dans la transformée les racines

$$-P + Q\sqrt{-1}, \quad -P - Q\sqrt{-1}, \quad -R + S\sqrt{-1}, \quad -R - S\sqrt{-1}, \quad \ldots.$$

Donc la transformée en y sera formée des facteurs

$$y - p, \quad y + q, \quad y + r, \quad \ldots,$$

$$y + P - Q\sqrt{-1}, \quad y + P + Q\sqrt{-1}, \quad y + R - S\sqrt{-1}, \quad y + R + S\sqrt{-1}, \quad \ldots.$$

Or les deux facteurs imaginaires $y + P - Q\sqrt{-1}$ et $y + P + Q\sqrt{-1}$ donnent le facteur double réel

$$y^2 + 2Py + P^2 + Q^2,$$

et ainsi des autres. Donc l'équation en y sera

$$(y - p)(y + q)(y + r)\ldots(y^2 + 2Py + P^2 + Q^2)(y^2 + 2Ry + R^2 + S^2)\ldots = 0.$$

2. Considérons le produit de tous ces facteurs, excepté le premier $y - p$; comme tous les termes de ces facteurs sont positifs, il est visible que leur produit, ordonné par rapport à y, ne pourra contenir que des termes positifs. Le produit sera donc de la forme

$$y^{m-1} + Ay^{m-2} + By^{m-3} + \ldots + K,$$

où les coefficients A, B, C, ..., K seront tous positifs, sans qu'aucun puisse être nul. Multiplions maintenant ce polynôme par le facteur $y - p$, on aura

$$y^m + (A - p)y^{m-1} + (B - Ap)y^{m-2} + (C - Bp)y^{m-3} + \ldots - Kp = 0,$$

pour l'équation en y.

On voit ici que le dernier terme $-Kp$ est essentiellement négatif et que les termes précédents seront tous positifs si l'on a $A > p$, $B > Ap$, $C > Bp$, ... Comme en rapprochant la limite a de la racine α la valeur de p, qui est $\frac{\alpha - a}{b - \alpha}$, peut devenir aussi petite qu'on voudra, il est clair qu'on pourra toujours prendre a telle que l'on ait $p < A$, $< \frac{B}{A}$, $< \frac{C}{B}$, ..., ce qui rendra tous les termes positifs, excepté le dernier.

On ne doit pas craindre qu'en diminuant ainsi la valeur de p les valeurs de q, r, ..., P, Q, ... diminuent en même temps, de manière à devenir nulles avec p, car, en faisant $a = \alpha$, ce qui donne $p = 0$, la valeur de q, qui est $-\frac{\beta - a}{b - \beta}$, deviendra

$$-\frac{\beta - \alpha}{b - \beta},$$

et les valeurs de P et Q, qui sont $-\frac{(\rho - a)(b - \rho) - \sigma^2}{(b - \rho)^2 + \sigma^2}$ et $\frac{(b - a)\sigma}{(b - \rho)^2 + \sigma^2}$, deviendront

$$-\frac{(\rho - \alpha)(b - \rho) - \sigma^2}{(b - \rho)^2 + \sigma^2} \quad \text{et} \quad \frac{(b - \alpha)\sigma}{(b - \rho)^2 + \sigma^2},$$

et ainsi des autres.

Donc on est assuré que la substitution de $\frac{a+by}{1+y}$ au lieu de x donnera une transformée en y qui aura la condition demandée, pourvu que la limite a en moins soit assez près de la racine dont elle est limite, ce qu'on pourra toujours obtenir en essayant successivement pour a des valeurs de plus en plus grandes.

3. On a trouvé dans le Chapitre IV (n° 27) que l'équation

$$x^3 - 7x + 7 = 0$$

a trois racines, deux positives et une négative, et que les deux racines positives sont exprimées par des fractions continues, dont les termes sont 1, 1, 2, 4, ... et 1, 2, 1, 4, ...; de là on peut former ces fractions convergentes vers les deux racines

$$\frac{1}{0}, \frac{1}{1}, \frac{2}{1}, \frac{5}{3}, \frac{22}{13}, \ldots,$$

$$\frac{1}{0}, \frac{1}{1}, \frac{3}{2}, \frac{4}{3}, \frac{19}{14}, \ldots.$$

On voit d'abord que 1 et 2 sont deux limites de la première racine; mais, comme la seconde racine est renfermée entre les nombres 1 et $\frac{3}{2}$, elle se trouve aussi nécessairement renfermée entre les mêmes limites; on prendra donc les limites suivantes 2 et $\frac{5}{3}$, et l'on fera $a = \frac{5}{3}$, $b = 2$, et par conséquent

$$x = \frac{\frac{5}{3} + 2y}{1+y} = \frac{5+6y}{3(1+y)}.$$

Mais, puisque les multiples de y ne changent pas les signes de l'équation en y, on pourra faire simplement

$$x = \frac{5+2y}{3+y},$$

en mettant y pour $3y$. On trouvera ainsi la transformée

$$y^3 + 4y^2 + 3y - 1 = 0,$$

qui est, comme l'on voit, à l'état demandé.

De même, si l'on prend pour l'autre racine les limites $\frac{3}{2}$ et $\frac{4}{3}$, en faisant $a = \frac{4}{3}$ et $b = \frac{3}{2}$, on aura la substitution

$$x = \frac{\frac{4}{3} + \frac{3}{2}y}{1 + y} = \frac{8 + 9y}{6(1 + y)},$$

ou bien, en mettant simplement y au lieu de $3y$,

$$x = \frac{8 + 3y}{6 + 2y},$$

et l'on trouvera la transformée

$$y^3 + 8y^2 + 4y - 8 = 0,$$

qui a aussi la forme demandée.

Les limites que nous avons employées ont conduit directement aux transformées que l'on cherchait; mais, si l'on avait pris, par exemple, pour la première racine les limites 2 et $\frac{3}{2}$, qui ont également la propriété qu'aucune autre racine ne s'y trouve comprise, puisque l'autre racine positive est moindre que $\frac{3}{2}$, on aurait eu $a = \frac{3}{2}$, $b = 2$, ce qui aurait donné la substitution

$$x = \frac{\frac{3}{2} + 2y}{1 + y} = \frac{3 + 4y}{2(1 + y)},$$

ou bien, en mettant y pour $2y$,

$$x = \frac{3 + 2y}{2 + y},$$

et l'on aurait trouvé la transformée

$$y^3 + y^2 - 2y - 1 = 0,$$

qui n'a pas encore la forme demandée, parce que la racine positive se trouve trop grande.

Mais, sans recourir à une nouvelle substitution en augmentant la valeur de a, il suffira de diminuer toutes les racines d'une même quantité i, en faisant $y = z + i$, et chercher ensuite par des essais une valeur de i qui satisfasse aux conditions qu'on demande. On aura ainsi cette transformée

$$z^3 + (3i+1)z^2 + (3i^2 + 2i - 2)z + i^3 + i^2 - 2i - 1 = 0,$$

et il s'agira de prendre i positif et tel que $3i^2 + 2i > 2$ et $i^3 + i^2 < 2i + 1$. On voit tout de suite que $i = 1$ satisfait, et l'on a la transformée

$$z^3 + 4z^2 + 3z - 1 = 0,$$

qui est la même que la transformée en y trouvée d'abord.

4. Nous avons vu dans l'Article III du Chapitre V (n° **72**) que, si $\frac{\varpi}{\varpi'}$ et $\frac{\rho}{\rho'}$ sont deux fractions convergentes vers une des racines de l'équation en x, la transformée en t, qui doit servir à trouver la fraction suivante, résulte directement de la substitution de $\frac{\rho t + \varpi}{\rho' t + \varpi'}$ au lieu de x dans l'équation proposée. Faisons $t = \frac{\varpi' y}{\rho'}$, on aura

$$x = \frac{\frac{\rho\varpi' y}{\rho'} + \varpi}{\varpi'(y+1)} = \frac{\frac{\rho}{\rho'}y + \frac{\varpi}{\varpi'}}{y+1}.$$

Cette substitution est, comme l'on voit, analogue à celle que nous avons employée ci-dessus, en prenant $\frac{\varpi}{\varpi'}$ et $\frac{\rho}{\rho'}$ pour les deux limites que nous avons nommées a et b.

Or, comme deux fractions consécutives sont elles-mêmes des limites alternativement plus grandes et plus petites que la racine cherchée, et qui se resserrent continuellement, il s'ensuit que les transformées qui répondent aux fractions plus petites que la racine approcheront de plus en plus d'avoir les conditions nécessaires pour pouvoir être de la forme proposée; et les transformées intermédiaires auront la même propriété, en y substituant $\frac{1}{y}$ au lieu de y, car, si $\frac{\varpi}{\varpi'} > \frac{\rho}{\rho'}$, l'expression de x devient par cette substitution

$$\frac{\frac{\varpi}{\varpi'}y + \frac{\rho}{\rho'}}{y+1}.$$

La différence entre les deux fractions $\frac{\varpi}{\varpi'}$ et $\frac{\rho}{\rho'}$ étant $\frac{1}{\varpi'\rho'}$, lorsque cette différence sera devenue moindre que la plus petite différence entre les racines de l'équation proposée, c'est-à-dire moindre que la limite $\frac{1}{L}$ (Note IV), on sera assuré qu'il ne pourra tomber entre ces fractions qu'une seule racine; mais, à l'égard des parties réelles des racines imaginaires, il ne sera pas facile de s'assurer *a priori* qu'elles tombent hors de ces fractions, à moins de former l'équation dont les racines seraient $\alpha - \frac{\beta+\gamma}{2}$ et de chercher ensuite une limite plus petite que chacune de ces racines, pour la comparer avec la même différence $\frac{1}{\varpi'\rho'}$.

Au reste, quoique les fractions consécutives fournissent des limites qui se resserrent de plus en plus autour de la même racine, il est possible que les transformées n'acquièrent jamais la forme dont il s'agit, par la raison que, les deux limites se resserrant à la fois, la racine positive peut aller en augmentant au lieu de diminuer. Mais, lorsqu'on sera parvenu à des fractions entre lesquelles il n'y aura qu'une seule racine réelle et aucune des parties réelles des racines imaginaires, il suffira de diminuer toutes les racines de la transformée correspondante d'une même quantité qu'on pourra trouver par quelques essais, comme on l'a vu plus haut.

Lorsqu'une équation est réduite à la forme dont nous parlons, c'est-à-dire que tous ses termes ont le même signe, à l'exception du dernier terme tout connu, on fera passer ce dernier terme dans le second membre, et l'on pourra en extraire la racine à peu près comme dans les équations à deux termes où il n'y a qu'une seule puissance de l'inconnue; seulement on aura besoin de plus d'essais et d'épreuves, à raison des différentes puissances de l'inconnue qu'elle contiendra.

Ainsi, par exemple, si l'on a l'équation du troisième degré

$$y^3 + Ay^2 + By - N = 0,$$

dans laquelle A, B, N sont supposés des nombres positifs, en la mettant sous la forme

$$y^3 + Ay^2 + By = N,$$

on voit que, au lieu d'extraire simplement du nombre N la racine de la puissance y^3, il s'agit d'en extraire celle de la somme des puissances $y^3 + Ay^2 + By$; et, si a est la partie de cette racine déjà trouvée et p le reste, on aura

$$(3a^2 + 2Aa + B)p + (3a + A)p^2 + p^3 = N - a^3 - Aa^2 - Ba,$$

et par conséquent

$$p < \frac{N - a(a^2 + Aa + B)}{3a^2 + 2Aa + B},$$

formule qui répond à celle-ci

$$p < \frac{N - a^3}{3a^2},$$

sur laquelle est fondé le procédé de l'extraction de la racine cubique.

Prenons l'équation trouvée plus haut

$$y^3 + 4y^2 + 3y - 1 = 0;$$

la formule sera ici

$$p < \frac{1 - a(a^2 + 4a + 3)}{3a^2 + 8a + 3}.$$

Il est d'abord facile de voir que le premier chiffre de la valeur de a ne peut être que 0,2; faisant donc $a = 0,2$, on trouvera $p < \frac{0,232}{4,72} < 0,05$. En prenant $p = 0,04$, la nouvelle valeur de a sera 0,24, et l'on trouvera

$$p < \frac{0,035776}{5,0728} < 0,008, \ldots.$$

NOTE XIII.

SUR LA RÉSOLUTION DES ÉQUATIONS ALGÉBRIQUES.

La résolution des équations du second degré se trouve dans Diophante et peut aussi se déduire de quelques propositions des *Data* d'Euclide; mais il paraît que les premiers algébristes italiens l'avaient apprise des Arabes. Ils ont résolu ensuite les équations du troisième et du quatrième degré; mais toutes les tentatives qu'on a faites depuis pour pousser plus loin la résolution des équations n'ont abouti qu'à faire trouver de nouvelles méthodes pour le troisième et le quatrième degré, sans qu'on ait pu entamer les degrés supérieurs, si ce n'est pour des classes particulières d'équations, telles que les équations réciproques, qui peuvent toujours s'abaisser à un degré moindre de la moitié, celles dont les racines sont semblables aux racines des équations du troisième degré et que Moivre a données le premier, et quelques autres du même genre.

1. Dans les *Mémoires de l'Académie de Berlin* (années 1770 et 1771) (*), j'ai examiné et comparé les principales méthodes connues pour la résolution des équations algébriques, et j'ai trouvé que ces méthodes se réduisent toutes, en dernière analyse, à employer une équation secondaire qu'on appelle *résolvante*, dont la racine est de la forme

$$x' + \alpha x'' + \alpha^2 x''' + \alpha^3 x^{\text{IV}} + \ldots,$$

en désignant par x', x'', x''', ... les racines de l'équation proposée, et

(*) *Œuvres de Lagrange*, t. III, p. 205.

par α une des racines de l'unité, du même degré que celui de l'équation.

Je suis ensuite parti de cette forme générale des racines, et j'ai cherché *a priori* le degré de l'équation résolvante et les diviseurs qu'elle peut avoir, et j'ai rendu raison pourquoi cette équation, qui est toujours d'un degré plus haut que l'équation donnée, est susceptible d'abaissement pour les équations du troisième et du quatrième degré et peut servir à les résoudre.

J'ai cru qu'un précis de cette théorie ne serait pas déplacé dans le présent Traité, non-seulement parce qu'il en résulte une méthode uniforme pour la résolution des équations des quatre premiers degrés, mais encore parce que cette méthode s'applique avec succès aux équations à deux termes, de quelque degré qu'elles soient.

2. Représentons l'équation proposée par la formule générale

$$x^m - Ax^{m-1} + Bx^{m-2} - Cx^{m-3} + \ldots = 0,$$

et désignons ses m racines par x', x'', x''', ..., $x^{(m)}$; on aura, par les propriétés connues des équations,

$$A = x' + x'' + x''' + \ldots + x^{(m)},$$
$$B = x'x'' + x'x''' + \ldots + x''x''' + \ldots,$$
$$C = x'x''x''' + \ldots.$$

Soit t l'inconnue de l'équation résolvante; nous ferons, d'après ce que nous venons de dire,

$$t = x' + \alpha x'' + \alpha^2 x''' + \alpha^3 x^{\text{IV}} + \ldots + \alpha^{m-1} x^{(m)},$$

la quantité α étant une des racines $m^{\text{ièmes}}$ de l'unité, c'est-à-dire une des racines de l'équation à deux termes $y^m - 1 = 0$.

Pour avoir l'équation en t, il faudra éliminer les m inconnues x', x'', x''', ... au moyen des équations précédentes, qui sont aussi au nombre de m; mais ce procédé exigerait de longs calculs, et aurait, de plus, l'inconvénient de conduire à une équation finale d'un degré plus haut qu'elle ne devrait être.

3. On peut parvenir directement et de la manière la plus simple à l'équation dont il s'agit, en employant la méthode dont nous avons fait un fréquent usage jusqu'ici, laquelle consiste à trouver d'abord la forme de toutes les racines de l'équation cherchée, et à composer ensuite cette équation par le moyen de ses racines.

Il est d'abord clair que, dans l'expression de t, on peut échanger entre elles à volonté les racines x', x'', ..., puisque rien ne les distingue jusqu'ici l'une de l'autre; d'où il suit qu'on aura toutes les différentes valeurs de t en faisant toutes les permutations possibles entre les racines x', x'', x''', ..., et ces valeurs seront nécessairement les racines de la réduite en t qu'il s'agit de construire.

Or on sait, par la théorie des combinaisons, que le nombre des permutations qui peuvent avoir lieu entre m choses est exprimé en général par le produit $1.2.3...m$; donc l'équation en t aura en général autant de racines qu'il y a d'unités dans ce nombre, et sera par conséquent d'un degré exprimé par le nombre $1.2.3...m$; mais nous allons voir que cette équation est susceptible d'abaissement par la forme même de ses racines.

Comme cette forme dépend de la quantité α qu'on suppose être une racine de l'équation $y^m - 1 = 0$, nous commencerons par quelques remarques sur les propriétés des racines de cette équation, et, pour cela, nous considérerons séparément les cas où l'exposant m est un nombre premier et celui où cet exposant est un nombre composé.

4. Supposons d'abord que le nombre m soit premier. Dans ce cas, toutes les puissances de α jusqu'à α^m auront des valeurs différentes, à moins que l'on n'ait $\alpha = 1$; car, si deux puissances α^n et α^ν étaient égales, on aurait $\alpha^n = \alpha^\nu$, et de là $\alpha^{n-\nu} = 1$; or, aucune puissance de α moindre que m ne peut être $= 1$, tant que α n'est pas $= 1$. En effet, puisque $\alpha^m - 1 = 0$, si l'on avait en même temps $\alpha^n - 1 = 0$, n étant $< m$, il faudrait que ces deux équations eussent une racine commune; et, en cherchant par les règles ordinaires le plus grand commun diviseur des deux quantités $\alpha^m - 1$ et $\alpha^n - 1$, on trouve nécessairement

$\alpha - 1$ pour ce diviseur, à cause que m est un nombre premier, de sorte que la racine commune aux deux équations $\alpha^m - 1 = 0$ et $\alpha^n - 1 = 0$ ne peut être que l'unité.

5. Il s'ensuit de là : 1° que les puissances $\alpha, \alpha^2, \alpha^3, \ldots, \alpha^m$ représentent toutes les racines de l'équation $y^m - 1 = 0$, en prenant pour α une quelconque des racines de cette équation, autre que l'unité; car, puisque $\alpha^m = 1$, on aura aussi $\alpha^{2m} = 1$, $\alpha^{3m} = 1, \ldots$, de sorte que les puissances $\alpha, \alpha^2, \alpha^3, \ldots, \alpha^m$ seront aussi des racines de la même équation, et, comme elles sont au nombre de m, et ont toutes des valeurs différentes, elles donneront nécessairement toutes les racines de l'équation $y^m - 1 = 0$.

6. Il s'ensuit aussi : 2° que, si dans la série des puissances $\alpha, \alpha^2, \alpha^3, \ldots, \alpha^{m-1}$ on substitue pour α une quelconque de ces puissances, comme α^n, n étant $< m$, la nouvelle série $\alpha^n, \alpha^{2n}, \alpha^{3n}, \ldots$, en rabaissant toutes les puissances au-dessous de α^m, à cause de $\alpha^m = 1$, contiendra encore les mêmes puissances, mais dans un ordre différent; car il est visible que tous les exposants $n, 2n, 3n, \ldots$ sont différents et que leurs restes de la division par m le sont aussi, parce que m est un nombre premier; de sorte que ces restes, étant au nombre de m et tous différents entre eux, ne peuvent être que les nombres $1, 2, 3, \ldots, m$.

7. Considérons maintenant le cas où m est un nombre composé. Dans ce cas, si n est un diviseur de m, toutes les racines de l'équation $y^n - 1 = 0$ seront communes à l'équation $y^m - 1 = 0$, parce qu'en supposant le nombre r racine de l'équation $y^n - 1 = 0$ on aura $r^n = 1$, et par conséquent aussi $r^m = 1$, de sorte que r sera aussi racine de l'équation $y^m - 1 = 0$. En faisant donc $\alpha = r$, on aura $\alpha^m = 1$, et, si $m = np$, il est visible que dans la série des puissances $\alpha, \alpha^2, \alpha^3, \ldots, \alpha^m$ chacune se trouvera répétée p fois; par conséquent, ces puissances ne pourront plus représenter toutes les racines de l'équation $y^m - 1 = 0$, parce que cette équation ne peut avoir de racines égales.

8. Soit $m = pq$, p et q étant deux nombres premiers, et soient β une des racines de l'équation $y^p - 1 = 0$ et γ une des racines de l'équation $y^q - 1 = 0$; il est clair que β et γ seront aussi racines de l'équation $y^m - 1 = 0$, parce que, β^p et γ^q étant $= 1$, on aura aussi $\beta^{pq} = 1$, $\gamma^{pq} = 1$; mais toutes les racines de l'équation $y^m - 1 = 0$ ne pourront pas être représentées par les puissances successives de ces racines β et γ.

On voit aussi que le produit $\beta\gamma$ sera racine de la même équation $y^m - 1 = 0$; mais aucune puissance de cette racine, dont l'exposant serait inférieur à m, ne pourra être égale à l'unité, à moins que β ou γ ne soit $= 1$; car il faudrait que l'exposant de cette puissance fût un diviseur de m, et par conséquent égal à p ou à q; on aurait donc $(\beta\gamma)^p = 1$ ou $(\beta\gamma)^q = 1$. Dans le premier cas, on aurait $\gamma^p = 1$, à cause de $\beta^p = 1$ (hyp.), et, comme on a déjà $\gamma^q - 1 = 0$ (hyp.), il en résulterait $\gamma - 1 = 0$, à cause que p et q sont premiers entre eux; dans le second cas, on aurait $\beta - 1 = 0$.

9. Ainsi, tant que β et γ sont différents de l'unité, la racine $\beta\gamma$ de l'équation $y^m - 1 = 0$ a, lorsque $m = pq$, la même propriété que la racine α lorsque m est un nombre premier, savoir, que toutes les racines de cette équation peuvent être représentées par les puissances successives de $\beta\gamma$.

10. Comme les valeurs de β sont au nombre de p et celles de γ au nombre de q, les valeurs de $\beta\gamma$ seront au nombre de pq, c'est-à-dire de m, et il est facile de prouver que ces valeurs seront toutes différentes entre elles, parce qu'elles peuvent être représentées par $\beta^r\gamma^s$, en faisant successivement $r = 1, 2, 3, \ldots, p$ et $s = 1, 2, 3, \ldots, q$, à cause que les nombres p et q sont supposés premiers; d'où il suit que toutes les racines de l'équation $y^m - 1 = 0$, m étant $= pq$, peuvent être représentées par les produits $\beta\gamma$ des racines des équations $y^p - 1 = 0$, $y^q - 1 = 0$, p et q étant des nombres premiers.

On prouvera de même que, si $m = pqr$, en supposant p, q, r des nombres premiers, et que β, γ, δ soient respectivement des racines quelconques des trois équations $y^p - 1 = 0$, $y^q - 1 = 0$, $y^r - 1 = 0$, le produit $\beta\gamma\delta$, en donnant successivement à β, γ, δ toutes leurs valeurs, pourra représenter toutes les racines de l'équation $y^m - 1 = 0$, et que celles de ces racines qui seront exprimées par $\beta\gamma\delta$, en excluant l'unité des valeurs de β, γ, δ, auront les mêmes propriétés que les racines de l'équation $y^m - 1 = 0$, lorsque m est un nombre premier.

Et ainsi de suite.

11. Mais, si l'on avait $m = p^2$, p étant un nombre premier, en prenant β pour une quelconque des racines de l'équation $y^p - 1 = 0$, il est clair que β serait aussi racine de l'équation $y^m - 1 = 0$, et que $\sqrt[p]{\beta}$ le serait aussi. On prendrait donc, dans ce cas, pour γ une quelconque des valeurs de $\sqrt[p]{\beta}$, et l'on aurait également $\beta\gamma$ pour l'expression de toutes les racines de $y^m - 1 = 0$.

De même, si $m = p^3$, en conservant les valeurs de β et γ, on ferait de plus $\delta = \sqrt[p]{\gamma}$, et l'on aurait $\beta\gamma\delta$ pour l'expression de toutes les racines de $y^m - 1 = 0$, en donnant successivement à β, γ, δ toutes leurs valeurs. Et ainsi de suite.

12. Donc, en général, si $m = p^\mu q^\nu r^\varpi \ldots$, et que β, γ, δ, ... soient respectivement des racines quelconques des équations

$$y^p - 1 = 0, \quad y^q - 1 = 0, \quad y^r - 1 = 0, \quad \ldots,$$

p, q, r, ... étant des nombres premiers; si l'on fait de plus

$$\beta' = \sqrt[p]{\beta}, \quad \beta'' = \sqrt[p]{\beta'}, \quad \ldots, \quad \gamma' = \sqrt[q]{\gamma}, \quad \gamma'' = \sqrt[q]{\gamma'}, \quad \ldots, \quad \delta' = \sqrt[r]{\delta}, \quad \delta'' = \sqrt[r]{\delta'}, \quad \ldots,$$

on aura

$$\beta\beta'\beta''\ldots \times \gamma\gamma'\gamma''\ldots \times \delta\delta'\delta''\ldots$$

pour l'expression générale des racines de l'équation $y^m - 1 = 0$, en donnant successivement à β, β', ..., γ, γ', ..., δ, δ', ... toutes les valeurs dont ces quantités sont susceptibles chacune en particulier.

On voit par là que, pour avoir les racines de l'équation à deux termes $y^m - 1 = 0$, lorsque m n'est pas un nombre premier, il suffit de résoudre des équations semblables des degrés dont les exposants soient les nombres premiers qui composent le nombre m.

13. Enfin nous remarquerons que, comme l'équation $y^m - 1 = 0$ manque de tous les termes intermédiaires, si l'on nomme $1, \alpha, \beta, \gamma, \ldots$ ses racines, on aura, par les formules générales données au commencement de la Note VI,

$$\begin{array}{l} 1 + \alpha + \beta + \gamma + \ldots = 0, \\ 1 + \alpha^2 + \beta^2 + \gamma^2 + \ldots = 0, \\ 1 + \alpha^3 + \beta^3 + \gamma^3 + \ldots = 0, \\ \ldots\ldots\ldots\ldots\ldots\ldots\ldots\ldots, \\ 1 + \alpha^{m-1} + \beta^{m-1} + \gamma^{m-1} + \ldots = 0; \end{array}$$

ensuite, à cause de $\alpha^m = 1$, $\beta^m = 1, \ldots$, on aura

$$\begin{array}{l} 1 + \alpha^m + \beta^m + \gamma^m + \ldots = m, \\ 1 + \alpha^{m+1} + \beta^{m+1} + \gamma^{m+1} + \ldots = 0, \\ 1 + \alpha^{m+2} + \beta^{m+2} + \gamma^{m+2} + \ldots = 0, \end{array}$$

et ainsi de suite.

Ces différentes remarques nous seront fort utiles dans la suite.

14. Ces préliminaires posés, considérons la fonction

$$t = x' + \alpha x'' + \alpha^2 x''' + \alpha^3 x^{\text{IV}} + \alpha^4 x^{\text{V}} + \ldots + \alpha^{m-1} x^{(m)},$$

dans laquelle $x', x'', x''', \ldots, x^{(m)}$ sont les racines de l'équation proposée du degré m, et α est une racine quelconque de l'équation $y^m - 1 = 0$, de manière que l'on ait $\alpha^m = 1$.

On voit d'abord que cette expression est une fonction invariable des quantités $\alpha^0 x', \alpha x'', \alpha^2 x''', \ldots$, et qu'ainsi le résultat des permutations des racines $x', x'', x''', \ldots$ entre elles sera le même que celui des puissances de α entre elles.

15. Il s'ensuit de là que αt sera le résultat des permutations simultanées de x' en x'', x'' en x''', $\ldots$, $x^{(m)}$ en x', à cause de $\alpha^m = 1$. De même, $\alpha^2 t$ sera le résultat des permutations simultanées de x' en x''', x'' en x^{IV}, $\ldots$, $x^{(m-1)}$ en x' et $x^{(m)}$ en x'', à cause de $\alpha^m = 1$, $\alpha^{m+1} = \alpha$, et ainsi de suite.

Donc, t étant une des racines de l'équation résolvante en t, αt, $\alpha^2 t$, $\alpha^3 t$, ..., $\alpha^{m-1} t$ seront aussi des racines de la même équation; par conséquent, l'équation en t devra être telle qu'elle ne change pas en y changeant t en αt, en $\alpha^2 t$, en $\alpha^3 t$, ..., en $\alpha^{m-1} t$, d'où il est facile de conclure d'abord que cette équation ne pourra contenir que des puissances de t dont les exposants soient multiples de m.

Si donc on fait $t^m = \theta$, on aura une équation en θ qui ne sera que du degré $1.2.3\ldots[m-1]$ et dont les racines seront les différentes valeurs de θ résultant des permutations des $m-1$ racines x'', x''', ..., $x^{(m)}$ entre elles.

16. L'expression de θ sera, à cause de $\alpha^m = 1$, $\alpha^{2m} = 1$, ..., de la forme

$$\theta = \xi^0 + \alpha\xi' + \alpha^2\xi'' + \alpha^3\xi''' + \ldots + \alpha^{m-1}\xi^{(m-1)},$$

dans laquelle les quantités ξ^0, ξ', ξ'', ... seront des fonctions déterminées de x', x'', x''', ..., lesquelles auront en général la propriété d'être invariables par les permutations simultanées de x' en x'', x'' en x''', ..., $x^{(m)}$ en x', de x' en x''', x'' en x^{IV}, ..., $x^{(m-1)}$ en x', $x^{(m)}$ en x'', et ainsi de suite, ce qui suit de ce que θ est également $= t^m = (\alpha t)^m = (\alpha^2 t)^m$, ...

Lorsque les quantités ξ^0, ξ', ξ'', ... seront connues, on aura tout de suite les valeurs de toutes les racines x', x'', x''', ... de la proposée; car, puisque $\theta = t^m$, on aura $t = \sqrt[m]{\theta}$, et, si l'on dénote par $1, \alpha, \beta, \gamma, \ldots$ les racines de l'équation $y^m - 1 = 0$, et qu'on dénote aussi par θ^0, θ', θ'', ... les valeurs de θ qui répondent à la substitution successive de $1, \alpha, \beta, \gamma, \ldots$ à la place de α dans l'expression de θ, on aura, à cause de

$$t = x' + \alpha x'' + \alpha^2 x''' + \ldots + \alpha^{m-1} x^{(m)},$$

les équations suivantes

$$\begin{aligned}
x' + x'' + x''' + \ldots + x^{(m)} &= \sqrt[m]{\theta^0},\\
x' + \alpha x'' + \alpha^2 x''' + \ldots + \alpha^{m-1} x^{(m)} &= \sqrt[m]{\theta'},\\
x' + \beta x'' + \beta^2 x''' + \ldots + \beta^{m-1} x^{(m)} &= \sqrt[m]{\theta''},\\
x'' + \gamma x'' + \gamma^2 x''' + \ldots + \gamma^{m-1} x^{(m)} &= \sqrt[m]{\theta'''},\\
\ldots\ldots\ldots\ldots\ldots\ldots\ldots\ldots\ldots\ldots
\end{aligned}$$

Ces équations, étant ajoutées ensemble, donneront d'abord, par les propriétés des racines $1, \alpha, \beta, \gamma, \ldots$ (n° **13**),

$$x' = \frac{\sqrt[m]{\theta^0} + \sqrt[m]{\theta'} + \sqrt[m]{\theta''} + \ldots + \sqrt[m]{\theta^{(m-1)}}}{m}.$$

Ensuite, si on les multiplie respectivement par 1, α^{m-1}, β^{m-1}, γ^{m-1}, ..., et qu'on les ajoute de nouveau ensemble, on aura, par les mêmes propriétés,

$$x'' = \frac{\sqrt[m]{\theta^0} + \alpha^{m-1}\sqrt[m]{\theta'} + \beta^{m-1}\sqrt[m]{\theta''} + \gamma^{m-1}\sqrt[m]{\theta'''} + \ldots}{m}.$$

On trouverait de la même manière

$$x''' = \frac{\sqrt[m]{\theta^0} + \alpha^{m-2}\sqrt[m]{\theta'} + \beta^{m-2}\sqrt[m]{\theta''} + \gamma^{m-2}\sqrt[m]{\theta'''} + \ldots}{m},$$

et ainsi de suite.

17. Nous remarquerons sur ces formules que le terme $\sqrt[m]{\theta^0}$, étant égal à la somme $x' + x'' + x''' + \ldots$ des racines, est donné immédiatement par l'équation, de sorte qu'on a $\sqrt[m]{\theta^0} = A$ (n° **2**), équation nécessairement identique, et qui pourrait servir, s'il en était besoin, à s'assurer de la bonté du calcul.

Il s'ensuit de là aussi que, comme $\theta^0 = \xi^0 + \xi' + \xi'' + \ldots$, en faisant $\alpha = 1$, on aura

$$\xi^0 + \xi' + \xi'' + \ldots + \xi^{(m-1)} = \theta^0 = A^m,$$

et par conséquent

$$\xi^0 = A^m - \xi' - \xi'' - \xi''' - \ldots,$$

valeur qui, étant substituée dans l'expression générale de θ, la réduira à cette forme plus simple

$$\theta = A^m + (\alpha - 1)\xi' + (\alpha^2 - 1)\xi'' + (\alpha^3 - 1)\xi''' + \ldots,$$

et l'on aura les valeurs de θ', θ'', θ''', ... en mettant les racines α, β, γ, ... de l'équation

$$y^{m-1} + y^{m-2} + y^{m-3} + \ldots + 1 = 0,$$

à la place de α (n° **16**).

18. La difficulté se réduit donc à trouver les valeurs des quantités ξ', ξ'', ξ''', ... qui entrent dans l'expression de θ, lorsqu'elles ne sont pas données immédiatement. Dans cette recherche, il convient de distinguer le cas où l'exposant m est un nombre premier de ceux où m est un nombre composé.

Supposons d'abord que m soit un nombre premier; nous avons démontré ci-dessus (n° 6) qu'alors, en prenant pour α une racine quelconque de l'équation $y^m - 1 = 0$, autre que l'unité, si dans la série des puissances α, α^2, α^3, ..., α^{m-1} on substitue à la place de α une quelconque de ces mêmes puissances, on retrouvera toujours la même série de puissances, seulement dans un ordre différent. Or il est visible que, dans la fonction t, le changement de α en α^2 répond aux substitutions simultanées de x'' à x''', x''' à x^{v}, ..., que le changement de α en α^3 répondra aux substitutions simultanées de x'' à x^{iv}, x''' à x^{vi}, ..., et ainsi de suite. Donc les changements successifs de α en α^2, α^3, ..., α^{m-1} répondront à autant de permutations où x'' prendra la place de x''', x^{iv}, ..., $x^{(m)}$, ce qui fait $m-1$ permutations, dont chacune pourra ensuite être combinée avec toutes les permutations possibles entre les autres $m-2$ racines x''', x^{iv}, ..., $x^{(m)}$.

Il en sera donc de même de la fonction θ, et, comme dans cette fonction les changements de α en α^2, α^3, ... répondent à des substitutions de ξ' à ξ'', à ξ''', ... correspondantes à celles de x'' à x''', à x^{iv}, ... dans la fonction t, il est facile d'en conclure que les quantités ξ', ξ'', ξ''', ... seront les $m-1$ racines d'une équation en ξ du degré $m-1$, dont les coefficients seront des fonctions de x', x'', x''', ... qui ne seront susceptibles que d'autant de valeurs différentes qu'il y aura de permutations entre les $m-2$ racines x''', x^{iv}, ..., $x^{(m)}$, c'est-à-dire de $1.2.3\ldots(m-2)$ valeurs, et dépendront par conséquent d'équations du degré $1.2.3\ldots(m-2)$.

19. On peut même démontrer que tous ces coefficients ne dépendront que d'une seule équation de ce même degré, car, si l'on représente par

$$\xi^{m-1} - \mathrm{M}\xi^{m-2} + \mathrm{N}\xi^{m-3} - \ldots = 0$$

l'équation en ξ dont $\xi', \xi'', \xi''', \ldots$ sont les racines, en faisant dans les fonctions M, N, ... les $1.2.3\ldots(m-2)$ permutations entre les racines $x''', x^{\text{IV}}, \ldots$, on aura autant de pareilles équations qui, étant multipliées ensemble, donneront une équation finale en ξ du degré $1.2.3\ldots(m-1)$, dans laquelle les coefficients seront des fonctions invariables des racines $x', x'', x''', \ldots$ et par conséquent déterminables par les coefficients A, B, C, ... de l'équation proposée.

L'équation

$$\xi^{m-1} - M\xi^{m-2} + N\xi^{m-3} - \ldots = 0$$

sera donc un diviseur de celle-ci; faisant la division à la manière ordinaire et égalant à zéro les $m-1$ termes du reste, on aura autant d'équations, dont les premières $m-2$ donneront les valeurs de N, P, ... en fonctions rationnelles de M. Ainsi il suffira de trouver l'équation en M du degré $1.2.3\ldots(m-2)$.

Si donc cette équation pouvait se résoudre, et il suffirait d'en connaître une seule racine, on aurait les valeurs des coefficients de l'équation en ξ, qui est d'un degré moindre d'une unité que la proposée, et dont les $m-1$ racines seraient les valeurs des quantités $\xi', \xi'', \xi''', \ldots$ qui entrent dans l'expression de θ.

20. Mais, au lieu de chercher les racines $\xi', \xi'', \xi''', \ldots$, il pourrait être plus simple de chercher directement $\theta', \theta'', \theta''', \ldots$. Il est clair que ces quantités seront les racines d'une équation en θ du $(m-1)^{\text{ième}}$ degré, qu'on trouvera en éliminant α de l'expression de θ, au moyen de l'équation

$$\alpha^m - 1 = 0,$$

après en avoir ôté la racine 1, c'est-à-dire de l'équation

$$\alpha^{m-1} + \alpha^{m-2} + \alpha^{m-3} + \ldots + 1 = 0.$$

Cette équation en θ sera ainsi débarrassée de la racine α, et ses coefficients exprimés par les quantités $\xi^0, \xi', \xi'', \ldots$, étant considérés comme fonctions des racines $x', x'', x''', \ldots$, ne seront susceptibles que de $1.2.3\ldots(m-2)$ variations par toutes les permutations possibles entre ces racines; car, comme les changements de place de x'' répondent aux substitutions de α^2, α^3, ... au lieu de α, et que la quantité α a disparu de l'équation en θ, il s'ensuit que, dans l'expression de ses coefficients, on pourra regarder x'' comme fixe, ainsi que x'.

Sans employer la voie de l'élimination, on pourra parvenir directement à cette équation en θ au moyen de ses racines θ', θ'', θ''', ..., dont l'expression est connue; car, en représentant cette équation par

$$\theta^{m-1} - T\theta^{m-2} + U\theta^{m-3} - \ldots = 0,$$

on aura, par les formules connues,

$$T = \theta' + \theta'' + \theta''' + \ldots,$$
$$U = \theta'\theta'' + \theta'\theta''' + \theta''\theta''' + \ldots,$$
$$\ldots\ldots\ldots\ldots\ldots\ldots\ldots\ldots$$

21. On pourra faciliter beaucoup la détermination de ces coefficients en les déduisant des sommes des puissances successives des racines θ', θ'', ... jusqu'à la $m^{\text{ième}}$ puissance. En effet, si l'on élève successivement le polynôme

$$\xi^0 + \alpha\xi' + \alpha^2\xi'' + \alpha^3\xi''' + \ldots + \alpha^{m-1}\xi^{(m-1)}$$

aux puissances $2^{\text{ième}}$, $3^{\text{ième}}$, ..., et qu'on dénote par ξ_2, ξ_3, ξ_4, ... les termes de ces puissances qui ne seront point affectés de la quantité α, après avoir substitué partout 1 pour α^m, α pour α^{m+1}, et ainsi des autres; que, de plus, on fasse pour l'uniformité

$$\theta^0 = \xi^0 + \xi' + \xi'' + \xi''' + \ldots + \xi^{(m-1)},$$

en sorte que les quantités θ^0, θ', θ'', ... répondent aux racines 1, α, β, ..., il est facile de voir qu'on aura, par les propriétés de ces racines exposées plus haut, $m\xi^0$, $m\xi_2$, $m\xi_3$, ... pour les sommes des puissances $1^{\text{ière}}$, $2^{\text{ième}}$, $3^{\text{ième}}$, ... des quantités θ^0, θ', θ'', ...

Or $\theta^0 = A^m$ (nº **17**); donc, si l'on retranche respectivement des quantités $m\xi^0$, $m\xi_2$, $m\xi_3$, ... les puissances de A^m, les restes $m\xi^0 - A^m$, $m\xi_2 - A^{2m}$, $m\xi_3 - A^{3m}$, ... sont les sommes des $m - 1$ racines θ', θ'',

θ''', ... de leurs carrés, de leurs cubes, etc., d'où l'on tirera les sommes de leurs produits deux à deux, trois à trois, etc., par les formules données dans le Chapitre I (nº 8), ainsi qu'il suit :

$$T = m\xi^0 - A^m,$$

$$U = \frac{T(m\xi^0 - A^m)}{2} - \frac{m\xi_2 - A^{2m}}{2},$$

$$V = \frac{U(m\xi^0 - A^m)}{3} - \frac{T(m\xi_2 - A^{2m})}{3} + \frac{m\xi_3 - A^{3m}}{3},$$

....

22. Maintenant, si l'on fait dans les expressions des coefficients T, U, V, ... en x', x'', x''', ... toutes les permutations possibles entre ces racines x', x'', ..., on ne trouvera pour chacun de ces coefficients que $1.2.3...(m-2)$ permutations, provenant uniquement des permutations entre les $m-2$ racines x'', x''', ...

Ainsi, on aura pour la détermination de T une équation de ce même degré, qu'on pourra former par le moyen de ses racines; ensuite on trouvera les valeurs des autres coefficients U, V, ... en fonctions rationnelles de T par la méthode donnée plus haut, relativement aux coefficients de l'équation en ξ (nº 19).

Le problème se trouvera donc réduit à la résolution de l'équation en T du degré $1.2.3...(m-2)$, laquelle sera toujours d'un degré plus haut que la proposée lorsque m sera au-dessus de 3. Il est possible que cette équation puisse être abaissée à un degré moindre, mais c'est de quoi il me paraît très-difficile, sinon impossible, de juger *a priori*.

23. A l'égard des racines α, β, γ, ..., comme elles sont avec l'unité les racines de l'équation

$$y^m - 1 = 0,$$

si l'on divise cette équation par $y - 1$ pour en éliminer la racine 1, on aura l'équation du degré $m - 1$

$$y^{m-1} + y^{m-2} + y^{m-3} + \ldots + 1 = 0,$$

dont α, β, γ, ... seront les $m - 1$ racines.

Cette équation est d'abord, comme l'on voit, d'un degré moindre d'une unité que l'équation proposée; mais, étant d'une forme convertible, elle peut toujours s'abaisser à un degré moindre de la moitié; de plus, par la belle découverte de M. Gauss, on peut la résoudre à l'aide d'autant d'équations qu'il y a de facteurs premiers dans $m-1$, et qui ne montent qu'aux degrés marqués par ces facteurs. On peut même la résoudre directement sans passer par aucune équation intermédiaire, comme on le verra dans la Note suivante.

24. Nous avons supposé (nº **18**) que l'exposant m du degré de l'équation est un nombre premier; considérons maintenant le cas où cet exposant est un nombre composé. Dans ce cas, nous avons vu que les racines de l'équation $y^m - 1 = 0$ sont de deux espèces : les unes sont communes à l'équation $y^n - 1 = 0$, n étant un diviseur de m, et leurs puissances ne peuvent pas représenter toutes les racines de l'équation primitive, parce qu'elles n'ont de valeurs différentes que jusqu'aux puissances n, après quoi les mêmes valeurs reviennent toujours dans le même ordre; les autres n'appartiennent qu'à l'équation $y^m - 1 = 0$ et jouissent des mêmes propriétés que les racines de cette équation lorsque m est un nombre premier. Ainsi, il faudrait d'abord borner le raisonnement du nº **18** aux seules racines α, qui sont propres à l'équation $y^m - 1 = 0$, et modifier en conséquence les conclusions que nous en avons déduites relativement à l'équation en ξ. De plus, en n'employant même que ces racines pour α, on ne peut pas dire que la substitution d'une puissance quelconque de α à la place de α dans la série $\alpha, \alpha^2, \alpha^3, \ldots, \alpha^{m-1}$ redonne toujours les mêmes termes, parce que, si $m = np$, la substitution de α^n pour α ne donnera jamais que les puissances $\alpha^n, \alpha^{2n}, \ldots, \alpha^{np}$, à cause de $\alpha^{np} = 1$. Il résulte de là que les quantités $\xi', \xi'', \xi''', \ldots$ ne pourront plus être les racines d'une même équation, mais devront dépendre d'équations différentes qu'il faudrait chercher séparément, ce qui allongerait le calcul.

Mais, en employant les racines communes à l'équation $y^n - 1 = 0$, la méthode générale se simplifie et la résolution du degré m se réduit à celle d'autant d'équations des degrés inférieurs n que l'exposant m a de facteurs premiers; c'est ce que nous allons développer.

25. Supposons donc que l'équation m ait un diviseur n; nous avons vu (n° 7) que toutes les racines de l'équation $y^n - 1 = 0$ sont communes à l'équation $y^m - 1 = 0$; ainsi, dans la fonction

$$t = x' + \alpha x'' + \alpha^2 x''' + \ldots + \alpha^{m-1} x^{(m)},$$

nous pourrons prendre pour α une des racines de l'équation $y^n - 1 = 0$. On aura alors

$$\alpha^n = 1, \quad \alpha^{n+1} = \alpha, \quad \alpha^{n+2} = \alpha^2, \quad \ldots, \quad \alpha^{2n} = 1, \quad \alpha^{2n+1} = \alpha, \quad \alpha^{2n+2} = \alpha^2, \quad \ldots$$

jusqu'à $\alpha^m = 1$, et l'expression de t se réduira à cette forme plus simple

$$t = X' + \alpha X'' + \alpha^2 X''' + \ldots + \alpha^{n-1} X^{(n)},$$

en faisant, pour abréger,

$$\begin{aligned}
X' &= x' + x^{(n+1)} + x^{(2n+1)} + \ldots + x^{(m-n+1)},\\
X'' &= x'' + x^{(n+2)} + x^{(2n+2)} + \ldots + x^{(m-n+2)},\\
X''' &= x''' + x^{(n+3)} + x^{(2n+3)} + \ldots + x^{(m-n+3)},\\
&\ldots\ldots\ldots\ldots\ldots\ldots\ldots\ldots\ldots\ldots,\\
X^{(n)} &= x^{(n)} + x^{(2n)} + x^{(3n)} + \ldots + x^{(m)}.
\end{aligned}$$

Regardant maintenant les quantités X', X'', X''', ..., $X^{(n)}$ comme les racines d'une équation du degré n, il est clair qu'on pourra appliquer à la fonction t les mêmes raisonnements qu'on a faits dans les n°s 15 et 16, et qu'on parviendra à des conclusions semblables.

Ainsi, en faisant $t^n = \theta$, on aura, à cause de $\alpha^n = 1$, une expression de θ de la forme

$$\theta = \xi^0 + \alpha \xi' + \alpha^2 \xi'' + \ldots + \alpha^{n-1} \xi^{(n-1)},$$

dans laquelle les quantités ξ^0, ξ', ξ'', ... seront des fonctions connues de X', X'', X''', ..., lesquelles auront la propriété d'être invariables par les échanges simultanés de X' en X'', X'' en X''', ..., $X^{(n)}$ en X'.

Connaissant ces quantités, on aura immédiatement les valeurs des racines X′, X″, X‴, ... par des formules semblables à celles du n° **16**.

Ainsi, en prenant $1, \alpha, \beta, \ldots$ pour les racines de l'équation $y^n - 1 = 0$, et supposant que $\theta^0, \theta', \theta'', \ldots$ soient les valeurs de θ qui répondent à $\alpha = 1, \alpha, \beta, \gamma, \ldots$, on aura

$$X' = \frac{\sqrt[n]{\theta^0} + \sqrt[n]{\theta'} + \sqrt[n]{\theta''} + \ldots}{n},$$

$$X'' = \frac{\sqrt[n]{\theta^0} + \alpha^{n-1}\sqrt[n]{\theta'} + \beta^{n-1}\sqrt[n]{\theta''} + \ldots}{n},$$

$$X''' = \frac{\sqrt[n]{\theta^0} + \alpha^{n-2}\sqrt[n]{\theta'} + \beta^{n-2}\sqrt[n]{\theta''} + \ldots}{n},$$

$$\ldots\ldots\ldots\ldots\ldots\ldots\ldots\ldots\ldots,$$

où l'on remarquera que le terme $\sqrt[n]{\theta^0}$ est toujours égal à la somme des racines, qui est ici

$$X' + X'' + X''' + \ldots = x' + x'' + x''' + \ldots = A.$$

On n'aura encore par là que les racines X′, X″, X‴, ...; pour avoir les racines primitives x', x'', x''', ..., il n'y aura qu'à regarder séparément celles qui composent chacune des quantités X′, X″, X‴, ... comme les racines d'une équation du degré égal au nombre de ces racines et y appliquer la même méthode.

26. Lorsque n est un nombre premier, ce qu'on peut toujours supposer en prenant pour n un des facteurs premiers du nombre m, les quantités $\xi', \xi'', \xi''', \ldots$ seront, comme dans le n° **18**, les racines d'une équation du degré $n - 1$, dont les coefficients dépendront d'une équation du degré $1.2.3\ldots(n-2)$. Cette dernière équation aura pour coefficients des fonctions rationnelles de ceux de l'équation en X dont X′, X″, X‴, ... sont les racines. Or ceux-ci ne sont pas connus; il n'y a que ceux de l'équation donnée dont x', x'', x''', ... sont les racines qui le soient; il s'agit donc de voir comment ceux-là pourront dépendre de ceux-ci.

Il est clair que, en substituant pour X', X'', X''', ... leurs valeurs en x', x'', x''', ..., les coefficients dont il s'agit deviendront des fonctions connues des racines x', x'', x''', ..., et, pour trouver les équations d'où ces fonctions dépendront, la difficulté se réduira à chercher de combien de valeurs différentes ces fonctions seront susceptibles par toutes les permutations possibles entre les racines x', x'', x''', ..., $x^{(m)}$.

27. Le nombre total des permutations entre ces m racines est en général $1.2.3\ldots m$; mais, s'il y a des permutations qui ne produisent aucun changement dans les fonctions dont il s'agit, il faudra diviser par le nombre de ces permutations le nombre total des permutations, parce que chaque permutation se combinant avec toutes les autres ne s'ajoute pas aux autres, mais les multiplie.

Or les racines x', $x^{(n+1)}$, ..., $x^{(m-n+1)}$ qui entrent dans l'expression de X', et qui sont au nombre de p, à cause de $m = np$, sont susceptibles de $1.2.3\ldots p$ permutations; mais, comme elles entrent dans X' sous une forme invariable, leurs permutations ne produisent aucun changement dans la valeur de X'; par conséquent, on aura d'abord le diviseur $1.2.3\ldots p$.

L'expression de X'', étant dans le même cas, donnera de nouveau le diviseur $1.2.3\ldots p$, de sorte qu'on aura le diviseur $(1.2.3\ldots p)^2$, à raison des deux fonctions X' et X''; par la même raison, les trois fonctions X', X'', X''' donneront le diviseur $(1.2.3\ldots p)^3$, et les n fonctions X', X'', X''', ..., $X^{(n)}$ donneront par conséquent le diviseur $(1.2.3\ldots p)^n$.

Enfin les n quantités X', X'', X''', ... sont susceptibles en elles-mêmes de $1.2.3\ldots n$ permutations, et, comme les coefficients de l'équation en X sont des fonctions invariables de ces quantités, il en résultera encore le nouveau diviseur $1.2.3\ldots n$.

D'où l'on peut conclure que les coefficients de cette équation, regardés comme des fonctions des m racines x', x'', x''', ..., ne seront susceptibles que de

$$\frac{1.2.3\ldots m}{1.2.3\ldots n(1.2.3\ldots p)^n}$$

valeurs différentes, et ne dépendront par conséquent que d'une équation de ce degré.

Ainsi, les coefficients de l'équation du degré $1.2.3\ldots(n-2)$, qui sont des fonctions rationnelles de ceux de l'équation en X, dépendront d'une équation de ce degré.

Donc, en donnant à ces coefficients toutes les valeurs qui répondent aux racines de cette dernière équation, et multipliant ensemble toutes les équations résultantes, on aura enfin une équation du degré

$$\frac{1.2.3\ldots m}{1.2\ldots n(1.2.3\ldots p)^n}\times 1.2.3\ldots(n-2), \quad \text{savoir} \quad \frac{1.2.3\ldots m}{(n-1)n(1.2.3\ldots p)^n};$$

ce sera l'équation d'où dépendront les coefficients de l'équation en ξ du degré $n-1$, dont les racines seront les valeurs de ξ', ξ'', ξ''', ... Ainsi, on peut dire que c'est à une équation de ce degré que la résolution de l'équation proposée se réduira en dernière analyse.

28. Pour achever la résolution de l'équation proposée en x, il faudra encore tirer les valeurs de ses racines x', x'', x''', ..., $x^{(m)}$ de celles des racines X', X'', X''', ... (n° 25). Pour cela, on regardera les p racines x', $x^{(n+1)}$, ... qui composent la valeur de X' comme étant les racines d'une équation du $p^{\text{ième}}$ degré et qui sera de cette forme

$$x^p - X'x^{p-1} + \lambda x^{p-2} - \mu x^{p-3} + \nu x^{p-4} - \ldots = 0,$$

dans laquelle les coefficients λ, μ, ν, ... seront inconnus; mais, comme cette équation est censée renfermer p des m racines de l'équation proposée

$$x^m - Ax^{m-1} + Bx^{m-2} - Cx^{m-3} + \ldots = 0,$$

où $m = np$, elle devra être un diviseur de celle-ci; par conséquent, il n'y aura qu'à faire la division ordinaire, en supposant nuls les termes affectés de x^{p-1}, x^{p-2}, ... dans le reste. On aura, par ce moyen, p équations en X', λ, μ, ..., dont les $p-1$ premières donneront les valeurs de λ, μ, ... en X' par des équations linéaires. Ainsi, X' étant connu, on aura aussi λ, μ, ..., et il ne s'agira plus que de résoudre cette équation du degré p. De même, en substituant la valeur de X″ à la place de celle de X′, on aura l'équation qui donnera les racines x'', $x^{(n+2)}$, $x^{(2n+2)}$, ..., et ainsi de suite.

29. On voit par là que cette dernière méthode revient à décomposer l'équation du degré $m = np$ en n équations du degré p; mais, si pour cette décomposition on suivait la méthode ordinaire, il faudrait résoudre une équation du degré

$$\frac{m(m-1)(m-2)\ldots(m-p+1)}{1.2.3\ldots p},$$

comme nous l'avons vu dans la Note X, au lieu que celle-ci ne demande que la résolution du degré

$$\frac{1.2.3\ldots m}{(n-1)n(1.2.3\ldots p)^n},$$

qui est toujours moindre que le précédent.

Soit $m=4$, $n=2$, $p=2$; ces degrés seront

$$\frac{4.3}{1.2}=6 \quad \text{et} \quad \frac{1.2.3.4}{2(2)^2}=3.$$

Soit $m=6$, $n=2$, $p=3$; on aura

$$\frac{6.5.4}{1.2.3}=20, \quad \frac{1.2.3.4.5.6}{2(1.2.3)^2}=10,$$

et, si l'on fait $n=3$, $p=2$, on aura

$$\frac{6.5}{1.2}=15, \quad \frac{1.2.3.4.5.6}{2.3(1.2)^3}=15,$$

et ainsi du reste.

30. Appliquons la théorie précédente aux équations du second, du troisième et du quatrième degré.

Soit d'abord l'équation du second degré

$$x^2 - Ax + B = 0,$$

dont les racines soient x' et x''.

On a ici $m = 2$, qu'on peut regarder comme un nombre premier; prenant pour α une racine de l'équation

$$y^2 - 1 = 0,$$

on fera

$$t = x' + \alpha x'',$$

d'où l'on déduit

$$\theta = t^2 = x'^2 + x''^2 + 2\alpha x' x'',$$

à cause de $\alpha^2 = 1$; donc $\xi' = 2x'x''$, fonction invariable des racines x' et x''.

En effet, on a $B = x'x''$, et par conséquent $\xi' = 2B$. Or l'équation

$$y^2 - 1 = 0$$

donne $y = 1, -1$; donc $\alpha = -1$ et (n° **17**) $\theta' = A^2 - 2\xi' = A^2 - 4B$. Ainsi les expressions des deux racines seront (n^os **16, 17**)

$$x' = \frac{A + \sqrt{A^2 - 4B}}{2},$$

$$x'' = \frac{A - \sqrt{A^2 - 4B}}{2},$$

comme on le sait depuis longtemps.

31. Soit maintenant l'équation générale du troisième degré

$$x^3 - Ax^2 + Bx - C = 0,$$

dont les racines soient x', x'', x'''.

On a ici $m = 3$ nombre premier; la fonction t sera donc, en prenant pour α une racine de $y^3 - 1 = 0$,

$$t = x' + \alpha x'' + \alpha^2 x''',$$

et la fonction $\theta = t^3$ sera, à cause de $\alpha^3 = 1$,

$$\theta = \xi^0 + \alpha\xi' + \alpha^2\xi'',$$

où l'on aura

$$\xi^0 = x'^3 + x''^3 + x'''^3 + 6x'x''x''',$$
$$\xi' = 3(x'^2x'' + x''^2x''' + x'''^2x'),$$
$$\xi'' = 3(x'^2x''' + x''^2x' + x'''^2x'').$$

Les quantités ξ', ξ'' seront donc les racines d'une équation du second degré, dont les coefficients dépendront d'une équation du degré $1.2\ldots(m-2)$, c'est-à-dire du premier degré, et qui seront par conséquent des fonctions rationnelles de ceux de l'équation proposée. En effet on voit que, par toutes les permutations possibles entre les trois racines x', x'', x''', les deux fonctions ξ', ξ'' restent les mêmes ou se changent l'une dans l'autre, de sorte qu'en les supposant racines de l'équation

$$\xi^2 - M\xi + N = 0,$$

on aura $M = \xi' + \xi''$, $N = \xi'\xi''$, fonctions invariables de x', x'', x''', et par conséquent déterminables par les coefficients A, B, C de la proposée.

En effet on trouve facilement, par les formules de la Note X (n° **4**),

$$M = \xi' + \xi'' = 3AB - 9C,$$
$$N = \xi'\xi'' = 9B^3 + 9(A^3 - 6AB)C + 81C^2.$$

Ainsi l'on n'aura à résoudre que l'équation du second degré

$$\xi^2 - (3AB - 9C)\xi + 9B^3 + 9(A^3 - 6AB)C + 81C^2 = 0,$$

dont on prendra les deux racines pour les valeurs de ξ' et ξ''.

Faisant ensuite (n° **17**)

$$\theta' = A^3 + (\alpha - 1)\xi' + (\alpha^2 - 1)\xi'',$$
$$\theta'' = A^3 + (\beta - 1)\xi' + (\beta^2 - 1)\xi'',$$

et substituant, dans les formules du n° **16**, 3 au lieu de m et A au lieu de $\sqrt[3]{\theta^0}$ (n° **17**), on aura

$$\left.\begin{aligned} x' &= \frac{A + \sqrt[3]{\theta'} + \sqrt[3]{\theta''}}{3}, \\ x'' &= \frac{A + \alpha^2\sqrt[3]{\theta'} + \beta^2\sqrt[3]{\theta''}}{3}, \\ x''' &= \frac{A + \alpha\sqrt[3]{\theta'} + \beta\sqrt[3]{\theta''}}{3}, \end{aligned}\right\} \quad \text{ou bien} \quad \left\{\begin{aligned} x' &= \frac{A + \sqrt[3]{\theta'} + \sqrt[3]{\theta''}}{3}, \\ x'' &= \frac{A + \beta\sqrt[3]{\theta'} + \alpha\sqrt[3]{\theta''}}{3}, \\ x''' &= \frac{A + \alpha\sqrt[3]{\theta'} + \beta\sqrt[3]{\theta''}}{3}, \end{aligned}\right.$$

à cause de $\beta = \alpha^2$, et par conséquent $\beta^2 = \alpha$.

Et les deux quantités α, β seront (n° **23**) les racines de l'équation

$$y^2 + y + 1 = 0,$$

laquelle donne

$$\alpha = \frac{-1+\sqrt{-3}}{2}, \quad \beta = \frac{-1-\sqrt{-3}}{2}.$$

32. Mais on peut avoir des expressions plus simples par le moyen de l'équation en θ qui sera ainsi du second degré.

En représentant cette équation par

$$\theta^2 - T\theta + U = 0,$$

on trouvera les valeurs de T et U par les formules données plus haut (n° **21**).

On aura ainsi

$$T = 3\xi^0 - A^3,$$

$$U = \frac{T(3\xi^0 - A^3)}{2} - \frac{3\xi_2 - A^6}{2},$$

où ξ_2 est le premier terme dégagé de α dans le développement de $(\xi^0 + \alpha\xi' + \alpha^2\xi'')^3$, et l'on trouve, à cause de $\alpha^3 = 1$,

$$\xi_2 = (\xi^0)^2 + 2\xi'\xi''.$$

Or on a (n° **17**)

$$\xi^0 = A^3 - \xi' - \xi'' = A^3 - M;$$

donc, puisque $\xi'\xi'' = N$, on aura

$$T = 2A^3 - 3M,$$

$$U = \frac{T^2}{2} - \frac{3(A^3 - M)^2 + 6N - A^6}{2},$$

et, substituant les valeurs de M et N trouvées ci-dessus, on aura

$$T = 2A^3 - 9AB + 27C,$$

$$U = A^6 - 9A^4B + 27A^2B^2 - 27B = (A^2 - 3B)^3.$$

L'équation en θ sera donc

$$\theta^2 - (2A^3 - 9AB + 27C)\theta + (A^2 - 3B)^3 = 0,$$

dont, les deux racines étant prises pour θ' et θ'', et substituées dans les expressions précédentes de x', x'', x''', ..., on aura la résolution la plus simple de l'équation du troisième degré.

33. Venons à l'équation du quatrième degré représentée par la formule

$$x^4 - Ax^3 + Bx^2 - Cx + D = 0.$$

Comme on a ici $4 = 2.2$, il est plus simple de suivre la méthode du n° 25; en faisant $n = 2$, on prendra pour α une racine de l'équation

$$y^2 - 1 = 0,$$

en sorte que $\alpha^2 = 1$. On fera ainsi

$$t = X' + \alpha X'', \quad X' = x' + x''', \quad X'' = x'' + x^{\text{IV}}.$$

De là, on aura

$$\theta = \xi^0 + \alpha\xi', \quad \text{et} \quad \xi^0 = X'^2 + X''^2, \quad \xi' = 2X'X''.$$

Ainsi l'équation en ξ, dont ξ' est racine, ne sera que du degré $n - 1$, c'est-à-dire du premier degré, et ses coefficients ne dépendront que d'une équation du degré $\frac{1.2.3.4}{2(2)^2} = 3$ (n° 27), de sorte qu'on aura en ξ' une équation du troisième degré, telle que

$$\xi'^3 - M\xi'^2 + N\xi' - P = 0.$$

Les racines de cette équation seront les valeurs de

$$\xi' = 2X'X'' = 2(x' + x''')(x'' + x^{\text{IV}})$$

qui proviendront des permutations entre les trois racines, et il est facile de voir en effet que ces valeurs ne seront que les trois suivantes :

$$2(x' + x''')(x'' + x^{\text{IV}}),$$
$$2(x' + x'')(x''' + x^{\text{IV}}),$$
$$2(x' + x^{\text{IV}})(x'' + x''').$$

D'après ces racines, on pourra former les coefficients M, N, qui se trouveront exprimés par des fonctions invariables de x', x'', x''', x^{IV}, et seront déterminables en A, B, C, D.

34. Pour faciliter cette recherche, nous remarquerons que l'on a, par l'équation proposée,

$$\begin{aligned}
B &= x'x'' + x'x''' + x'x^{\text{IV}} + x''x''' + x''x^{\text{IV}} + x'''x^{\text{IV}}\\
&= (x' + x''')(x'' + x^{\text{IV}}) + x'x''' + x''x^{\text{IV}}\\
&= (x' + x'')(x''' + x^{\text{IV}}) + x'x'' + x'''x^{\text{IV}}\\
&= (x' + x^{\text{IV}})(x'' + x''') + x'x^{\text{IV}} + x''x''',
\end{aligned}$$

d'où il suit que, si l'on fait $\xi' = 2B - 2u$, l'équation en ξ' se transformera en une équation en u dont les racines seront

$$x'x''' + x''x^{\text{IV}},\quad x'x'' + x'''x^{\text{IV}},\quad x'x^{\text{IV}} + x''x'''.$$

Soit

$$u^3 - Ru^2 + Su - T = 0$$

cette équation en u; on aura

$$R = x'x''' + x''x^{\text{IV}} + x'x'' + x'''x^{\text{IV}} + x'x^{\text{IV}} + x''x''' = B,$$

et l'on trouvera de la même manière, en employant les formules données dans la Note X, les valeurs suivantes :

$$S = AC - 4D,\quad T = (A^2 - 4B)D + C^2.$$

Désignons par u' une quelconque des racines de l'équation en u

$$u^3 - Bu^2 + (AC - 4D)u - (A^2 - 4B)D - C^2 = 0;$$

on aura $\xi' = 2B - 2u'$, et de là, en faisant $\alpha = -1$ et $n = 2$, on aura

$$\theta' = A^2 - 2\xi' = A^2 - 4B + 4u',$$

et enfin

$$X' = \frac{A + \sqrt{\theta'}}{2},\quad X'' = \frac{A - \sqrt{\theta'}}{2}.$$

35. Maintenant, comme $X' = x' + x'''$, on peut regarder x' et x''' comme les deux racines de l'équation du second degré (n° 28)

$$x^2 - X'x + \lambda = 0,$$

et, pour avoir λ, il n'y aura qu'à diviser l'équation proposée du quatrième degré par celle-ci; le premier terme du reste, égalé à zéro, donnera

$$\lambda = \frac{X'^3 - AX'^2 + BX' - C}{2X' - A}.$$

Ainsi, en résolvant l'équation du second degré, on aura

$$x' = \frac{X' + \sqrt{X'^2 - 4\lambda}}{2}, \quad x''' = \frac{X' - \sqrt{X'^2 - 4\lambda}}{2},$$

et, comme $X'' = x'' + x^{\text{IV}}$, on aura les racines x'', x^{IV}, en changeant dans ces expressions X' en X'', ce qui ne demande que de changer le signe du radical $\sqrt{\theta'}$.

Cette solution revient à celle de Descartes, dans laquelle on résout l'équation du quatrième degré en deux du deuxième, moyennant une du troisième.

36. On peut simplifier ces formules en substituant d'abord $\frac{\theta - A^2 + 4B}{4}$ à la place de u, ce qui donnera cette équation en θ

$$\theta^3 - (3A^2 - 8B)\theta^2 + (3A^4 - 16A^2B + 16B^2 + 16AC - 64D)\theta - (A^3 - 4AB + 8C)^2 = 0$$

dont θ' sera une quelconque des racines à volonté; mais, en employant les trois racines, on peut avoir tout d'un coup les quatre racines x', x'', x''', x^{IV}.

Car, en faisant $\alpha = -1$, on a

$$t = x' + x''' - x'' - x^{\text{IV}},$$

et, par conséquent,

$$\theta = t^2 = (x' + x''' - x'' - x^{\text{IV}})^2.$$

Cette expression de θ n'est en effet susceptible que de ces trois valeurs différentes

$$(x' + x''' - x'' - x^{\text{IV}})^2, \quad (x' + x'' - x''' - x^{\text{IV}})^2, \quad (x' + x^{\text{IV}} - x'' - x''')^2,$$

qui seront, par conséquent, les trois racines de l'équation en θ.

Nommons θ', θ'', θ''' les trois racines de cette équation; on aura donc ces trois équations

$$x' + x''' - x'' - x^{\text{IV}} = \sqrt{\theta'},$$

$$x' + x'' - x''' - x^{\text{IV}} = \sqrt{\theta''},$$

$$x' + x^{\text{IV}} - x'' - x''' = \sqrt{\theta'''},$$

qui, étant jointes à l'équation

$$x' + x'' + x''' + x^{\text{IV}} = \text{A},$$

laquelle répond à $\alpha = 1$, serviront à déterminer chacune des quatre racines x', x'', x''', x^{IV}, et l'on trouvera

$$x' = \frac{\text{A} + \sqrt{\theta'} + \sqrt{\theta''} + \sqrt{\theta'''}}{4},$$

$$x'' = \frac{\text{A} - \sqrt{\theta'} + \sqrt{\theta''} - \sqrt{\theta'''}}{4},$$

$$x''' = \frac{\text{A} + \sqrt{\theta'} - \sqrt{\theta''} - \sqrt{\theta'''}}{4},$$

$$x^{\text{IV}} = \frac{\text{A} - \sqrt{\theta'} - \sqrt{\theta''} + \sqrt{\theta'''}}{4}.$$

37. Cette solution, la plus simple de toutes, est due à Euler; mais elle présente une espèce d'ambiguïté, à cause des radicaux carrés qui peuvent être pris chacun en plus et en moins. En effet on voit que, en changeant le signe d'un quelconque de ces radicaux ou les signes des trois radicaux à la fois, on a un autre système de racines, représenté par les formules

$$x' = \frac{\text{A} - \sqrt{\theta'} - \sqrt{\theta''} - \sqrt{\theta'''}}{4},$$

$$x'' = \frac{\text{A} + \sqrt{\theta'} - \sqrt{\theta''} + \sqrt{\theta'''}}{4},$$

$$x''' = \frac{\text{A} - \sqrt{\theta'} + \sqrt{\theta''} + \sqrt{\theta'''}}{4},$$

$$x^{\text{IV}} = \frac{\text{A} + \sqrt{\theta'} + \sqrt{\theta''} - \sqrt{\theta'''}}{4}.$$

Au contraire, en ne changeant à la fois que les signes de deux des radicaux, on a toujours le même système de racines. Ainsi, pour savoir lequel des deux systèmes il faut employer, il n'y a qu'à déterminer le signe que doit avoir le produit $\sqrt{\theta'}\sqrt{\theta''}\sqrt{\theta'''}$.

Or l'équation en θ donne

$$\theta'\theta''\theta''' = (A^3 - 4AB + 8C)^2;$$

donc, extrayant la racine carrée,

$$\sqrt{\theta'}\sqrt{\theta''}\sqrt{\theta'''} = \pm(A^3 - 4AB + 8C),$$

et, remettant pour $\sqrt{\theta'}$, $\sqrt{\theta''}$, $\sqrt{\theta'''}$ leurs valeurs en x', x'', ...,

$$(x' + x''' - x'' - x^{\text{IV}})(x' + x'' - x''' - x^{\text{IV}})(x' + x^{\text{IV}} - x'' - x''') = \pm(A^3 - 4AB + 8C)$$

Pour déterminer le signe ambigu, il n'y a qu'à considérer un cas particulier, par exemple, celui où les trois racines x'', x''', x^{IV} sont nulles. Dans ce cas, on aura $A = x'$, $B = 0$, $C = 0$, $D = 0$, et l'équation précédente deviendra

$$x'^3 = \pm A^3,$$

par où l'on voit qu'il faut prendre le signe supérieur pour la rendre identique. Ainsi on aura nécessairement

$$\sqrt{\theta'}\sqrt{\theta''}\sqrt{\theta'''} = A^3 - 4AB + 8C,$$

d'où l'on doit conclure que, lorsque la quantité

$$A^3 - 4AB + 8C$$

aura une valeur positive, il faudra employer le premier système des racines, et que, lorsque cette quantité aura une valeur négative, il faudra employer le second système, en donnant toujours aux radicaux $\sqrt{\theta'}$, $\sqrt{\theta''}$, $\sqrt{\theta'''}$ une valeur positive (*).

(*) La règle donnée dans cet article, pour savoir lequel des deux systèmes d'équations on doit choisir dans chaque cas, n'est pas assez générale.

M. Bret, professeur de Mathématiques au Lycée de Grenoble, a trouvé un exemple où elle est en défaut.

Soit l'équation

$$x^4 + 2x^2 - 8x + 5 = 0;$$

38. Passé le quatrième degré, la méthode, quoique applicable en général, ne conduit plus qu'à des équations résolvantes de degrés supérieurs à celui de la proposée.

Pour le cinquième degré, soit la formule générale

$$x^5 - Ax^4 + Bx^3 - Cx^2 + Dx - E = 0,$$

dont les racines soient $x', x'', x''', x^{IV}, x^{V}$.

On aura ici $m = 5$ nombre premier, et l'on fera

$$t = x' + \alpha x'' + \alpha^2 x''' + \alpha^3 x^{IV} + \alpha^4 x^{V},$$

où α est une des racines de l'équation

$$y^5 - 1 = 0,$$

autre que l'unité.

On fera ensuite $\theta = t^5$, et l'on parviendra à une équation en θ du

la transformée en θ est

$$\theta^3 + 16\theta^2 - 256\theta - (64)^2 = 0,$$

dont les racines sont $-16, -16, 16$, ce qui donne

$$\sqrt{\theta'} = 4, \quad \sqrt{\theta''} = 4\sqrt{-1}, \quad \sqrt{\theta'''} = 4\sqrt{-1}.$$

La fonction $A^3 - 4AB + 8C$ est > 0, parce que $A = 0, C = 8$; ainsi il faudrait prendre le premier système. On aurait d'abord

$$x' = 1 + 2\sqrt{-1},$$

qui ne satisfait pas. En effet,

$$(1 + 2\sqrt{-1})^2 = -3 + 4\sqrt{-1}, \quad (-3 + 4\sqrt{-1})^2 = -7 - 24\sqrt{-1};$$

ainsi l'équation serait

$$-7 - 24\sqrt{-1} - 6 + 8\sqrt{-1} - 8 - 16\sqrt{-1} + 5 = -16 - 32\sqrt{-1},$$

ce qui n'est pas zéro.

Le deuxième système donnerait

$$x' = -1 - 2\sqrt{-1};$$

donc

$$-7 - 24\sqrt{-1} - 6 + 8\sqrt{-1} + 8 + 16\sqrt{-1} + 5 = 0.$$

Mais je remarque que l'analyse donne simplement la condition

$$\sqrt{\theta'}\sqrt{\theta''}\sqrt{\theta'''} = A^3 - 4AB + 8C;$$

d'où il suit que le produit des trois radicaux $\sqrt{\theta'}, \sqrt{\theta''}, \sqrt{\theta'''}$ doit être égal et par conséquent degré $1.2.3.4$, mais qui sera décomposable en 2.3 équations chacune du quatrième degré, de manière que, en représentant chacune de ces équations par la formule

$$\theta^4 - T\theta^3 + U\theta^2 - X\theta + Y = 0,$$

les coefficients T, U,... ne seront susceptibles chacun que de six valeurs différentes par toutes les permutations possibles entre les cinq racines x', x'', x''', x^{IV}, x^{V}, dont ces coefficients sont fonctions, et ces six valeurs ne dépendront par conséquent que d'une équation du sixième degré; de sorte qu'en dernière analyse la résolution de l'équation du cinquième degré serait réduite à celle d'une équation du sixième. Il est donc inutile d'entreprendre ce calcul, dont on peut au reste voir le commencement dans les *Mémoires de l'Académie de Berlin* (année 1771, p. 130 et suiv.) (*).

39. Nous n'avons considéré jusqu'ici que des fonctions résolvantes de la forme $x' + \alpha x'' + \alpha^2 x''' + \ldots$; mais les principes que nous avons

de même signe que la quantité $A^3 - 4AB + 8C$. Donc, si en prenant les trois radicaux positivement leur produit est de même signe que cette quantité, ce sera le premier système qui aura lieu; mais, s'il est de signe contraire, alors il faudra donner le signe — à l'un des trois radicaux, ce qui donnera le second système.

Dans l'exemple dont il s'agit, on a

$$\sqrt{\theta'}\sqrt{\theta''}\sqrt{\theta'''} = 4.4\sqrt{-1}.4\sqrt{-1} = -64,$$

tandis que

$$A^3 - 4AB + 8C = 64.$$

Ainsi c'est le second système qui a lieu.

La méprise vient de ce qu'on a supposé que le produit des trois radicaux, pris positivement, serait toujours positif.

Au reste, on peut ôter toute ambiguïté en prenant dans le premier système

$$\sqrt{\theta'''} = \frac{A^3 - 4AB + 8C}{\sqrt{\theta'}\sqrt{\theta''}}.$$

Dans l'exemple proposé, pour lequel

$$A^3 - 4AB + 8C = 64,$$

ayant fait $\sqrt{\theta'} = 4$, $\sqrt{\theta''} = 4\sqrt{-1}$, on aura $\sqrt{\theta'''} = -4\sqrt{-1}$; alors le premier système donnera

$$x' = 1, \quad x'' = -1 + 2\sqrt{-1}, \quad x''' = 1, \quad x^{\text{IV}} = -1 - 2\sqrt{-1},$$

véritables racines.

(*) *Œuvres de Lagrange*, t. III, p. 205.

employés pour trouver directement l'équation dont ces fonctions seraient les racines peuvent s'appliquer à toute autre fonction des racines x', x'', x''', ... de l'équation proposée. Il ne s'agit que de chercher toutes les différentes formes dont la fonction proposée est susceptible par toutes les permutations des racines x', x'', x''', ... entre elles, et former une équation qui ait toutes ces différentes formes pour racines. Les coefficients de cette équation, étant des fonctions invariables de ses racines, seront aussi des fonctions invariables des racines de la proposée et pourront, par conséquent, se déterminer par des fonctions rationnelles des coefficients de celles-ci, qu'on trouvera toujours par les formules données dans la Note X.

On pourrait croire que chaque fonction différente des racines d'une même équation dépendrait aussi d'une équation différente; cela a lieu, en effet, pour toutes les fonctions qui ne sont pas semblables, mais pour celles que j'appelle *semblables*, et dont la propriété consiste en ce que, par les mêmes permutations, elles varient ensemble ou demeurent les mêmes, on peut les faire dépendre toutes d'une même équation, parce qu'on peut toujours les exprimer par des fonctions rationnelles d'une quelconque d'entre elles.

J'ai donné dans les *Mémoires de l'Académie de Berlin* de l'année 1771 (p. 203 et suiv.) (*) une méthode générale pour la détermination des fonctions semblables des racines d'une équation quelconque donnée; je ne la rapporterai point ici, pour ne pas trop allonger cette Note.

40. Mais je ne saurais la terminer sans dire un mot du beau travail que feu Vandermonde a donné dans les *Mémoires de l'Académie des Sciences de Paris* (année 1771) sur la résolution générale des équations. Son Ouvrage et le mien ont été composés et lus à peu près en même temps, l'un à l'Académie des Sciences de Paris et l'autre à celle de Berlin. Vandermonde, en partant d'un principe général, est arrivé à des résultats semblables à ceux auxquels m'avait conduit l'examen des

(*) *Œuvres de Lagrange*, t. III, p. 205.

différentes méthodes connues jusqu'alors. Comme ce rapprochement est intéressant pour l'analyse, on sera bien aise de les trouver ici.

Le principe dont il s'agit est que l'expression analytique des racines d'une équation doit être une fonction de ces racines, telle qu'elle puisse égaler indifféremment chacune des racines, et qui ne soit qu'une fonction de leur somme, de la somme de leurs produits deux à deux, de celle de leurs produits trois à trois, et ainsi de suite, afin que cette fonction puisse en même temps se déterminer par les seuls coefficients de l'équation donnée.

41. En examinant, conformément à ce principe, la résolution connue de l'équation du second degré, Vandermonde observe que la fonction qui donne cette résolution est de la forme

$$\frac{a+b+\sqrt{(a-b)^2}}{2},$$

a et b étant les deux racines de l'équation. En effet, à cause de l'ambiguïté du radical carré, cette expression devient indifféremment a ou b, et, en même temps, les deux quantités $a+b$ et $(a-b)^2$ sont exprimables par les coefficients de l'équation

$$x^2 - Ax + B = 0,$$

car on a

$$a+b=A, \quad (a-b)^2 = a^2+b^2-2ab = (a+b)^2 - 4ab = A^2 - 4B,$$

ce qui donne la résolution connue

$$\frac{A \pm \sqrt{A^2-4B}}{2}.$$

L'auteur applique ensuite le même principe aux équations du troisième degré, et il trouve que la fonction qui donne leur résolution peut se réduire à la forme

$$\frac{a+b+c+\sqrt[3]{(a+rb+r''c)^3}+\sqrt[3]{(a+r''b+rc)^3}}{3},$$

où a, b, c sont les trois racines de l'équation, et r', r'' les valeurs qui satisfont avec l'unité à l'équation

$$r^3 - 1 = 0.$$

En effet, cette expression devient d'abord égale à a, à cause de $1 + r' + r'' = 0$; ensuite, comme chaque radical cube peut être multiplié par r' ou r'', la même expression deviendra b ou c en multipliant les deux radicaux par r' et r'', ou par r'' et r', à cause de $r'' = r'^2$ (n° 5). De là Vandermonde conclut que, pour un nombre quelconque m de racines, la fonction qui deviendra indifféremment a, ou b, ou c, etc. sera de la forme

$$\frac{1}{m}\Big[(a+b+c+\ldots) + \sqrt[m]{(a+r'b+r''c+\ldots)^m} + \sqrt[m]{(a+r'^2b+r''^2c+\ldots)^m} + \sqrt[m]{(a+r'^3b+r''^3c+\ldots)^m} + \ldots\Big],$$

r', r'', r''', ... étant avec l'unité les racines de l'équation

$$r^m - 1 = 0.$$

Si l'on compare cette expression à celle de la racine x' du n° 16, on verra facilement leur accord, en considérant que θ est en général $= (x' + \alpha x'' + \alpha^2 x''' + \ldots)^m$ (n° 15), et que θ', θ'', ... sont les valeurs de θ qui répondent aux racines α, β, γ, ... de l'équation

$$y^m - 1 = 0,$$

lesquelles sont désignées par r', r'', r''', ... dans l'analyse de Vandermonde, et que, lorsque m est un nombre premier, toutes les racines sont représentées également par $1, \alpha, \alpha^2, \alpha^3, \ldots$, par $1, \beta, \beta^2, \beta^3, \ldots$ (n° 5).

Pour déterminer les valeurs de $(a + r'b + r''c + \ldots)^m$ en fonctions des coefficients de l'équation donnée, en quoi consiste toute la difficulté du problème, l'Auteur emploie un algorithme ingénieux, fondé sur une notation particulière; il ne cherche pas *a priori*, comme nous l'avons fait, le degré de l'équation d'où cette détermination doit dépendre, mais il donne pour les équations du troisième et du quatrième degré leur résolution complète, et pour celles du cinquième et du sixième degré des formules générales qu'il appelle *types*, et qui font voir que la résolution de l'équation du cinquième degré dépend en dernière analyse d'une équation du sixième et que la résolution de celle-ci dépend de celle d'une équation du quinzième ou du dixième degré, comme nous l'avons trouvé.

42. Vandermonde a aussi remarqué les simplifications dont la formule générale des racines est susceptible dans les degrés dont l'exposant est un nombre composé; par exemple, il trouve que, pour les équations du quatrième degré, les racines a, b, c, d peuvent être représentées par la fonction

$$\tfrac{1}{4}\left[a+b+c+d+\sqrt{(a+b-c-d)^2}+\sqrt{(a+c-b-d)^2}+\sqrt{(a+d-b-c)^2}\right],$$

en prenant les radicaux carrés en plus et en moins, et il en déduit la résolution donnée plus haut (n° 36).

Comme la méthode de Vandermonde découle d'un principe fondé sur la nature des équations, et qu'à cet égard elle est plus directe que celle que nous avons exposée dans cette Note, on peut regarder les résultats communs de ces méthodes sur la résolution générale des équations qui passent le quatrième degré comme des conséquences nécessaires de la théorie générale des équations.

NOTE XIV.

OU L'ON DONNE LA RÉSOLUTION GÉNÉRALE DES ÉQUATIONS A DEUX TERMES.

1. Quoique les équations à deux termes telles que

$$x^\mu - A = 0, \quad \text{ou plus simplement} \quad x^\mu - 1 = 0$$

(puisque cette forme-là peut se réduire à celle-ci, en y mettant $x\sqrt[\mu]{A}$ pour x), soient toujours résolubles par les Tables des sinus d'une manière aussi approchée qu'on puisse le désirer, en employant la formule connue

$$x = \cos\frac{\nu}{\mu}360^\circ + \sin\frac{\nu}{\mu}360^\circ\sqrt{-1}$$

et faisant successivement $\nu = 1, 2, 3, \ldots, \mu$, leur résolution algébrique n'en est pas moins intéressante pour l'Analyse, et les géomètres s'en sont beaucoup occupés. Ils ont d'abord réduit la difficulté à résoudre les équations dont le degré a pour exposant un nombre premier, comme nous l'avons vu au commencement de la Note précédente. Ils ont trouvé de plus que, comme l'équation

$$x^\mu - 1 = 0$$

a nécessairement 1 pour l'une de ses racines, en la divisant par $x - 1$, on a pour les autres l'équation du degré $\mu - 1$

$$x^{\mu-1} + x^{\mu-2} + x^{\mu-3} + \ldots + 1 = 0,$$

laquelle, étant du genre des équations qu'on appelle *réciproques*, parce qu'elles demeurent les mêmes en y changeant x en $\frac{1}{x}$, est décomposable en $\frac{\mu-1}{2}$ équations du second degré, telles que

$$x^2 - yx + 1 = 0,$$

dans lesquelles y dépend d'une équation du degré $\frac{\mu-1}{2}$ de la forme

$$y^\nu + y^{\nu-1} - (\nu-1)y^{\nu-2} - (\nu-2)y^{\nu-3} + \frac{(\nu-2)(\nu-3)}{2}y^{\nu-4} + \frac{(\nu-3)(\nu-4)}{2}y^{\nu-5} - \ldots = 0,$$

où $\nu = \frac{\mu-1}{2}$, comme nous l'avons vu dans la Note X (nº 14).

De cette manière on avait pu résoudre l'équation

$$x^7 - 1 = 0,$$

parce qu'elle se réduit à une équation du troisième degré; mais on était arrêté à l'équation

$$x^{11} - 1 = 0,$$

qui ne se réduit par ce moyen qu'à une du cinquième.

2. On en était là lorsque M. Gauss donna, en 1801, dans son excellent Ouvrage intitulé *Disquisitiones arithmeticæ* (*), une méthode aussi originale qu'ingénieuse pour réduire la résolution de l'équation

$$x^\mu - 1 = 0,$$

lorsque μ est un nombre premier, à la résolution d'autant d'équations particulières que le nombre $\mu - 1$ contient de facteurs premiers, et dont les degrés soient exprimés par ces mêmes facteurs. Ainsi l'équation

$$x^{13} - 1 = 0$$

ne demande que la résolution de deux équations du second et d'une du troisième, parce que $13 - 1 = 2 \cdot 2 \cdot 3$. L'équation

$$x^{17} - 1 = 0$$

(*) Cet Ouvrage vient d'être traduit en français, sous le titre de *Recherches arithmétiques*, chez Courcier.

ne demande que la résolution de quatre équations du second degré, et ainsi de suite.

Mais, en appliquant les principes de la théorie de M. Gauss à la méthode exposée dans la Note précédente, j'ai reconnu qu'on pouvait obtenir directement la résolution complète de toute équation à deux termes dont le degré est exprimé par un nombre premier, sans passer par aucune équation intermédiaire ni avoir à craindre l'inconvénient qui naît de l'ambiguïté des racines. C'est ce que je vais développer dans cette Note.

3. Soit l'équation à résoudre

$$x^{\mu} - 1 = 0,$$

μ étant un nombre premier; si l'on en sépare la racine $= 1$, elle s'abaisse à celle-ci du degré $\mu - 1$

$$x^{\mu-1} + x^{\mu-2} + x^{\mu-3} + \ldots + 1 = 0.$$

Soit r une racine quelconque de cette équation; on pourra représenter ses $\mu - 1$ racines par les termes de la série géométrique

$$r,\ r^2,\ r^3,\ r^4,\ \ldots,\ r^{\mu-1},$$

comme nous l'avons démontré dans la Note précédente (n° 5).

M. Gauss a eu l'idée ingénieuse et heureuse de substituer à la progression arithmétique des exposants de r une progression géométrique, en vertu du fameux théorème de Fermat sur les nombres premiers.

Par ce théorème, démontré d'abord par Euler et ensuite par tous ceux qui se sont occupés de la théorie des nombres, on sait que, si μ est un nombre premier et a un nombre moindre que μ, le nombre $a^{\mu-1} - 1$ sera nécessairement divisible par μ, de sorte que le reste de la division de $a^{\mu-1}$ par μ sera l'unité.

Euler a démontré de plus que, si en divisant tous les termes de la progression $a, a^2, a^3, \ldots, a^{\mu-1}$ par μ il se trouve d'autres puissances de a qui donnent aussi l'unité pour reste, les exposants de ces puissances seront nécessairement des diviseurs de $\mu - 1$, de sorte que, pour savoir si parmi les puissances de a moindres que $a^{\mu-1}$ il y en a aussi qui étant divisées par μ donnent le reste 1, il suffira d'essayer celles dont l'exposant sera un diviseur de $\mu - 1$.

4. On nomme *racines primitives* les nombres a dont aucune puissance moindre que $a^{\mu-1}$ ne donne le reste 1 par la division par μ, et ces racines ont la propriété que tous les termes de la progression a, a^2, a^3, ..., $a^{\mu-1}$, étant divisés par μ, donnent des restes différents et donnent par conséquent tous les nombres moindres que μ pour restes, puisque ces restes sont au nombre de $\mu - 1$. Car, si deux puissances a^n, a^p donnaient le même reste, n et p étant $< \mu$ et $p < n$, leur différence $a^n - a^p = a^p(a^{n-p} - 1)$ serait nécessairement divisible par μ; mais, a n'étant pas divisible et μ étant premier, il faudrait que $a^{n-p} - 1$ le fût; donc il y aurait une puissance a^{n-p} moindre que $a^{\mu-1}$ qui donnerait l'unité pour reste; par conséquent, a ne serait pas racine primitive, contre l'hypothèse.

On n'a pas, jusqu'à présent, de méthode directe pour trouver les racines primitives pour chaque nombre premier; mais on peut toujours les trouver facilement par le tâtonnement. Euler en a donné, dans les *Commentaires de Pétersbourg* (T. XVIII), une Table pour tous les nombres premiers jusqu'à 37, que nous placerons ici :

μ	a
3	2,
5	2, 3,
7	3, 5,
11	2, 6, 7, 8,
13	2, 6, 7, 11,
17	3, 5, 6, 7, 10, 11, 12, 14,
19	2, 3, 10, 13, 14, 15,
23	5, 7, 10, 11, 13, 14, 15, 17, 20, 21,
29	2, 3, 8, 10, 11, 14, 15, 18, 19, 21, 26, 27,
31	3, 11, 12, 13, 17, 21, 22, 24,
37	2, 5, 13, 15, 17, 18, 19, 20, 22, 24, 32, 35,

où l'on remarque que le nombre de ces racines primitives, pour un nombre premier μ donné, est toujours égal à celui des nombres moindres que μ et premiers à $\mu - 1$. On peut voir sur ce sujet la Section III des *Disquisitiones arithmeticæ*.

Au reste, pour notre objet, il suffira de connaître une seule des racines primitives pour un nombre premier donné, et il sera toujours plus avantageux pour le calcul d'en connaître la plus petite.

5. Soit donc a une racine primitive pour le nombre premier μ, de manière que les $\mu - 1$ termes de la progression géométrique a, a^2, a^3, ..., $a^{\mu-1}$, étant divisés par μ, donnent pour restes tous les nombres moindres que μ, dont l'unité sera le dernier; il est facile de voir que les $\mu - 1$ racines r, r^2, r^3, ..., $r^{\mu-1}$ (n° 3) pourront aussi, en faisant abstraction de l'ordre, être représentées par la série

$$r,\ r^a,\ r^{a^2},\ r^{a^3},\ \ldots,\ r^{a^{\mu-2}},$$

car, comme on a par l'équation $x^\mu - 1 = 0$, dont r est supposé racine, $r^\mu = 1$, il est visible qu'à la place de chaque puissance de r, comme r^λ, lorsque $\lambda > \mu$, on pourra toujours prendre la puissance r^ν, où ν sera le reste de la division de λ par μ. Ainsi, dans la série précédente, on pourra toujours réduire les exposants de r à leurs restes après la division par μ, restes que nous avons vus comprendre tous les nombres 1, 2, 3, ... jusqu'à $\mu - 1$, mais dans un ordre différent de l'ordre naturel, ce qui est ici indifférent pour les racines r, r^2, r^3, ...

L'avantage de cette nouvelle forme des racines consiste en ce que, si dans la série des racines

$$r,\ r^a,\ r^{a^2},\ r^{a^3},\ r^{a^4},\ \ldots,\ r^{a^{\mu-2}}$$

on met r^a à la place de r, elle devient

$$r^a,\ r^{a^2},\ r^{a^3},\ r^{a^4},\ r^{a^5},\ \ldots,\ r,$$

et, si l'on y met r^{a^2} à la place de r, elle devient

$$r^{a^2},\ r^{a^3},\ r^{a^4},\ r^{a^5},\ r^{a^6},\ \ldots,\ r,\ r^a,$$

et ainsi de suite.

En effet il est visible que, par la substitution de r^a à la place de r, r^a devient $(r^a)^a = r^{a^2}$, r^{a^2} devient $(r^a)^{a^2} = r^{a^3}$, etc., et le dernier terme devient $(r^a)^{a^{\mu-2}} = r^{a^{\mu-1}} = r$, à cause que le reste de $a^{\mu-1}$ après la division par μ est l'unité.

De même, par la substitution de r^{a^2} au lieu de r, r^{a^2} devient $(r^{a^2})^a = r^{a^3}$, r^{a^3} devient $(r^{a^2})^{a^2} = r^{a^4}$, etc., l'avant-dernier terme $r^{a^{\mu-3}}$ deviendra $(r^{a^2})^{a^{\mu-3}} = r^{a^{\mu-1}} = r$, le dernier deviendra $(r^{a^2})^{a^{\mu-2}} = r^{a^\mu} = r^a$, à cause que le reste de la division de a^μ par μ est a, puisque $a^\mu = a . a^{\mu-1}$, et que le reste de la division de $a^{\mu-1}$ est 1.

6. Cela posé, si pour résoudre l'équation du degré $\mu - 1$ (n° 5)

$$x^{\mu-1} + x^{\mu-2} + x^{\mu-3} + \ldots + 1 = 0,$$

dont les racines sont (n° 5)

$$r,\ r^a,\ r^{a^2},\ r^{a^3},\ \ldots,\ r^{a^{\mu-2}},$$

r^μ étant $= 1$, en vertu de l'équation $x^\mu - 1 = 0$, on emploie la méthode de la Note précédente, et qu'en prenant ces racines pour x', x'', x''', ... on fasse (n° 14, Note précédente)

$$t = r + \alpha r^a + \alpha^2 r^{a^2} + \alpha^3 r^{a^3} + \ldots + \alpha^{\mu-2} r^{a^{\mu-2}},$$

où α est une des racines de l'équation $y^{\mu-1} - 1 = 0$; qu'ensuite on développe la puissance $(\mu - 1)^{\text{ième}}$ de t, en faisant attention de rabaisser les puissances de α et de r au-dessous de $\alpha^{\mu-1}$ et de r^μ, par les conditions $\alpha^{\mu-1} = 1$ et $r^\mu = 1$, de manière qu'on ait cette fonction ordonnée suivant les puissances de α

$$\theta = t^{\mu-1} = \xi^0 + \alpha\xi' + \alpha^2\xi'' + \alpha^3\xi''' + \ldots + \alpha^{\mu-2}\xi^{(\mu-2)},$$

les quantités ξ^0, ξ', ξ'', ... seront des fonctions rationnelles et entières de r, telles qu'elles ne changeront pas par la substitution de r^a, r^{a^2}, r^{a^3}, ... à la place de r, puisque nous avons vu (n° 16, Note précédente) que ces quantités, regardées comme des fonctions de x', x'', x''', ..., sont invariables par les permutations simultanées de x' en x'', x'' en

x''', etc., ainsi que par les permutations simultanées de x' en x''', x'' en x^{IV}, etc., auxquelles répondent les changements de r en r^a, en r^{a^2}, etc. (n° 5).

7. Maintenant il est clair que toute fonction rationnelle et entière de r dans laquelle $r^\mu = 1$ peut toujours se réduire à la forme

$$A + Br + Cr^2 + Dr^3 + \ldots + Nr^{\mu-1},$$

les coefficients A, B, C, ... étant des quantités données, indépendantes de r. On peut même prouver que toute fonction rationnelle de r est réductible à cette forme, car, si elle a un dénominateur, on pourra toujours le faire disparaître en multipliant le haut et le bas de la fraction par un polynôme convenable en r, comme nous l'avons vu dans la Note IV (n° 3).

Or, puisque dans notre cas les puissances $r, r^2, r^3, \ldots, r^{\mu-1}$ peuvent être représentées, quoique dans un autre ordre, par les puissances r, $r^a, r^{a^2}, r^{a^3}, \ldots, r^{a^{\mu-2}}$, on pourra également réduire toute fonction rationnelle de r à la forme

$$A + Br + Cr^a + Dr^{a^2} + Er^{a^3} + \ldots + Nr^{a^{\mu-2}},$$

en prenant pour A, B, C, ... des coefficients quelconques indépendants de r.

Donc, si cette fonction est telle qu'elle doive demeurer la même en y mettant r^a à la place de r, il faudra que la nouvelle forme

$$A + Br^a + Cr^{a^2} + Dr^{a^3} + \ldots + Nr$$

(la puissance $r^{a^{\mu-2}}$ devenant $r^{a^{\mu-1}}$ se change en r, puisque $r^\mu = 1$ et $a^{\mu-1}$ divisé par μ donne le reste 1) coïncide avec la précédente, ce qui donne ces conditions

$$B = C, \quad C = D, \quad D = E, \quad \ldots, \quad N = B,$$

et réduit la forme de la fonction à celle-ci

$$A + B(r + r^a + r^{a^2} + r^{a^3} + \ldots + r^{a^{\mu-2}}).$$

8. Donc, si l'on dénote par s la somme des racines $r, r^2, r^3, \ldots, r^{\mu-2}$, on aura également

$$s = r + r^a + r^{a^2} + r^{a^3} + \ldots + r^{a^{\mu-2}},$$

et les quantités $\xi^0, \xi', \xi'', \ldots$ de la fonction θ seront toutes de la forme $A + Bs$.

Les coefficients A et B se détermineront par le développement actuel de la fonction $\theta = t^{\mu-1}$, et la quantité s est connue par la nature de l'équation à résoudre (n° 6)

$$x^{\mu-1} + x^{\mu-2} + \ldots + 1 = 0,$$

laquelle donne sur-le-champ $s = -1$. Ainsi, on a le cas où les valeurs des quantités $\xi^0, \xi', \xi'', \ldots$ sont connues immédiatement, sans dépendre d'aucune équation, de sorte qu'en désignant par $1, \alpha, \beta, \gamma, \ldots$ les $\mu - 1$ racines de l'équation

$$y^{\mu-1} - 1 = 0,$$

et par $\theta^0, \theta', \theta'', \theta''', \ldots$ les valeurs de θ qui répondent aux substitutions de ces racines à la place de α, on aura sur-le-champ, par les formules de la Note précédente (n° 16), en substituant r pour x et $\mu - 1$ pour m,

$$r = \frac{\sqrt[\mu-1]{\theta^0} + \sqrt[\mu-1]{\theta'} + \sqrt[\mu-1]{\theta''} + \ldots + \sqrt[\mu-1]{\theta^{(\mu-1)}}}{\mu - 1}.$$

Telle est l'expression d'une des racines de l'équation

$$x^\mu - 1 = 0;$$

on aura toutes les autres par les puissances $r^2, r^3, \ldots, r^{\mu-1}$, mais on peut aussi les avoir directement par les mêmes formules, en prenant r^a pour x'', r^{a^2} pour x''', etc.

On aura, de cette manière,

$$r^a = \frac{\sqrt[\mu-1]{\theta^0} + \alpha^{\mu-2}.\sqrt[\mu-1]{\theta'} + \beta^{\mu-2}.\sqrt[\mu-1]{\theta''} + \ldots}{\mu - 1},$$

$$r^{a^2} = \frac{\sqrt[\mu-1]{\theta^0} + \alpha^{\mu-3}.\sqrt[\mu-1]{\theta'} + \beta^{\mu-2}.\sqrt[\mu-1]{\theta''} + \ldots}{\mu - 1},$$

....

9. On pourra aussi, si l'on veut, se dispenser de calculer ces quantités ξ^0 et θ^0, car, par ce que nous avons dans l'article **17** de la Note précédente, le terme $\sqrt[\mu-1]{\theta^0}$ (en faisant ici $m=\mu-1$) est toujours égal à la somme des racines que nous dénotons en général par s, et l'expression de θ peut se mettre sous la forme

$$\theta = s^{\mu-1} + (\alpha-1)\xi' + (\alpha^2-1)\xi'' + (\alpha^3-1)\xi''' + \ldots,$$

qui ne renferme pas ξ^0, et il n'y a plus qu'à substituer $\alpha, \beta, \gamma, \ldots$ au lieu de α pour avoir les valeurs de $\theta', \theta'', \theta''', \ldots$.

De cette manière, la résolution de l'équation

$$x^\mu - 1 = 0$$

ne dépendra que de la résolution de l'équation

$$y^{\mu-1} - 1 = 0,$$

dont $1, \alpha, \beta, \gamma, \ldots$ sont les racines. Or celle-ci est d'un degré moindre que la proposée; mais de plus, comme $\mu - 1$ est nécessairement un nombre composé, on aura les racines $\alpha, \beta, \gamma, \ldots$ par celles d'autant d'équations $y^\varpi - 1 = 0$ qu'il y aura de facteurs premiers ϖ dans le nombre $\mu - 1$, comme on l'a vu dans la Note précédente (n° **12**).

10. Soit, par exemple, l'équation

$$x^5 - 1 = 0$$

dont on demande les racines. Cette équation étant résoluble par les méthodes connues, on pourra comparer cette solution avec celle qui résulte de la méthode précédente.

En ôtant par la division la racine 1, on a l'équation du quatrième degré

$$x^4 + x^3 + x^2 + x + 1 = 0,$$

dont les racines seront r, r^2, r^3, r^4.

Puisqu'on a ici $\mu = 5$, on trouve par la Table donnée ci-dessus (n° 4) que la plus petite racine primitive est 2, de sorte qu'on a $a = 2$, et que les racines dont il s'agit peuvent être représentées par les puissances r, r^2, r^{2^2}, r^{2^3}, lesquelles se rabaissent, à cause de $r^5 = 1$, à celles-ci r, r^2, r^4, r^3, en prenant, au lieu de l'exposant $2^3 = 8$, le reste de la division par 5.

On fera donc

$$t = r + \alpha r^2 + \alpha^2 r^4 + \alpha^3 r^3,$$

en prenant pour α une racine de l'équation

$$y^4 - 1 = 0,$$

de manière que l'on ait $\alpha^4 = 1$.

Maintenant, pour trouver la fonction θ, il n'y a qu'à élever à la quatrième puissance le polynôme t et le développer suivant les puissances de α, en rabaissant celles-ci au-dessous de α^4, et celles de r au-dessous de r^5, par les conditions $\alpha^4 = 1$ et $r^5 = 1$. On trouve, par un calcul qui n'a aucune difficulté,

$$\theta = \xi^0 + \alpha\xi' + \alpha^2\xi'' + \alpha^3\xi''',$$

où les quantités $\xi^0, \xi', \ldots$ ont les valeurs suivantes, dans lesquelles je mets s pour la somme des racines r, r^2, r^4, r^3:

$$\xi^0 = 12 + 13s, \quad \xi' = 16 + 12s, \quad \xi'' = 24 + 10s, \quad \xi''' = 16s.$$

Ainsi, comme $s = -1$ par la nature de l'équation en x, on aura

$$\xi^0 = -1, \quad \xi' = 4, \quad \xi'' = 14, \quad \xi''' = -16,$$

et la fonction θ deviendra

$$\theta = -1 + 4\alpha + 14\alpha^2 - 16\alpha^3.$$

Or l'équation

$$y^4 - 1 = 0,$$

se décomposant en ces deux-ci

$$y^2 - 1 = 0 \quad \text{et} \quad y^2 + 1 = 0,$$

donne tout de suite les quatre racines 1, -1, $\sqrt{-1}$, $-\sqrt{-1}$, qu'il faudra substituer successivement pour α, pour avoir les valeurs de θ^0, θ', θ'', θ'''.

On aura ainsi

$$\theta' = 25, \quad \theta'' = -15 + 20\sqrt{-1}, \quad \theta''' = -15 - 20\sqrt{-1}.$$

Donc, substituant ces valeurs dans l'expression de r du n° 8 et mettant $s = -1$ au lieu de $\sqrt[4]{\theta^0}$ (n° 9), on aura sur-le-champ

$$r = \frac{1}{4}\left(-1 + \sqrt{5} + \sqrt[4]{-15 + 20\sqrt{-1}} + \sqrt[4]{-15 - 20\sqrt{-1}}\right).$$

11. Mais on peut avoir une expression plus simple de la même racine r en faisant usage de la méthode du n° 25 de la Note précédente, laquelle est toujours applicable aux équations du genre que nous traitons, parce que l'exposant $\mu - 1$ est nécessairement un nombre composé.

Supposant donc en général

$$\mu - 1 = \nu\varpi,$$

et prenant pour α une racine de l'équation

$$y^\nu - 1 = 0,$$

la fonction t du n° 6 deviendra de la forme

$$t = X' + \alpha X'' + \alpha^2 X''' + \ldots + \alpha^{\nu-1} X^{(\nu)},$$

dans laquelle

$$\begin{aligned}
X' &= r + r a^\nu + r a^{2\nu} + r a^{3\nu} + \ldots + r a^{(\varpi-1)\nu},\\
X'' &= r a + r a^{\nu+1} + r a^{2\nu+1} + r a^{3\nu+1} + \ldots + r a^{(\varpi-1)\nu+1},\\
X''' &= r a^2 + r a^{\nu+2} + r a^{2\nu+2} + r a^{3\nu+2} + \ldots + r a^{(\varpi-1)\nu+2},\\
&\ldots\ldots\ldots\ldots\ldots\ldots\ldots\ldots\ldots\ldots,\\
X^{(\nu)} &= r a^\nu + r a^{2\nu-1} + r a^{3\nu-1} + r a^{4\nu-1} + \ldots + r a^{\varpi\nu-1}.
\end{aligned}$$

On formera ensuite la fonction $\theta = t^\nu$, laquelle, à cause de $\alpha^\nu = 1$, sera de la forme

$$\xi^0 + \alpha\xi' + \alpha^2\xi'' + \alpha^3\xi''' + \ldots + \alpha^{\nu-1}\xi^{(\nu-1)},$$

et aura la propriété que les quantités ξ^0, ξ', ξ'', ... seront des fonctions de X', X'', X''', ... telles, qu'elles demeureront invariables en échangeant à la fois X' en X'', X'' en X''', X''' en X^{IV}, etc., et $X^{(\nu)}$ en X'.

Or on voit, par les expressions précédentes de X', X'', ..., qu'en y substituant r^a à la place de r, X' devient X'', X'' devient X''', etc., et $X^{(\nu)}$ devient X', car $X^{(\nu)}$ se change en

$$r^{a^\nu} + r^{a^{2\nu}} + r^{a^{3\nu}} + \ldots + r^{a^{\varpi\nu}};$$

mais $\varpi\nu = \mu - 1$ et $r^{a^{\mu-1}} = r$, comme on l'a vu ci-dessus (n° 5).

Donc les quantités ξ^0, ξ', ξ'', ... devront être des fonctions de r telles qu'elles demeurent invariables par le changement de r en r^a; par conséquent, par le n° 7, elles ne pourront être que de la forme $A + Bs$, A, B étant des coefficients qui seront donnés par la formation de ces mêmes quantités, et s dénotant la somme des racines $r + r^a + r^{a^2} + r^{a^3} + \ldots + r^{a^{\mu-2}}$, laquelle est $= -1$ par l'équation proposée; de sorte que les quantités ξ^0, ξ', ξ'', ... seront toutes données, comme dans le cas précédent (n° 10), et l'on aura sur-le-champ par les formules du n° 25 de la Note précédente, en y mettant ν à la place de n, et s, somme des racines, à la place du terme $\sqrt[\nu]{\theta^0}$,

$$X' = \frac{s + \sqrt[\nu]{\theta'} + \sqrt[\nu]{\theta''} + \ldots}{\nu},$$

$$X'' = \frac{s + \alpha^{\nu-1}\sqrt[\nu]{\theta'} + \beta^{\nu-1}\sqrt[\nu]{\theta''} + \ldots}{\nu},$$

$$X''' = \frac{s + \alpha^{\nu-2}\sqrt[\nu]{\theta'} + \beta^{\nu-2}\sqrt[\nu]{\theta''} + \ldots}{\nu};$$

. . . .

Dans ces expressions, α, β, γ, ... sont, avec l'unité, les racines de l'équation

$$y^\nu - 1 = 0,$$

et θ', θ'', θ''', ... sont les valeurs de θ qui répondent à la substitution de α, β, γ, ... au lieu de α.

On n'aura pas besoin de calculer la valeur de ξ^0 en employant l'expression de θ du nº 9, laquelle devient ici

$$\theta = s^{\nu} + (\alpha - 1)\xi' + (\alpha^2 - 1)\xi'' + (\alpha^3 - 1)\xi''' + \ldots.$$

12. Le cas de $\nu = \frac{\mu - 1}{2}$ mérite une attention particulière, parce qu'il donne la division de la circonférence en μ parties.

Soit donc $\nu = \frac{\mu - 1}{2}$, et par conséquent $\varpi = 2$; on aura $X' = r + r^{a^{\frac{\mu-1}{2}}}$. Or, puisque $a^{\mu-1} - 1$ est divisible par μ et que a est supposé une racine primitive, $a^{\frac{\mu-1}{2}} - 1$ ne sera pas divisible par μ; mais

$$a^{\mu-1} - 1 = \left(a^{\frac{\mu-1}{2}} - 1\right)\left(a^{\frac{\mu-1}{2}} + 1\right);$$

donc, μ étant un nombre premier, $a^{\frac{\mu-1}{2}} + 1$ sera divisible par μ; par conséquent, -1 sera le reste de la division de $a^{\frac{\mu-1}{2}}$ par μ; donc $r^{a^{\frac{\mu-1}{2}}}$ sera égal à $\frac{1}{r}$.

Ainsi on aura

$$X' = r + \frac{1}{r}, \quad X'' = r^{a} + \frac{1}{r^{a}}, \quad X''' = r^{a^2} + \frac{1}{r^{a^2}}, \quad \ldots.$$

Or on a, par les formules connues du théorème de Cotes (nº 1),

$$r = \cos\frac{360^\circ}{\mu} + \sin\frac{360^\circ}{\mu}\sqrt{-1},$$

et, en général,

$$r^m = \cos\frac{m}{\mu}360^\circ + \sin\frac{m}{\mu}360^\circ\sqrt{-1}.$$

Donc

$$X' = 2\cos\frac{360^\circ}{\mu}, \quad X'' = 2\cos\frac{a}{\mu}360^\circ, \quad X''' = 2\cos\frac{a^2}{\mu}360^\circ, \quad \ldots.$$

Ainsi les valeurs de $X', X'', X''', \ldots$ sont toutes réelles dans ce cas et donnent immédiatement les cosinus des divisions de la circonférence en μ parties.

13. Ayant trouvé, par les formules générales du n° **11**, les racines X', X'', X''', ..., il faudra poursuivre le calcul de la même manière pour arriver à la racine ν. On regardera donc les ϖ racines qui composent la fonction X' comme les racines d'une équation du degré ϖ, et on les substituera pour x', x'', x''', ..., $x^{(\varpi)}$ dans l'expression générale de la fonction t; on aura ainsi

$$t_1 = r + \alpha r^{a^\nu} + \alpha^2 r^{a^{2\nu}} + \alpha^3 r^{a^{3\nu}} + \ldots + \alpha^{\varpi-1} r^{a^{(\varpi-1)\nu}},$$

où il faudra prendre pour α une racine de l'équation $y^\varpi - 1 = 0$.

De là on aura, à cause de $\alpha^\varpi = 1$,

$$\theta_1 = t_1^\varpi = \xi_1^0 + \alpha\xi_1' + \alpha^2\xi_1'' + \ldots + \alpha^{\varpi-1}\xi_1^{(\varpi-1)}.$$

(J'écris ici t_1, θ_1, ξ_1 pour distinguer ces quantités de celles que nous avons désignées plus haut par t, θ, ξ.) Comme les quantités ξ_1^0, ξ_1', ξ_1'', ... sont en général des fonctions de x', x'', x''', ... qui ne varient pas par les permutations de x' en x'', x'' en x''', etc., $x^{(\varpi)}$ en x' (n° **16**, Note précédente), elles seront ici des fonctions de r qui ne varieront pas en y changeant r en r^{a^ν}, puisque par ce changement les racines r, r^{a^ν}, $r^{a^{2\nu}}$, ..., $r^{a^{(\varpi-1)\nu}}$ deviennent respectivement r^{a^ν}, $r^{a^{2\nu}}$, $r^{a^{3\nu}}$, ..., r.

Or il n'est pas difficile de prouver, par un procédé semblable à celui du n° 8, que toute fonction rationnelle de r qui aura la propriété d'être invariable par le changement de r en r^{a^ν} sera nécessairement de la forme

$$A + BX' + CX'' + DX''' + \ldots + HX^{(\nu)},$$

en conservant les expressions de X', X'', X''', ... du n° **11**.

Car d'abord toute fonction rationnelle de r peut se réduire à la forme (n° **7**)

$$A + Br + Cr^a + Dr^{a^2} + Er^{a^3} + \ldots + Nr^{a^{\mu-1}};$$

et, pour que cette fonction demeure la même en y changeant r en r^{a^ν}, il faut que les coefficients des termes qui renferment r^{a^ν}, $r^{a^{2\nu}}$, $r^{a^{3\nu}}$, ... soient les mêmes que celui de r, que les coefficients des termes qui renferment $r^{a^{\nu+1}}$, $r^{a^{2\nu+1}}$, $r^{a^{3\nu+1}}$, ... soient les mêmes que celui de r^a, que ceux des termes $r^{a^{\nu+2}}$, $r^{a^{2\nu+2}}$, $r^{a^{3\nu+2}}$, ... soient les mêmes que celui de r^{a^2}, et ainsi de suite; ce qui réduit la fonction à la forme que nous venons de lui assigner. En effet, on voit que chacune des quantités X′, X″, X‴, ..., $X^{(\nu)}$ demeure la même en y substituant r^{a^ν} à la place de r, car le dernier terme $r^{a^{(\varpi-1)\nu}}$ de X′ devient $r^{a^{\varpi\nu}} = r^{a^{\mu-1}} = r$, le dernier $r^{a^{(\varpi-1)\nu+1}}$ de X″ devient $r^{a^{\varpi\nu+1}} = r^a$, et ainsi des autres.

14. Donc chacune des quantités ξ^0, ξ', ξ'', ... deviendra, après le développement, de la forme

$$A + BX' + CX'' + DX''' + \ldots$$

et aura par conséquent une valeur connue. Ainsi la fonction θ sera connue, et l'on aura les valeurs de θ', θ'', θ''', ... en y substituant, au lieu de α, les $\varpi - 1$ racines α, β, γ, ..., qui, avec l'unité, résolvent l'équation

$$y^{\varpi} - 1 = 0.$$

On aura ensuite pour r une formule semblable à celle du n° **8**, en y mettant ϖ à la place de $\mu - 1$, et X′, somme des racines, au lieu du terme $\sqrt[\varpi]{\theta^0}$. On aura ainsi

$$r = \frac{X' + \sqrt[\varpi]{\theta'} + \sqrt[\varpi]{\theta''} + \sqrt[\varpi]{\theta'''} + \ldots}{\varpi}.$$

15. On aurait aussi, si on le désirait, les expressions des autres racines r^{a^ν}, $r^{a^{2\nu}}$, $r^{a^{3\nu}}$, ... qui composent la fonction X′ (n° **11**), en multipliant dans l'expression de r les radicaux $\sqrt[\varpi]{\theta'}$, $\sqrt[\varpi]{\theta''}$, ..., d'abord par $\alpha^{\varpi-1}$, $\beta^{\varpi-1}$, ..., ensuite par $\alpha^{\varpi-2}$, $\beta^{\varpi-2}$, ..., par $\alpha^{\varpi-3}$, $\beta^{\varpi-3}$, ...

On pourrait même, sans faire un nouveau calcul, avoir également les racines r^a, $r^{a^{\nu+1}}$, ... qui composent la fonction X″, par la seule considération que X′ devient X″, X″ devient X‴, etc., en y changeant r en r^a; de sorte qu'il suffira de changer, dans l'expression générale de θ, X′ en X″, X″ en X‴, etc., $X^{(\nu)}$ en X′.

Par la même raison, comme X′ devient X‴, X″ devient X^{IV}, etc., par la substitution de r^{a^2} à la place de r, on pourra déduire des expressions des racines qui composent la fonction X′ celles des racines qui composent la fonction X''' en changeant simplement, dans l'expression générale de θ, X' en X''', X'' en X^{IV}, etc., $X^{(\nu-1)}$ en X', $X^{(\nu)}$ en X'', et ainsi de suite.

16. Si le nombre ϖ n'est pas premier, on pourra, en le décomposant en ses facteurs, décomposer encore l'opération précédente en d'autres plus simples.

Ainsi, si $\varpi = \nu'\varpi'$, on pourra ne prendre pour α qu'une racine de l'équation

$$y^{\nu'} - 1 = 0,$$

en sorte que $\alpha^{\nu'} = 1$, et la fonction t_1 (n° 11) deviendra

$$t_1 = X'_1 + \alpha X''_1 + \alpha^2 X'''_1 + \ldots + \alpha^{\nu'-1} X_1^{(\nu')},$$

en supposant

$$\begin{aligned}
X'_1 &= r + r^{a^{\nu'\nu}} + r^{a^{2\nu'\nu}} + \ldots + r^{a^{(\varpi-\nu')\nu}},\\
X''_1 &= r^{a^{\nu'}} + r^{a^{(\nu'+1)\nu}} + r^{a^{(2\nu'+1)\nu}} + \ldots + r^{a^{(\varpi-\nu'+1)\nu}},\\
X'''_1 &= r^{a^{2\nu'}} + r^{a^{(\nu'+2)\nu}} + r^{a^{(2\nu'+2)\nu}} + \ldots + r^{a^{(\varpi-\nu'+2)\nu}},\\
&\ldots\ldots\ldots\ldots\ldots\ldots\ldots\ldots\ldots\ldots,\\
X_1^{(\nu')} &= r^{a^{(\nu'-1)\nu}} + r^{a^{(2\nu'-1)\nu}} + r^{a^{(3\nu'-1)\nu}} + \ldots + r^{a^{(\varpi-1)\nu}}.
\end{aligned}$$

On fera ensuite $\theta_1 = t_1^{\nu'}$, et l'expression de θ_1 étant développée sous la forme

$$\theta_1 = \xi_1^0 + \alpha\xi'_1 + \alpha^2\xi''_1 + \ldots + \alpha^{\nu'-1}\xi_1^{(\nu')},$$

à cause de $\alpha^{\nu'} = 1$, les quantités ξ_1^0, ξ'_1, ξ''_1, ... seront des fonctions de X_1, X''_1, X'''_1, ... qui ne changeront pas par le changement simultané de X'_1 en X''_1, de X''_1 en X'''_1, X'''_1 en X_1^{IV}, etc., $X_1^{(\nu')}$ en X'_1 (Note précédente, n° 25). Or on voit, par les expressions précédentes de X'_1, X''_1, ..., que ces changements ont lieu en changeant simplement r en r^{a^ν}. Donc les quantités ξ_1^0, ξ'_1, ξ''_1, ..., regardées comme des fonctions de r, devront être invariables par le changement de r en r^{a^ν}; par conséquent, elles seront nécessairement de la forme

$$A + BX' + CX'' + DX''' + \ldots,$$

par ce qu'on a démontré ci-dessus (n° 13).

Donc, puisque les valeurs de X', X'', X''', ... sont déjà connues par l'opération précédente, celles de ξ_1^0, ξ_1', ξ_1'', ... seront connues aussi. Ainsi la fonction θ_1 sera connue aussi, et de là on aura les valeurs des ν' racines X_1', X_1'', X_1''', ... par des formules semblables à celles du nº 11, en y changeant ν en ν', X en X_1, θ en θ_1, et prenant pour α, β, γ, ... les racines de l'équation

$$y^{\nu'} - 1 = 0,$$

excepté l'unité.

On remarquera aussi que s étant la somme des racines $X_1' + X_1'' + X_1''' + \ldots$ sera ici égal à X'.

17. La valeur connue de X_1' ne donne que la somme des ϖ' racines r, $r^{a^{\nu'\nu}}$, $r^{a^{2\nu'\nu}}$, ..., $r^{a^{(\varpi'-1)\nu'\nu}}$; il faudra, pour avoir la valeur de r, regarder encore ces ϖ' racines comme données par une équation du degré ϖ', et faire de nouveau

$$t_2 = r + \alpha r^{a^{\nu'\nu}} + \alpha^2 r^{a^{2\nu'\nu}} + \ldots + \alpha^{\varpi'-1} r^{a^{(\varpi'-1)\nu'\nu}},$$

en prenant pour α une racine de l'équation

$$y^{\varpi'} - 1 = 0;$$

on fera ensuite

$$\theta_2 = t_2^{\varpi'} = \xi_2^0 + \alpha \xi_2' + \alpha^2 \xi_2'' + \ldots + \alpha^{\varpi'-1} \xi_2^{(\varpi'-1)},$$

et l'on suivra le même procédé que nous avons exposé dans les nºs 13 et suivants. Que si le nombre ϖ' est composé de manière que l'on ait $\varpi' = \nu''\varpi''$, on pourra, pour éviter le développement d'une puissance trop haute, prendre pour α une racine de l'équation

$$y^{\nu''} - 1 = 0,$$

ce qui donnera à t_2 la forme

$$t_2 = X_2' + \alpha X_2'' + \alpha^2 X_2''' + \ldots + \alpha^{\nu''-1} X_2^{(\nu'')},$$

et l'on poursuivra le calcul comme ci-dessus, et ainsi de suite, jusqu'à ce qu'on arrive à un dernier facteur indécomposable.

L'avantage de ces décompositions consiste dans l'abaissement des puissances auxquelles il faut élever les polynômes t pour avoir les fonctions θ, ce qui diminue la longueur du calcul, et ensuite dans l'abaissement des radicaux qui entrent dans l'expression de la racine r, ce qui simplifie cette expression.

Telle est la marche générale et uniforme du calcul; nous allons l'appliquer à quelques exemples pour la faire mieux concevoir, et nous reprendrons d'abord celui de l'équation

$$x^5 - 1 = 0,$$

que nous avons résolue ci-dessus (n° **10**).

18. On a ici $\mu - 1 = 4 = 2.2$; ainsi on fera $\nu = 2$, $\varpi = 2$ (n° **11**). On prendra pour α une des racines de l'équation

$$y^2 - 1 = 0,$$

de sorte que, à cause de $\alpha^2 = 1$, l'expression de la fonction t du n° **10** devient

$$t = X' + \alpha X'', \quad \text{où} \quad X' = r + r^4, \quad X'' = r^2 + r^3.$$

De là on trouve, en faisant le carré de t, à cause de $\alpha^2 = 1$,

$$\theta = t^2 = \xi^0 + \alpha\xi', \quad \xi^0 = X'^2 + X''^2, \quad \xi' = 2X'X''.$$

Substituant les valeurs de X', X'' en r, et développant les carrés et les produits, en rabaissant les puissances de r au-dessous de r^5, à cause de $r^5 = 1$, on trouve

$$\xi^0 = 4 + r + r^2 + r^3 + r^4,$$
$$\xi' = 2(r + r^2 + r^3 + r^4).$$

Donc, comme $r + r^2 + r^3 + r^4$, somme des racines, est $= -1$, par l'équation, on a $\xi^0 = 3$ et $\xi' = -2$. Ainsi l'expression générale de θ deviendra $\theta = 3 - 2\alpha$.

De là, à cause que les valeurs de α sont 1 et -1, en faisant $\alpha = -1$, on aura $\theta' = 5$, et, comme

$$s = x' + x'' + x''' + x^{\text{IV}} = -1,$$

les formules du n° 11 ci-dessus donneront

$$X' = \frac{-1+\sqrt{5}}{2}, \quad X'' = \frac{-1-\sqrt{5}}{2}.$$

On aura ainsi par la valeur de X' celle de $r + r^{2^2}$, somme de deux des quatre racines de la proposée. Pour avoir la racine r en particulier, on fera de nouveau un calcul semblable, en considérant les deux racines r et r^4 comme racines d'une équation du second degré.

On fera donc $t_1 = r + \alpha r^4$, α étant, comme ci-dessus, racine de

$$y^2 - 1 = 0,$$

et de là, on aura

$$\theta_1 = t_1^2 = \xi_1^0 + \alpha \xi_1', \quad \text{où} \quad \xi_1^0 = r^2 + r^8 \quad \text{et} \quad \xi_1' = 2r^5.$$

Ici, on voit tout de suite que les valeurs de ξ_1^0 et ξ_1' sont données au moyen des valeurs déjà connues de X' et X''. En effet, à cause de $r^5 = 1$, et par conséquent $r^8 = r^3$, on a $\xi_1^0 = r^2 + r^3 = X''$ et $\xi_1' = 2$. Donc on aura $\theta_1 = X'' + 2\alpha$; de là, en faisant $\alpha = -1$, on aura $\theta_1' = X'' - 2$, et la formule du n° 14 donnera, ϖ étant $= 2$,

$$r = \frac{X' + \sqrt{X'' - 2}}{2}.$$

Enfin, substituant ici les valeurs X' et X'' trouvées ci-dessus, on aura

$$r = \frac{-1 + \sqrt{5} + \sqrt{-10 - 2\sqrt{5}}}{4},$$

et, par les remarques du n° 15, on aura aussi

$$r^4 = \frac{X' - \sqrt{X'' - 2}}{2},$$

et, changeant X' en X'', X'' en X',

$$r^2 = \frac{X'' + \sqrt{X' - 2}}{2}, \quad r^3 = \frac{X'' - \sqrt{X' - 2}}{2};$$

d'où l'on aura, par les substitutions des valeurs de X' et X'',

$$r^4 = \frac{-1+\sqrt{5}-\sqrt{-10-2\sqrt{5}}}{4},$$

$$r^2 = \frac{-1-\sqrt{5}+\sqrt{-10+2\sqrt{5}}}{4},$$

$$r^3 = \frac{-1-\sqrt{5}-\sqrt{-10+2\sqrt{5}}}{4}.$$

Comme 5 est un nombre premier, ces valeurs de r, r^2, r^3, r^4 seront les quatre racines qui, avec l'unité, résolvent l'équation (n° **3**)

$$x^5 - 1 = 0.$$

19. Les expressions de ces racines coïncident avec celles qu'on trouve en résolvant l'équation

$$x^5 - 1 = 0$$

par les méthodes connues. Car on a d'abord, en divisant par $x - 1$,

$$x^4 + x^3 + x^2 + x + 1 = 0,$$

équation qui, étant mise sous la forme

$$x^2 + \frac{1}{x^2} + x + \frac{1}{x} + 1 = 0,$$

devient

$$u^2 + u - 1 = 0$$

par la substitution de $x + \frac{1}{x} = u$. On a ainsi l'équation

$$x^2 - xu + 1 = 0,$$

laquelle donne

$$x = \frac{u \pm \sqrt{u^2 - 4}}{2};$$

ensuite l'équation en u donne $u = \frac{-1 \pm \sqrt{5}}{2}$, de sorte que, en substituant cette valeur, on a

$$x = \frac{-1 \pm \sqrt{5} \pm \sqrt{-10 \mp 2\sqrt{5}}}{4},$$

où les signes supérieurs et inférieurs de $\sqrt{5}$ doivent se répondre, mais sont indépendants de ceux de l'autre radical, de sorte qu'on a les quatre racines par l'ambiguïté des signes des deux radicaux.

20. Passons à l'équation

$$x^7 - 1 = 0,$$

laquelle, étant dégagée de la racine 1, devient

$$x^6 + x^5 + x^4 + x^3 + x^2 + x + 1 = 0,$$

dont les racines seront r, r^2, r^3, r^4, r^5, r^6.

La plus petite racine primitive pour le nombre 7 est 3, d'après la Table du n° 4; ainsi on aura la progression 3^0, 3^1, 3^2, 3^3, 3^4, 3^5, savoir, 1, 3, 9, 27, 81, 243, dont les termes, étant divisés par 7, donneront les restes 1, 3, 2, 6, 4, 5, qu'on prendra pour exposants de r. On aura ainsi, pour les racines de l'équation proposée, les termes r, r^3, r^2, r^6, r^4, r^5, qu'on prendra pour x', x'', x''', ...

21. Nous remarquerons ici que, pour avoir les exposants de r qui doivent former toutes les racines, il n'est pas nécessaire d'élever la racine primitive aux puissances successives et de diviser ensuite ces puissances par le nombre premier auquel la racine primitive se rapporte; il suffit de multiplier chaque reste par la racine primitive et de ne retenir que le reste de la division par le nombre premier donné. Ainsi, en commençant par 1, on a, dans le cas présent, les deux premiers termes 1, 3; multipliant 3 par la racine primitive 3 et divisant par 7, on a le reste 2 troisième terme; 2 multiplié par 3 donne 6 quatrième terme; 6 multiplié par 3 et divisé par 7 donne 4; enfin 4 multiplié par 3 et divisé par 7 donne 5. Si l'on voulait continuer en multipliant 5 par 3 et divisant par 7, on retrouverait l'unité et successivement les autres termes déjà trouvés.

22. Maintenant on fera

$$t = r + \alpha r^3 + \alpha^2 r^2 + \alpha^3 r^6 + \alpha^4 r^4 + \alpha^5 r^5,$$

en prenant pour α une racine de l'équation

$$y^6 - 1 = 0;$$

ensuite on formera la fonction $\theta = t^6$; mais, comme l'exposant $6 = 2.3$, on pourra simplifier le calcul et les résultats par la méthode du nº **11**, en ne prenant d'abord pour α qu'une racine de l'équation

$$y^2 - 1 = 0,$$

ce qui, à cause de $\alpha^2 = 1$, réduira l'expression de t à celle-ci

$$t = X' + \alpha X'',$$

dans laquelle

$$X' = r + r^2 + r^4, \quad X'' = r^3 + r^6 + r^5.$$

On aura ensuite

$$\theta = t^2 = \xi^0 + \alpha \xi', \quad \text{où} \quad \xi^0 = X'^2 + X''^2, \quad \xi' = 2X'X'',$$

et l'on trouvera après le développement, à cause de $r^7 = 1$,

$$\xi^0 = 3(r + r^3 + r^2 + r^6 + r^4 + r^5),$$
$$\xi' = 2(3 + r + r^3 + r^2 + r^6 + r^4 + r^5).$$

Or $r + r^3 + r^2 + r^6 + r^4 + r^5$, somme des racines, est $= -1$; donc $\xi^0 = -3$, $\xi' = 4$, et la valeur de θ se réduira à $\theta = -3 + 4\alpha$. De là, en faisant $\alpha = -1$, on aura $\theta' = -7$, et l'on trouvera sur-le-champ les deux racines

$$X' = \frac{-1 + \sqrt{-7}}{2},$$

$$X'' = \frac{-1 - \sqrt{-7}}{2}.$$

23. Considérons maintenant les trois termes de l'expression de X' comme les racines d'une équation du troisième degré; prenant α pour racine de l'équation

$$y^3 - 1 = 0,$$

on fera

$$t_1 = r + \alpha r^2 + \alpha^2 r^4;$$

ensuite, en faisant

$$\theta_1 = t_1^3 = \xi^0 + \alpha\xi' + \alpha^2\xi'',$$

on trouvera, à cause de $\alpha^3 = 1$ et $r^7 = 1$,

$$\xi^0 = 6 + r^3 + r^6 + r^5,$$

$$\xi' = 3(r + r^2 + r^4),$$

$$\xi'' = 3(r^3 + r^6 + r^5),$$

savoir,

$$\xi^0 = 6 + \text{X}'', \quad \xi' = 3\text{X}', \quad \xi'' = 3\text{X}'';$$

de sorte qu'on aura

$$\theta_1 = 6 + \text{X}'' + 3\alpha\text{X}' + 3\alpha^2\text{X}'',$$

donc, en nommant α et β les deux racines imaginaires de

$$y^3 - 1 = 0, \quad \text{savoir, de} \quad y^2 + y + 1 = 0,$$

lesquelles sont

$$\alpha = \frac{-1 + \sqrt{-3}}{2}, \quad \beta = \frac{-1 - \sqrt{-3}}{2},$$

et faisant

$$\theta'_1 = 6 + \text{X}'' + 3\alpha\text{X}' + 3\alpha^2\text{X}'',$$

$$\theta''_1 = 6 + \text{X}'' + 3\beta\text{X}' + 3\beta^2\text{X}'',$$

on aura (n° **14**), en faisant $\varpi = 3$,

$$r = \frac{\text{X}' + \sqrt[3]{\theta'_1} + \sqrt[3]{\theta''_1}}{3}.$$

24. Venons à l'équation

$$x^{11} - 1 = 0,$$

laquelle, étant divisée par $x - 1$, s'abaisse au dixième degré et devient

$$x^{10} + x^9 + x^8 + x^7 + x^6 + x^5 + x^4 + x^3 + x^2 + x + 1 = 0.$$

On voit, par la Table du n° **4**, que la plus petite racine primitive pour le nombre 11 est 2; ainsi la suite des restes, qu'on trouvera facilement par le procédé du nº **21**, sera ici 1, 2, 4, 8, 5, 10, 9, 7, 3, 6, de sorte que la série des racines sera

$$r,\ r^2,\ r^4,\ r^8,\ r^5,\ r^{10},\ r^9,\ r^7,\ r^3,\ r^6,$$

dont la somme sera par conséquent $= -1$, et l'on aura pour t cette expression générale

$$t = r + \alpha r^2 + \alpha^2 r^4 + \alpha^3 r^8 + \alpha^4 r^5 + \alpha^5 r^{10} + \alpha^6 r^9 + \alpha^7 r^7 + \alpha^8 r^3 + \alpha^9 r^6,$$

laquelle, en prenant pour α une racine de l'équation

$$y^{10} - 1 = 0,$$

donnera, à cause de $\alpha^{10} = 1$,

$$\theta = t^{10} = \xi^0 + \alpha\xi' + \alpha^2\xi'' + \alpha^3\xi''' + \ldots + \alpha^9\xi^{\text{IX}},$$

d'où l'on tirera la valeur de r par la formule générale du nº **8**, en y faisant $\mu = 11$.

Mais, pour se dispenser d'élever le polynôme t à la dixième puissance, on pourra décomposer l'opération en deux autres correspondantes aux deux facteurs 2 et 5 du nombre $11 - 1 = 10$, par la méthode du nº **11**.

Prenons d'abord pour α une racine de l'équation

$$y^2 - 1 = 0,$$

de sorte que l'on ait $\alpha^2 = 1$. Par là, l'expression de t se réduira à cette forme plus simple

$$t = X' + \alpha X'',$$

en faisant, pour abréger,

$$X' = r + r^4 + r^5 + r^9 + r^3,$$
$$X'' = r^2 + r^8 + r^{10} + r^7 + r^6,$$

et la valeur de θ sera

$$\theta = t^2 = X'^2 + X''^2 + 2\alpha X'X''.$$

En développant les carrés des fonctions X′ et X″, et rabaissant toutes les puissances de r au-dessous de r^{11}, à cause de $r^{11}=1$, on trouve

$$X'^2=2X'+3X'',\quad X''^2=2X''+3X',$$

et par conséquent

$$X'^2+X''^2=5(X'+X'')=-5,$$

à cause que $X'+X''$ est la somme de toutes les racines.

On trouve de même, par la multiplication,

$$X'X''=5+2(X'+X'')=5-2=3.$$

On aura ainsi $\theta=-5+6\alpha$, et, faisant $\alpha=-1$, on aura $\theta=-11$. Donc on aura par les formules du n° **11**, en y faisant $\nu=2$,

$$X'=\frac{-1+\sqrt{-11}}{2},\quad X''=\frac{-1-\sqrt{-11}}{2}.$$

25. Ayant ainsi les valeurs de X' et X'', pour avoir celle de r, il faudra considérer les cinq termes qui composent la quantité X' comme les racines d'une équation du cinquième degré, et, puisque 5 est un nombre premier, on ne pourra employer que l'expression générale de t,

$$t=r+\alpha r^4+\alpha^2 r^5+\alpha^3 r^9+\alpha^4 r^3,$$

en prenant pour α une racine de l'équation

$$y^5-1=0.$$

Ensuite il faudra faire

$$\theta=t^5=\xi^0+\alpha\xi'+\alpha^2\xi''+\alpha^3\xi'''+\alpha^4\xi^{\text{IV}},$$

et il ne s'agira que de trouver les valeurs en r des coefficients $\xi^0, \xi', \ldots$ par l'élévation de l'expression de t à la cinquième puissance, en ayant soin de rabaisser les puissances de α au-dessous de α^5 et celles de r au-dessous de r^{11}, à cause de $\alpha^5=1$ et $r^{11}=1$. Par un calcul qui n'a de difficulté qu'un peu de longueur et sur l'exactitude duquel on peut compter, j'ai trouvé, en retenant les expressions de X' et X'' en r

du numéro précédent,

$$\xi^0 = 120 + 31X' + 70X'',$$
$$\xi' = 100 + 60X' + 45X'',$$
$$\xi'' = 50 + 85X' + 30X'',$$
$$\xi''' = 60X' + 65X'',$$
$$\xi^{\text{IV}} = 50X' + 75X''.$$

Comme les valeurs de X', X'' sont déjà connues par l'opération précédente, l'expression de la fonction de θ ne présente plus rien d'indéterminé, et elle donnera sur-le-champ la valeur de la première racine r par la formule générale du n° **14**, en y faisant $\varpi = 5$ et prenant pour α, β, γ, δ les quatre racines qui, avec l'unité, résolvent l'équation

$$y^5 - 1 = 0,$$

et pour θ', θ'', θ''', θ^{IV} les valeurs de θ qui répondent aux substitutions de α, β, γ, δ à la place de α dans l'expression trouvée pour θ.

26. Si dans les valeurs de ξ^0, ξ', ... on substitue celles de X' et X'' données dans le n° **24**, on a

$$\xi^0 = \frac{139 - 39\sqrt{-11}}{2},$$
$$\xi' = \frac{95 + 15\sqrt{-11}}{2},$$
$$\xi'' = -\frac{15 - 55\sqrt{-11}}{2},$$
$$\xi''' = -\frac{125 + 5\sqrt{-11}}{2},$$
$$\xi^{\text{IV}} = -\frac{125 + 25\sqrt{-11}}{2}.$$

Si ensuite, au lieu des racines β, γ, δ, on substitue les puissances α^2, α^3, α^4 de la racine α, qui les représentent, à cause que 5 est un nombre premier, et qu'on rabaisse les puissances de α au-dessous de α^5, on aura

$$\begin{aligned}\theta' &= \xi^0 + \alpha\xi' + \alpha^2\xi'' + \alpha^3\xi''' + \alpha^4\xi^{\text{IV}},\\ \theta'' &= \xi^0 + \alpha^2\xi' + \alpha^4\xi'' + \alpha\xi''' + \alpha^3\xi^{\text{IV}},\\ \theta''' &= \xi^0 + \alpha^3\xi' + \alpha\xi'' + \alpha^4\xi''' + \alpha^2\xi^{\text{IV}},\\ \theta^{\text{IV}} &= \xi^0 + \alpha^4\xi' + \alpha^3\xi'' + \alpha^2\xi''' + \alpha\xi^{\text{IV}},\end{aligned}$$

et l'expression de la racine r sera

$$r = \frac{\frac{1}{2}(-1+\sqrt{-11}) + \sqrt[5]{\theta'} + \sqrt[5]{\theta''} + \sqrt[5]{\theta'''} + \sqrt[5]{\theta^{\text{IV}}}}{5},$$

où il n'y aura plus qu'à mettre pour α, α^2, α^3, α^4 les valeurs de r, r^2, r^3, r^4 que nous avons données plus haut (n° **18**).

27. On trouverait par les mêmes principes les valeurs des puissances de r qui forment les autres racines de l'équation

$$x^{11} - 1 = 0,$$

excepté l'unité.

Et d'abord on aura les valeurs des racines r^4, r^5, r^9, r^3 qui entrent dans la fonction X' en multipliant, dans l'expression de r, les radicaux $\sqrt[5]{\theta'}$, $\sqrt[5]{\theta''}$, $\sqrt[5]{\theta'''}$, $\sqrt[5]{\theta^{\text{IV}}}$, respectivement, par α^4, β^4, γ^4, δ^4 pour la racine r^4, par α^3, β^3, γ^3, δ^3 pour r^5, par α^2, β^2, γ^2, δ^2 pour r^9, et par α, β, γ, δ pour r^3, c'est-à-dire par α^4, α^3, α^2, α, par α^3, α, α^4, α^2, par α^2, α^4, α, α^3 et par α, α^2, α^3, α^4.

Ensuite, pour avoir les valeurs des autres racines r^2, r^8, r^{10}, r^7, r^6, qui entrent dans la fonction X'', il n'y aura qu'à changer, dans celles de r, r^4, r^5, r^9, r^3, X' en X'' et X'' en X', ce qui ne demande que de changer le signe du radical $\sqrt{-11}$ dans les expressions de ξ^0, ξ', ...

28. Je donne ici d'autant plus volontiers ces expressions des racines de l'équation

$$x^{11} - 1 = 0,$$

qu'elles n'ont jamais été données et qu'elles n'auraient pas même pu l'être par les méthodes connues, qui demandent la résolution d'une équation du cinquième degré.

Il y a cependant une exception à faire à ce que nous venons de dire; car on trouve à la fin du Mémoire de Vandermonde sur la *Résolution des équations,* dont nous avons parlé dans la Note précédente, l'expression de la racine d'une équation du cinquième degré, d'où dépend la résolution de l'équation

$$x^{11} - 1 = 0.$$

Car cette équation, étant divisée par $x - 1$, devient

$$x^{10} + x^9 + x^8 + \ldots + 1 = 0,$$

laquelle, étant du genre des réciproques, peut s'abaisser au cinquième degré, par la substitution de $x + \frac{1}{x} = u$, et l'on obtient, par les formules de la Note X (n° **14**), cette équation en u

$$u^5 + u^4 - 4u^3 - 3u^2 + 3u + 1 = 0.$$

En prenant u négativement, ce qui change les signes de tous les termes pairs, on a l'équation résolue par Vandermonde. Cet Auteur ne donne l'expression dont il s'agit que comme un résultat de sa méthode générale, sans indiquer en détail les opérations par lesquelles il y est parvenu, et personne, après lui, ne s'est occupé, que je sache, à vérifier ce résultat, qui paraît même être resté ignoré.

29. La valeur que nous venons de trouver pour la racine r de l'équation

$$x^{11} - 1 = 0,$$

pourrait servir à cette vérification; mais on peut parvenir directement à un résultat comparable à celui de Vandermonde en prenant pour α, dans l'expression générale de t du n° **24**, une racine de l'équation

$$y^5 - 1 = 0,$$

au lieu de l'équation

$$y^2 - 1 = 0$$

que nous avons employée, ce qui est permis, puisque, 2 et 5 étant les facteurs de 10, on peut partir de l'un ou de l'autre à volonté.

30. Faisant donc $\alpha^5 = 1$, l'expression générale de t (n° **24**) deviendra

$$t = X' + \alpha X'' + \alpha^2 X''' + \alpha^3 X^{IV} + \alpha^4 X^{V},$$

dans laquelle

$$X' = r + r^{10},\quad X'' = r^2 + r^9,\quad X''' = r^4 + r^7,\quad X^{IV} = r^8 + r^3,\quad X^{V} = r^5 + r^6,$$

et l'on regardera maintenant les quantités X', X'', ... comme les racines d'une équation du cinquième degré; c'est le cas que nous avons considéré en général dans le n° **12**.

On fera donc

$$\theta = t^5 = \xi^0 + \alpha\xi' + \alpha^2\xi'' + \alpha^3\xi''' + \alpha^4\xi^{IV},$$

et l'on cherchera les valeurs de ξ^0, ξ', ξ'', ... en fonction de r par le développement de la puissance cinquième de t, en y rabaissant continuellement les puissances de α au-dessous de α^5 et celles de r au-dessous de r^{11}, à cause de $\alpha^5 = 1$ et $r^{11} = 1$. Le calcul n'a d'autre difficulté que la longueur. Voici les résultats que j'ai trouvés et dont je crois pouvoir répondre.

En faisant, pour abréger,

$$s = r + r^2 + r^4 + r^8 + r^5 + r^{10} + r^9 + r^7 + r^3 + r^6,$$

on a

$$\xi^0 = 1640 + 1836s,$$
$$\xi' = 1700 + 1830s,$$
$$\xi'' = 2050 + 1795s,$$
$$\xi''' = 1800 + 1820s,$$
$$\xi^{IV} = 1900 + 1810s.$$

Or s est la somme des racines, qui, par la nature de l'équation du dixième degré en x, dont le second terme est x^9, doit être égale à -1.

Faisant donc $s = -1$, on aura

$$\xi^0 = -196,\quad \xi' = -130,\quad \xi'' = 255,\quad \xi''' = -20,\quad \xi^{IV} = 90.$$

Ainsi la valeur de θ sera

$$\theta = -196 - 130\alpha + 255\alpha^2 - 20\alpha^3 + 90\alpha^4.$$

En mettant successivement à la place de α les quatre racines α, β, γ, δ de l'équation

$$x^5 - 1 = 0,$$

on aura les quantités θ', θ'', θ''', θ^{IV}, et, si l'on prend comme ci-dessus (n° **26**), pour ces racines, les puissances α, α^2, α^3, α^4, dont les valeurs sont les mêmes que celles de r, r^2, r^3, r^4 du n° **18**, on aura, à cause de $\alpha^5 = 1$,

$$\begin{aligned}
\theta' &= -196 - 130\alpha + 255\alpha^2 - 20\alpha^3 + 90\alpha^4,\\
\theta'' &= -196 - 130\alpha^2 + 255\alpha^4 - 20\alpha + 90\alpha^3,\\
\theta''' &= -196 - 130\alpha^3 + 255\alpha - 20\alpha^4 + 90\alpha^2,\\
\theta^{\text{IV}} &= -196 - 130\alpha^4 + 255\alpha^3 - 20\alpha^2 + 90\alpha,
\end{aligned}$$

et la formule générale du n° **11** donnera tout de suite, en faisant $\nu = 5$ et $s = -1$,

$$X' = \frac{-1 + \sqrt[5]{\theta'} + \sqrt[5]{\theta''} + \sqrt[5]{\theta'''} + \sqrt[5]{\theta^{\text{IV}}}}{5}.$$

Cette quantité X' est $= r + r^{10} = r + \frac{1}{r}$, à cause de $r^{11} = 1$; c'est la valeur de $2\cos\frac{360^\circ}{11}$ (n° **12**); c'est aussi celle de la racine u de l'équation en u du cinquième degré (n° **28**), puisque r est la racine de l'équation

$$x^{11} - 1 = 0.$$

Ainsi l'expression précédente, prise négativement, doit s'accorder avec celle de Vandermonde.

31. Pour pouvoir les comparer facilement, nous substituerons dans les expressions précédentes de θ', θ'', θ''', θ^{IV} les valeurs de α, α^2, α^3, α^4, qui sont les mêmes que celles de r, r^2, r^3, r^4 du n° **18**.

En faisant, pour abréger,

$$m = \sqrt{-10 - 2\sqrt{5}}, \quad n = \sqrt{-10 + 2\sqrt{5}},$$

on a

$$\alpha = \frac{-1+\sqrt{5}+m}{4}, \quad \alpha^2 = \frac{-1-\sqrt{5}+n}{4},$$

$$\alpha^3 = \frac{-1-\sqrt{5}-n}{4}, \quad \alpha^4 = \frac{-1+\sqrt{5}-m}{4},$$

et, pour s'assurer de la justesse de ces expressions, il n'y a qu'à faire le carré de $-1+\sqrt{5}+m$, qui est

$$6-2\sqrt{5}+m^2+2(\sqrt{5}-1)m;$$

or, en faisant passer sous le signe radical de m le coefficient $\sqrt{5}-1$ élevé au carré, on trouvera

$$(\sqrt{5}-1)m = 2n,$$

de sorte que, en substituant la valeur de m^2, on a

$$(-1+\sqrt{5}+m)^2 = 4(-1-\sqrt{5}+n).$$

On peut vérifier de même les autres puissances de α.

Faisant ces substitutions, on trouve

$$\theta' = \tfrac{1}{4}(-979-275\sqrt{5}-220m+275n),$$
$$\theta'' = \tfrac{1}{4}(-979+275\sqrt{5}-275m-220n),$$
$$\theta''' = \tfrac{1}{4}(-979+275\sqrt{5}+275m+220n),$$
$$\theta^{\text{IV}} = \tfrac{1}{4}(-979-275\sqrt{5}+220m-275n),$$

où l'on remarquera que les coefficients 979, 275, 220 sont tous divisibles par 11 et donnent pour quotients 89, 25, 20, de sorte que les quantités θ', θ'', θ''', θ^{IV} peuvent être exprimées plus simplement ainsi :

$$\theta' = \tfrac{11}{4}(-89-25\sqrt{5}-20m+25n),$$
$$\theta'' = \tfrac{11}{4}(-89+25\sqrt{5}-25m-20n),$$
$$\theta''' = \tfrac{11}{4}(-89+25\sqrt{5}+25m+20n),$$
$$\theta^{\text{IV}} = \tfrac{11}{4}(-89-25\sqrt{5}+20m-25n).$$

32. Pour rapprocher davantage nos expressions de celles de Vandermonde, nous emploierons ces transformations

$$m = p + q, \quad n = p - q,$$

en supposant

$$p = \sqrt{-5 - 2\sqrt{5}}, \quad q = \sqrt{-5 + 2\sqrt{5}},$$

lesquelles se vérifient en faisant les carrés et en observant que $pq = -\sqrt{5}$, parce que le produit des deux radicaux réels et positifs $\sqrt{5 + 2\sqrt{5}}$, $\sqrt{5 - 2\sqrt{5}}$ est $\sqrt{5}$; donc

$$\sqrt{5} = p\sqrt{-1}.q\sqrt{-1} = -pq.$$

Par ces substitutions, les quantités θ', θ'', θ''', θ^{iv} deviendront

$$\theta' = \tfrac{11}{4}(-89 - 25\sqrt{5} + 5p - 45q),$$
$$\theta'' = \tfrac{11}{4}(-89 + 25\sqrt{5} - 45p - 5q),$$
$$\theta''' = \tfrac{11}{4}(-89 + 25\sqrt{5} + 45p + 5q),$$
$$\theta^{\text{iv}} = \tfrac{11}{4}(-89 - 25\sqrt{5} - 5p + 45q).$$

33. Vandermonde a donné, dans les *Mémoires de l'Académie des Sciences* de l'année 1771 (p. 416), pour la résolution de l'équation

$$x^5 - x^4 - 4x^3 + 3x^2 + 3x - 1 = 0,$$

cette expression de la racine

$$x = \tfrac{1}{5}(1 + \Delta' + \Delta'' + \Delta''' + \Delta^{\text{iv}}),$$

dans laquelle

$$\Delta' = \sqrt[5]{\tfrac{11}{4}(89 + 25\sqrt{5} - 5q + 45p)},$$
$$\Delta'' = \sqrt[5]{\tfrac{11}{4}(89 + 25\sqrt{5} + 5q - 45p)},$$
$$\Delta''' = \sqrt[5]{\tfrac{11}{4}(89 - 25\sqrt{5} - 5q - 45p)},$$
$$\Delta^{\text{iv}} = \sqrt[5]{\tfrac{11}{4}(89 - 25\sqrt{5} + 5q + 45p)},$$

en conservant les valeurs de p et q supposées ci-dessus.

On voit que les expressions de Δ''' et Δ^{IV} coïncident avec celles de $\sqrt[5]{-\theta'''}$ et $\sqrt[5]{-\theta''}$, et que les expressions de Δ' et Δ'' ne diffèrent de celles de $\sqrt[5]{-\theta'}$ et $\sqrt[5]{-\theta^{\text{IV}}}$ que par l'échange des quantités p et q entre elles, ce qui ne tient qu'au signe du radical $2\sqrt{5}$ sous le radical carré. A cette différence près, qui peut venir d'une faute d'impression dans le Mémoire de Vandermonde, ses résultats s'accordent parfaitement avec les nôtres, puisque la racine de son équation en x répond à la racine de notre équation en u, prise négativement, et que tout radical cinquième $\sqrt[5]{-\theta}$ est la même chose que $-\sqrt[5]{\theta}$. On peut donc dire que Vandermonde est le premier qui ait franchi les limites dans lesquelles la résolution des équations à deux termes se trouvait resserrée.

34. Pour ne laisser aucun doute sur la correction à faire à la formule de Vandermonde, nous allons prouver qu'elle résulte des principes mêmes de sa théorie. En effet, si l'on désigne, comme lui, par r', r'', r''', r^{IV} les quatre racines qui, avec l'unité, résolvent l'équation

$$x^5 - 1 = 0,$$

il est facile de voir, par la formule générale de l'Article VIII de son Mémoire, que la quantité Δ ne peut être que de la forme

$$\sqrt[5]{A + Br' + Cr'' + Dr''' + Er^{\text{IV}}}$$

et que, en prenant cette expression pour l'une des quantités Δ', Δ'', Δ''', Δ^{IV}, les expressions des trois autres doivent résulter de celle-ci par la substitution de r^2, r^3, r^4 à la place de r, les quantités A, B, C, D, E étant des fonctions des racines de l'équation à résoudre, indépendantes des racines r', r'', r''', r^{IV}.

Or, par les relations données dans le même Article entre ces dernières racines, on a

$$\begin{array}{llll}
r'^2 = r''', & r''^2 = r^{\text{IV}}, & r'''^2 = r'', & r^{\text{IV}2} = r', \\
r'^3 = r'r''' = r^{\text{IV}}, & r''^3 = r''r^{\text{IV}} = r'''; & r'''^3 = r''r''' = r', & r^{\text{IV}3} = r'r^{\text{IV}} = r'', \\
r'^4 = r'r^{\text{IV}} = r'', & r''^4 = r''r''' = r', & r'''^4 = r'r''' = r^{\text{IV}}, & r^{\text{IV}4} = r''r^{\text{IV}} = r'''.
\end{array}$$

Donc les quatre expressions dont il s'agit deviendront

$$\sqrt[5]{A + Br' + Cr'' + Dr''' + Er^{\text{IV}}},$$

$$\sqrt[5]{A + Br''' + Cr^{\text{IV}} + Dr'' + Er'},$$

$$\sqrt[5]{A + Br^{\text{IV}} + Cr''' + Dr' + Er''},$$

$$\sqrt[5]{A + Br'' + Cr' + Dr^{\text{IV}} + Er'''}.$$

35. Dans l'Article XXIII du même Mémoire, on trouve pour les racines de l'équation

$$x^5 - 1 = 0$$

ces expressions, dans lesquelles j'introduis, pour plus de simplicité, les mêmes lettres p et q employées ci-dessus,

$$\frac{1}{4}\left(-1 \begin{matrix}+\\+\\-\\-\end{matrix}\ \sqrt{5} \begin{matrix}+\\-\\+\\-\end{matrix}\ q \begin{matrix}+\\-\\-\\+\end{matrix}\ p\right).$$

En prenant la première de ces racines pour r', de sorte que l'on ait

$$r' = \frac{1}{4}(-1 + \sqrt{5} + p + q),$$

il faudra, d'après les formules du n° 31, en prenant α pour r', et substituant $p + q$, $p - q$ pour m, n, supposer

$$r''' = r'^2 = \frac{1}{4}(-1 - \sqrt{5} + p - q),$$

$$r^{\text{IV}} = r'^3 = \frac{1}{4}(-1 - \sqrt{5} - p + q),$$

$$r'' = r'^4 = \frac{1}{4}(-1 + \sqrt{5} - p - q).$$

Substituant ces valeurs dans les expressions ci-dessus, elles se changeront en celles-ci

$$\sqrt[5]{\tfrac{1}{4}(F + G\sqrt{5} + Hp + Kq)},$$

$$\sqrt[5]{\tfrac{1}{4}(F - G\sqrt{5} + Kp - Hq)},$$

$$\sqrt[5]{\tfrac{1}{4}(F - G\sqrt{5} - Kp + Hq)},$$

$$\sqrt[5]{\tfrac{1}{4}(F + G\sqrt{5} - Hp - Kq)},$$

en faisant, pour abréger,

$$\begin{aligned}
F &= 4A - B - C - D - E,\\
G &= B + C - D - E,\\
H &= B - C + D - E,\\
K &= B - C - D + E,
\end{aligned}$$

lesquelles doivent coïncider avec celles de Δ', Δ'', Δ''', Δ^{IV} rapportées ci-dessus (n° 33). Mais on voit au premier coup d'œil que cette coïncidence ne peut avoir lieu, à moins qu'on ne change à la fois p en q et q en p dans Δ' et Δ'' ou dans Δ''' et Δ^{IV}, parce que, dans les formules précédentes, les coefficients de p et q ne sont les mêmes que dans les deux où la racine $\sqrt{5}$ est affectée du même signe; au lieu que dans les expressions de Δ', Δ'', Δ''', Δ^{IV} les quantités p et q ont partout les mêmes coefficients.

36. En faisant ce changement dans Δ' et Δ'', comme nous l'avons indiqué (n° 33) pour accorder les formules de Vandermonde avec les nôtres, on pourra supposer

$$\begin{aligned}
\Delta' &= \sqrt[5]{\tfrac{1}{4}(F + G\sqrt{5} + Hp + Kq)},\\
\Delta'' &= \sqrt[5]{\tfrac{1}{4}(F + G\sqrt{5} - Hp - Kq)},\\
\Delta''' &= \sqrt[5]{\tfrac{1}{4}(F - G\sqrt{5} - Kp + Hq)},\\
\Delta^{\text{IV}} &= \sqrt[5]{\tfrac{1}{4}(F - G\sqrt{5} + Kp - Hq)},
\end{aligned}$$

ce qui se vérifiera en faisant

$$F = 11.89,\quad G = 11.25,\quad H = -5,\quad K = 45.$$

De là on aura, par les formules du numéro précédent,

$$B = A - 11.6,\quad C = A - 11.26,\quad D = A - 11.41,\quad E = A - 11.16,$$

et la quantité A restera indéterminée, parce que, à cause de

$$1 + r' + r'' + r''' + r^{\text{IV}} = 0,$$

elle disparaîtra des expressions des quantités Δ du n° 34.

Si l'on fait $A = 196$, on trouve

$$B = 136, \quad C = -90, \quad D = -255, \quad E = 20,$$

et la formule

$$\sqrt[5]{A + Br' + Cr'' + Dr''' + Er^{\text{IV}}}$$

du n° 34 coïncidera avec celle de $\sqrt[5]{-\theta'}$ du n° 30, parce que, en faisant $\alpha = r'$, on a $r'' = \alpha^4$, $r''' = \alpha^2$, $r^{\text{IV}} = \alpha^3$ (n° 35), et les formules dérivées de celle-là coïncideront aussi avec celles de $\sqrt[5]{-\theta''}$, $\sqrt[5]{-\theta'''}$, $\sqrt[5]{-\theta^{\text{IV}}}$.

37. Prenons pour dernier exemple l'équation

$$x^{13} - 1 = 0.$$

Comme $13 - 1 = 12 = 2.2.3$, l'opération pourra se décomposer en trois de la manière suivante.

Il faut d'abord avoir une racine primitive pour le nombre 13, et la Table du n° 4 fournit le nombre 2, dont les puissances successives jusqu'à la onzième, divisées par 13, donnent les restes 2, 4, 8, 3, 6, 12, 11, 9, 5, 10, 7.

Ainsi, en nommant r une racine de l'équation

$$x^{12} + x^{11} + x^{10} + x^9 + x^8 + \ldots + 1 = 0,$$

les autres onze racines seront

$$r^2, \; r^4, \; r^8, \; r^3, \; r^6, \; r^{12}, \; r^{11}, \; r^9, \; r^5, \; r^{10}, \; r^7.$$

On fera donc, en général,

$$t = r + \alpha r^2 + \alpha^2 r^4 + \alpha^3 r^8 + \alpha^4 r^3 + \alpha^5 r^6 + \alpha^6 r^{12} + \alpha^7 r^{11} + \alpha^8 r^9 + \alpha^9 r^5 + \alpha^{10} r^{10} + \alpha^{11} r^7,$$

et l'on prendra d'abord pour α une racine de l'équation

$$y^2 - 1 = 0,$$

en sorte que $\alpha^2 = 1$, ce qui réduira la fonction t à la forme

$$t = X' + \alpha X'',$$

dans laquelle

$$X' = r + r^4 + r^3 + r^{12} + r^9 + r^{10},$$

$$X'' = r^2 + r^8 + r^6 + r^{11} + r^5 + r^7.$$

De là on aura

$$\theta = t^2 = \xi^0 + \alpha\xi, \quad \xi = X'^2 + X''^2, \quad \xi' = 2X'X''.$$

On peut se dispenser de chercher la valeur de ξ^0 en se servant de l'expression de θ du n° **11**, qui ne renferme pas ξ^0 et qui donne ici, à cause de $\nu = 2$ et de $s = -1$, somme des racines de l'équation proposée, $\theta = 1 + (\alpha - 1)\xi'$, de sorte qu'en faisant $\alpha = -1$ on aura la valeur de θ', et les deux racines X′, X″ seront (numéro cité)

$$X' = \frac{-1 + \sqrt{1 - 2\xi'}}{2}, \quad X'' = \frac{-1 - \sqrt{1 - 2\xi'}}{2}.$$

Pour avoir la valeur de ξ', il faut développer le produit $X'X''$ en puissances de r, ayant soin de rabaisser les puissances supérieures à r^{12}, à cause de $r^{13} = 1$, et l'on trouve $X'X'' = 3s$, en mettant s pour la somme des racines $r, r^2, r^4, \ldots$, laquelle est $= -1$, de sorte qu'on aura $\xi' = -6$, et les valeurs de X′, X″ seront

$$X' = \frac{-1 + \sqrt{-11}}{2}, \quad X'' = \frac{-1 - \sqrt{-11}}{2}.$$

38. On regardera maintenant les six racines qui composent la quantité X′ comme celles d'une équation du sixième degré, et l'on fera de nouveau

$$t_1 = r + \alpha r^4 + \alpha^2 r^3 + \alpha^3 r^{12} + \alpha^4 r^9 + \alpha^5 r^{10};$$

mais, au lieu de prendre en général pour α une racine de l'équation

$$y^6 - 1 = 0,$$

ce qui demanderait ensuite le développement de la sixième puissance du polynôme t_1, nous prendrons de nouveau une racine de l'équation

$$y^2 - 1 = 0,$$

de sorte que, au moyen de $\alpha^2 = 1$, la fonction t_1 redeviendra de la forme

$$t_1 = X'_1 + \alpha X''_1,$$

dans laquelle on aura

$$X'_1 = r + r^3 + r^9, \quad X''_1 = r^4 + r^{12} + r^{10}.$$

On aura ensuite, comme ci-dessus,

$$\theta_1 = t_1^2 = \xi_1^0 + \alpha\xi'_1, \quad \xi_1^0 = X_1'^2 + X_1''^2, \quad \xi'_1 = 2X'_1X''_1,$$

et, à cause que la somme des racines est ici X′, on aura sur-le-champ

$$X'_1 = \frac{X' + \sqrt{\theta'_1}}{2}, \quad X''_1 = \frac{X' - \sqrt{\theta'_1}}{2};$$

on aura en même temps $\theta_1 = X'^2 + (\alpha - 1)\xi'_1$ et, faisant $\alpha = -1$, $\theta'_1 = X'^2 - 2\xi'_1$.

Pour avoir ξ'_1, il faudra développer le produit de X'_1 par X''_1, en se souvenant toujours que $r^{13} = 1$, et l'on trouvera

$$X'_1X''_1 = 3 + X'',$$

ce qui donnera

$$\xi'_1 = 6 + 2X'',$$

et par conséquent

$$X'_1 = \frac{X' + \sqrt{X'^2 - 12 - 4X''}}{2},$$

$$X''_1 = \frac{X' - \sqrt{X'^2 - 12 - 4X''}}{2}.$$

39. Nous remarquerons ici que, comme en mettant r^2 au lieu de r la fonction X′ devient X″ et la fonction X″ devient X′, si l'on dénote par (X'_1), (X''_1) ce que deviennent les fonctions X'_1, X''_1 en y substituant r^2 au lieu de r dans toutes les puissances de r, ce qui donne

$$(X'_1) = r^2 + r^6 + r^5, \quad (X''_1) = r^8 + r^{11} + r^7,$$

on aura les valeurs de (X'_1), (X''_1) en échangeant dans celles de X'_1, X''_1 les quantités X′, X″ entre elles. On trouvera ainsi

$$(X'_1) = \frac{X'' + \sqrt{X''^2 - 12 - 4X'}}{2},$$

$$(X''_1) = \frac{X'' - \sqrt{X''^2 - 12 - 4X'}}{2}.$$

Ce sont les fonctions correspondantes à X'_1, X''_1 qu'on obtiendrait en procédant à l'égard des racines qui composent la fonction X″ comme on a fait sur celles de X′. Ces valeurs sont nécessaires pour parvenir à celles de r.

40. Pour cet effet, il faut encore regarder les trois racines qui composent la fonction X'_1 comme celles d'une équation du troisième degré, et faire, en conséquence,

$$t_2 = r + \alpha r^3 + \alpha^2 r^9,$$

en prenant pour α une racine de l'équation $y^3 - 1 = 0$.

De là, on formera la fonction

$$\theta_2 = t_2^3 = \xi_2^0 + \alpha\xi'_2 + \alpha^2\xi''_2,$$

et l'on trouvera, par le développement, en faisant $\alpha^3 = 1$ et $r^{13} = 1$, ces expressions

$$\xi_2^0 = 6 + X'_1, \quad \xi'_2 = 3(X'_1), \quad \xi''_2 = 3(X''_1).$$

Donc, nommant α et β les deux racines de l'équation

$$y^2 + y + 1 = 0,$$

et faisant

$$\theta'_2 = 6 + X'_1 + 3\alpha(X'_1) + 3\alpha^2(X''_1),$$

$$\theta''_2 = 6 + X'_1 + 3\beta(X'_1) + 3\beta^2(X''_1),$$

on aura, comme dans le n° 23,

$$r = \frac{X'_1 + \sqrt[3]{\theta'_2} + \sqrt[3]{\theta''_2}}{3}.$$

Ainsi la valeur de r est entièrement déterminée; nous ne chercherons pas à la simplifier, parce que, dans tous les cas, il est toujours plus avantageux d'employer pour la résolution de l'équation

$$x^{13} - 1 = 0,$$

ainsi que de toutes les équations de ce genre, les formules connues en sinus et cosinus.

41. Je remarquerai, en finissant, que la méthode exposée dans cette Note peut être regardée comme une simplification de celle que M. Gauss a indiquée d'une manière générale dans l'Article 360 des *Disquisitiones arithmeticæ*. Celle-ci est fondée aussi sur le développement d'une fonction semblable à la fonction que nous avons désignée par θ; mais elle demande de plus la formation et le développement d'autant d'autres fonctions du même ordre que l'équation a de racines, ce qui allonge considérablement le calcul. Notre méthode est indépendante de ces fonctions auxiliaires, et conduit directement aux expressions les plus simples des racines.

FIN DU TOME HUITIÈME.

TABLE DES MATIÈRES

DU TOME HUITIÈME.

NOTES

SUR LA THÉORIE DES ÉQUATIONS ALGÉBRIQUES.

Paris. — Imprimerie de Gauthier-Villars, quai des Augustins, 55.

www.ingramcontent.com/pod-product-compliance
Lightning Source LLC
Chambersburg PA
CBHW060122200326
41518CB00008B/899